カルロス・ゴーン

CARLOS GHOSN　PHILIPPE RIÈS　フィリップ・リエス　訳＝広野和美　小金輝彦

幻冬舎

世界で勝てない日本企業

LE TEMPS DE LA VÉRITÉ

壊れた同盟

世界で勝てない日本企業

壊れた同盟

序章

「嘲笑せず、嘆かず、呪わず、ただ理解する」
バールーフ・デ・スピノザ『神学・政治論』

〈カルロス・ゴーン事件〉を理解するには、「歴史」を思い起こす必要がある。具体的には、二〇世紀に起こった大きなふたつの出来事だ。まずは、一九三六年から一九三八年にかけて繰り広げられたモスクワ裁判。この一連の裁判では、〝社会主義の祖国〟におけるヨシフ・スターリンの独裁的支配をゆるぎないものにするため、対立するレーニンの最後の同朋、オールド・ボリシェヴィキ【訳注：ロシア革命以前からレーニンとともにソビエト連邦樹立の共産主義革命実現のために活動していた古参の共産党員】の幹部たちを物理的に排除する判決が下された。よく知られているように、この粛清劇の結末はスターリンの宿敵、〝逃亡者〟トロツキーの暗殺だ。一九四〇年八月二〇日、トロツキーは亡命先のメキシコ・シティで内部人民委員部（ＮＫＶＤ）【訳注：ソビエト連邦のスターリン政権下で、刑事警察、秘密警察、国境警察、諜報機関を統率していた機関】のラモン・メルカデルに後頭部をピッケルでひと突きされて、絶命した。

二〇一九年一月に英国の経済紙『フィナンシャル・タイムズ』に私が投稿した記事にあるように、ルノー・日産・三菱アライアンスの会長だったカルロス・ゴーンに対して東京地検特捜部の検察官らが起こした訴訟やその手法は、スターリン政権下の裁判所検察官としてモスクワ裁判で〝反対分子〟

を糾弾する役割を担ったアンドレイ・ヴィシンスキーの手法を思い起こさせる。

取調べの主眼は〝自白〟を引き出すことで、それが、十月革命の古参闘士らを「米国やドイツの帝国主義の手先となってスターリン暗殺を目論んだ」と糾弾する馬鹿げた起訴理由の信ぴょう性を得る唯一の方法だった。そのために、被告を独居房に無期限に勾留し、弁護士も同席させず、長時間休みなく尋問し、肉体的・心理的に追いつめる。被告がかたくなに自白を拒めば、今度は被告の家族が標的にされる。おまけに、〝被告〟にごく近いと判断されたあらゆる〝人物〟が容赦なく粛清された。さらに、怪しげな数々の〝新事実の暴露〟に衝撃を受けた国内外の世論に裁判の正当性を納得させるため、強権支配に同調する、または権力におもねるメディアにあらぬ噂をとめどなく〝流出〟させ、中傷する、あるいは英語での絶妙な言い回しを借りれば〝character assassination（特定の人物の評判を貶める）〟大々的なバッシング・キャンペーンを繰り広げるのである。〈カルロス・ゴーン事件〉における検察のやり方はこうした手口そのものだ。

もちろん、カルロス・ゴーンは、ソ連の強制収容所《グラーグ》で凍てつく早朝に頭に弾丸を撃ち込まれ、あっけなく処刑されたモスクワ裁判の被告たちのような恐怖にさらされることは決してなかった。しかし、彼の存在は日本の独居房で消え失せかねない状況に追い込まれた。その名声は汚され、家庭生活は壊され、結婚生活は看守たちの無遠慮な目に晒される手紙のやり取りだけになり、果てしなく続く、おそらく五年はかかる裁判が終わるころには、ほぼ確実に数年間の禁固刑という判決に至ることだろう。なにしろ、日本では、公表されている数字を見ても、起訴された被告が有罪になる確率は九九・四パーセントなのだから。URSS（ソビエト社会主義共和国連邦）のヨシフ・スターリン政権がこのことを知ったら、さぞや嫉妬心で青ざめることだろう。

「*Comparaison n’est pas raison*（比較はなんの証明にもならない）」。この金言は、文学的表現として用いられるようになり、いまではフランス語の慣用句になっているが、実際には、知性、いわゆる〝良識〟を侮蔑する表現である。なぜなら、自分たちを取り巻く現実や他者を注意深く観察することをないがしろにすれば、〝ゴーン式経営〟に見られるような創造的で知的な取り組みは実現できないからだ。

　ゴーン事件について思い浮かぶもうひとつの歴史的事件、それは真珠湾攻撃だ。現地時間で一九四一年一二月七日、日本海軍航空隊は慎重に日曜日を選び、宣戦布告をしないまま太平洋の米海軍主要基地を奇襲した。太平洋を挟む日米間の緊張が増すなか、日本軍はほぼ一年前から極秘裏に準備を進め、一二月一日、裕仁《ひろひと》天皇の承認を得て真珠湾を攻撃した。だがこのとき、日米間の外交交渉は中断することなく続けられていたのである。真珠湾攻撃は当初、軍事的に成功したかに見えたが、これがきっかけとなって日本という国とその国民が奈落の底に突き落とされることになる。一九四五年八月一五日、日本帝国軍の無条件降伏という形で戦争は終結し、連合国軍による日本列島占領が始まった。

　ここで忘れてならないのは、真珠湾攻撃後、強制収容所に抑留された日系二世アメリカ人の果たした役割だ。一八六八年以降ハワイに移住してきた日本移民の子どもたちは、英語を母国語とし、米国の教育を受けて育った。出生地主義の国において、米国籍をもつにもかかわらず、真珠湾攻撃の直後には大多数が強制収容所に送られている。そのなかから志願してヨーロッパ戦線で戦い、米軍史上最も死傷率が高かったためにパープルハート大隊と呼ばれたのが、隊員のほとんどが日系人で構成された第四四二連隊戦闘団である。ヨーロッパの最前線で弾よけ同然に戦うと同時に、母国での日系人に対する偏見とも闘ったのである。戦後、彼らは奨学金を受けてハワイの政財界を席巻する。そのなかから米国史上初めての日系人州知事となったジョージ・アリヨシや、連邦上院議員のダニエル・イノウエなどを輩出し、民主党革命といわれる政権交代を主導した。のちのオバマ大統領も多様な価値観を受け入れるこの島で育っている。政治の失敗から多くの人たちが犠牲になるのは戦時に限らない。日本の刑事司法での起訴有罪率は九九パーセント以上になるが、一九九九年時点での日産自動車でも、九九パーセント以上の社員が政財界の癒着と無能な経営の犠牲になっていた。「ゴーン式経営」を理解し、日産リバイバル・プラン（ＮＲＰ）を策定し、瀕死の日産を奇跡的な成功に導いたのは九九パーセントの日産社員であり、それをいちばん理解しているのはカルロス・ゴーンだろう。

二〇一八年一一月一九日、日本時間の一六時三〇分ごろ、カルロス・ゴーンは羽田空港で東京地検の係官に逮捕された。ゴーンはフランスの一企業と日本の二企業が提携するルノー・日産・三菱アライアンスのトップである。地理的にも遠く、文化や環境もかけ離れた企業が互いに歩み寄って提携するというのは珍しい、というよりむしろ異例のことだった。そして、そのアライアンスは（この逮捕劇の）前年、販売台数でドイツのフォルクスワーゲンと日本のトヨタ自動車という巨大自動車メーカーを抜いて、世界トップに躍り出たばかりだった。

この思いがけない提携は、いまから二〇年以上も前の一九九九年三月、当時、倒産寸前だった日本第二の自動車メーカー、日産の救援にルノーが乗り出したときから始まった。当初からフランス企業と日本企業の間に緊張がないわけではなかった。しかし、（逮捕劇の前には）特段その緊張が危機的に高まっている様子はみじんも見られなかった。ところが実際は、二〇一八年春から日産の経営陣によって極秘裏に進められた〝社内調査〟によって、カルロス・ゴーン逮捕への準備が整えられていたが、この逮捕劇は事前の宣告なしに始められた戦争行為にも等しいといえよう。

数カ月に及ぶこの準備期間中に、〝日産の古参幹部〟の陰謀仲間はゴーンの不正の証拠となる〝調査結果〟をゴーン自身に対してはもとより、日産の大株主である提携企業ルノー（資本金の四三・四パーセントを保有）の取締役会や独立取締役たちに開示する必要があるとはまったく考えなかったのだろう。このように株主の権利が踏みにじられたことは、日本企業の文化ではほとんど驚くことではないにしても、日本でもフランスでも実業界や監査機関が問題にしなかったように見えるのは奇妙なことである。

いったい誰が、このような戦争行為に出ることを決めたのだろう？　誰が準備したのだろう？　誰が許可したのだろう？　それはどんなふうに行われ、どの程度〝成功〟したのだろう？　本書はこれらの疑問点について、現在知りうる限りの情報を理論的に、確固たる信念をもって明らかにしている。カルロス・ゴーンを追放したことがルノー・日産・三菱アライアンスの運命にどんな結果をもたらしたかは、数字を見れば明らかだ。二〇一九年度全体を見れば、世界の自動車業界全体の成長指数は二桁を記録するだろうと思われる一方で、これら三企業の株価は惨憺《さんたん》たるありさまだ。

日産もルノーも有能な役員たちを文字どおり失うという痛手を負った。元会長の不正に手を貸したとして排除された役員もいれば、ゴーンの逮捕によって生じた社内の不穏な雰囲気にやる気を削がれて去っていった役員もいる。日産の収益はルノーを道づれに坂を転げ落ちるように急降下し、人員の削減数や閉鎖した工場や撤退した市場の数、さらには中止された投資の額は膨れ上がった。

民主主義国家だと思われていた日本の司法制度が全体主義的な手法で進められることが明るみに出たことで、日本のイメージがどれほどのダメージを受けるかはまだ推し測れない。二〇一九年の大晦日にカルロス・ゴーンが日本脱出に成功したあと、アライアンスの創設者に対してでっちあげられた訴訟はついに、日本の弁護士たち自身、そして人権擁護派の人々がずっと以前から〝人質司法〟と呼んでいる司法機関そのものを問う世界規模の訴訟になった。まさに、産業的・政治的な〝真珠湾攻撃〟である。

しかも、ルノー・日産アライアンスは、世界中の自動車業界が重大局面にあるまさにそのときに、トップの首を切ったのだ。およそ一三〇年という歴史をもつこの業界においては、これまで、これほどさまざまな試練が重なることはおそらくなかったが、いまや進化だけでなく改革が迫られている。一九世紀末から自動車市場を席巻してきたガソリン自動車は電気自動車にその地位を譲らざるをえなくなりつつある。また、もっぱら人間の手に委ねられてきた車の運転は、遅かれ早かれ人工知能に任されることになるだろう。世界人口の半数以上が生活する巨大都市や大都市から個人が所有する自家用車が完全になくなることはないにしても、人口に対する車体数の比率が大きく変わることはほぼ間違いない。

このような過渡期の荒波を乗り切るには、企業のトップが明確に描く針路に向かってしっかりと舵を取る必要があるだけでなく、人材と膨大な資金力を結集する必要がある。

産業と政治

自動車産業は、経済への影響の大きさ、その社会的意義、都市や国土との密接な関わり、国際市場に占めるシェアの大きさなどから、きわめて政治色の濃い産業である。この事業の中核をなす自動車メーカーは、民間企業であっても――必ずしも民間企業とは限らないが――その事業には常に公権力の影がつきまとう。ジャン＝クロード・トリシェは、欧州中央銀行総裁の八年間の任期を終えてフランクフルトからフランスに戻ったとき、ドイツでは、世界中の幹線道路で〝メイド・イン・ジャーマニー〟の力を見せつける自動車メーカーをはじめとする輸出企業の意見を聞かずして政治的決断が下されることはない、と語っていた。

巨大自動車産業を抱える国はそう多くはない。だが、そうした国々では、生産の上流部門も下流部門も含めたＧＤＰ（国内総生産）のおよそ一〇パーセントを占める経済部門について、政府が無関心でいられるはずがない。車は良きにつけ悪しきにつけ、人間の行動、市街地の構成、周辺地域の景観や大自然さえも変えてしまう。

車による移動の自由と引き換えに、危険な場所で危険な時間帯に運転する者や歩行者が大きな犠牲を払わされてきたし、いまなおその状況は続いている。そして二〇二〇年代に入ったいま、私たちは、公共政策でも個人の行動のうえでも二一世紀の最重要課題である地球温暖化に、交通機関全般、とりわけ車の走行がどれほど大きく関わっているかということに、遅まきながら気がついた。

ルノー・日産アライアンスが発足した当時から、大きな政治的矛盾があった。どう見ても異例のこの提携は二〇世紀末には上昇フェーズにあった〈第二次グローバル化〉を象徴するものだったが、国境の開放、関税の引き下げ、財やサービス、有形無形の資産および人材の自由化といった世界的な大きな動きに対して、フランスでは反感が、日本では警戒心が渦巻いている。

世論調査や、調査機関（米国のピュー・リサーチ・センター、英国のＹｏｕＧｏｖ、経済協力開発機構《OECD》など）が行った情報分析によれば、大多数のフランス人が〝新自由主義〟というどこでも通用するラベルをまとったグローバル化を嫌うのは、多分にイデオロギー的なものであり、とりわけ公教育制度に根強く残るマルクス主義的な伝統と、経済についての無教養の表れである。それはまた、心理的な側面も関係している。抗不安薬の消費量が非常に多いという調査結果からもわかるように、生まれつき悲観主義者《ペシミスト》であるフランス人の心理の表れかもしれない。結局、グローバル化は、何世紀も前から国の運命を担う強力で頼りがいのある中央政府を弱体化させるツールであるとみなされている以上、こうしたフランス人の拒絶反応には政治的側面もある。

一方の日本では、グローバル化を、毛嫌いはしていないものの、疑念の目が向けられている。日本経済は他の何にも増して、七〇年以上前に再開された海外貿易の絶え間のない発展の恩恵を受けてきたが、大半の日本人は外国人の頻繁な往来には良い面と悪い面の両方があると思っている。また、日本人のなかで海外旅行をするのはいまだにひと握りにすぎず、外国人の団体旅行客を受け入れるようになったのも比較的最近のことだ。特に団体で押しかける中国人に対しては、日本人の間にたちまちネガティブな反応が起こった。英語をはじめとする外国語をマスターしようとする若者も少なく、パスポートをもっている者も少ない。一九八〇年代に当時の大蔵省で少数の〝国際派〟を牽引していた行天豊雄《ぎょうてんとよお》は「日本の夢は、他の諸国が日本をそっとしておいてくれることだ」と語っていた。

それだけに、一九九九年に日産のような花形企業が実質的に外国企業の傘下に入ることを日本国民が冷静に受け入れたのは、ことさら注目すべきことだった。もしこの交渉が逆の方向で行われたとしたら、つまり、ルノーが日産の傘下に入るのだとしたら、フランス人の多くはどう反応しただろう？

特に日本における日産は、フランスにおけるルノーと同様、他の企業とは毛色の異なる企業だ。それが、両社の提携をいっそう矛盾したものにしている。

愛知県を拠点とする同族企業王国トヨタと違い、また、強権を振りかざす通商産業省（今日の経済産業省）が出した自動車製造の新規参入制限の方針に真っ向から逆らって、自動車業界に参入したホンダとも異なり【訳注：一九六一年、貿易の自由化に備えた国際競争力強化のために、既存の自動車メーカーの統廃合を進め、新規参入を制限する法案を通産省が提出した。オートバイを製造していたホンダの社長、本田宗一郎はこれに真っ向から反対し、自由競争こそが産業を育てると主張。法案が可決する前に自動車を作ってしまおうと、スポーツカーや軽トラックの製造を指示し、開発スタッフは短期間でそれに応えた】、〝日本の産業〟という意味の社名をもつ日産は、政府の庇護の下、また日本占領下の満州で軍国主義体制の日本が展開した産業戦略の手先として、満州の経済発展を担ったという特殊な歴史的背景の下で飛躍的な発展を遂げた。当時、満州に派遣された若き役人のなかには、二〇一二年一二月から二〇二〇年九月まで日本の総理大臣の地位にいた安倍晋三の祖父、岸信介がいた。

一方のルノーは、第二次世界大戦終結後、国営化にともないルノー公団（RNUR）となり、半世紀の間、フランスの国家が管理する経済・社会文化の象徴的企業だ。パリ近郊のビヤンクールにある巨大な建物内にあった〈労働者の砦〉はすでに姿を消しているが、〈労働研究所〉では、国家レベルにおける労働法を先取りした実験の場として、フランス共産党の傘下の労働総同盟（CGT）との共同管理が実践されていた。

一九九五年以降、形式上は段階的に民営化されたものの、ルノーは政府とのつながりを完全に断ち切ることはできなかった。政府が保有しつづけ、国庫局の付属機関であるフランス政府保有株式監督庁（APE）がいまでも管理している一五・〇一パーセントという資本持ち分（そして二二パーセントの議決権）のせいだけではない。むしろ、フランス政府が自らを他の株主とは異なる株主、他の株主より優位に立つ〝筆頭〟株主であるとみなし、そのように振る舞っているからである。このような政府の思い上がりこそがルノー・日産アライアンスに漂う緊張の遠因であるのだが、カルロス・ゴーン逮捕による危機にあっても、フランス政府は臆面もなく同じような態度を示すだろう。

日本では、資本への直接参加という隠れ蓑を使わなくても、政府が日産のような企業グループに影響を与えることができる。確かに、ソ連モデルに触発され、意気揚々と〝達成目標〟を掲げる計画経済を実施していた高度成長期は、フランスの栄光の三〇年間と同じように、すでに遠い昔のことだ。しかし日本では、歴史や慣例が重視され、人脈が幅を利かせ（その最たるものが東京大学の卒業生だ）、似たような〝エリート〟ばかりが集まり、民主主義大国だというのに同じ政党が政権を握りつづけている。そのことがまた、法律・法規がほとんど変わらないだけでなく、例の〈鉄のトライアングル〉【訳注：政策決定過程において政治家、官僚、財界ががっちりと手を組んで物事を進める構造】において、政府の役割が維持されつづけることを後押ししている。政権に居座る自民党の政治家と大企業の社長と高級官僚、この三者の水面下での、しかし強力な結束は、いまや二〇世紀後半ほど顕著ではないとはいえ、やはり名残をとどめている。

アウトサイダーの必要性

古代ギリシャのアテネでは、(多くの場合、ギリシャの別の都市で生まれ)市内に住んでいるが正式の市民権をもたない外国人は〈メトイコイ(よそ者)〉と呼ばれていた。メトイコイたちは、アリストテレスをはじめとして、アテネの繁栄に大いに貢献した。この言葉には外国人を嫌悪したり、さらには差別したりする意味合いはまったくなかったが、二〇世紀初頭の反動主義的な思想【訳注:旧体制の維持または復活を図ろうとする動き】の影響を受けて、フランス語では差別的な意味をもつようになった。そして二一世紀初頭のいま、いわゆる〝先進〟諸国では、反動主義思想がそこかしこで復活しているようだ。

慣例や既存の利害、さらには旧態依然な働き方に固執しつづけている組織においては、往々にして、アウトサイダーのものの見方や行動に頼ることが、破滅への道を避け、風通しを良くし、これまでとは異なるビジョンに目覚め、新しい道を見つける唯一の手段となる。

一九九〇年代の終わり、日本第二の自動車メーカー、日産自動車株式会社はまさに倒産の危機に瀕していた。社内では解決策が見つからなかった。日本国内でも解決への道はなかった。日本では独特の企業文化や〝系列〟企業(コングロマリットより結びつきが強い企業グループ)内の関係が複雑なため、大企業間の提携は、アテネとスパルタの和平と同じくらい想像しがたいものだった。だからこそ、二〇二〇年に政府が提案した日産とホンダを統合させるという突拍子もない案は、どちらの会社からもきっぱりと拒絶されたのだ。

カルロス・ゴーンは、ブラジルのポルト・ヴェーリョでレバノン出身のブラジル人家庭に生まれ、レバノンのベイルートで小学校から高等学校まで一貫教育のフランス系カトリックの私立学校に通った。その後、パリでグランゼコール【訳注：入学試験があるエリートを養成する専門大学校】に入学するための準備学級を経て、エコール・ポリテクニック（理工科高等専門学校）とエコール・デ・ミンヌ（パリ国立高等鉱業学校）のふたつのグランゼコールで学んだ、典型的なアウトサイダーだ。日本でも当然のことながらアウトサイダーだった。なにしろ、日本の花形企業のトップに初めて〝ガイジン〟（文字どおり、外から来た人）が抜擢されたのだから。

結局のところ、フランスでも同じだった。エコール・デ・ミンヌを卒業した理工科学士のカルロス・ゴーンは、〝フランス国籍の者〟だけが入れる誉れ高いコール・デ・ミンヌ（鉱業技師団）からは排除され、特権階級になりそこなった【訳注：コール・デ・ミンヌは、エコール・ポリテクニックを一〇位以内で卒業した学生とエコール・デ・ミンヌとエコール・ノルマル（高等師範学校）をトップクラスで卒業した学生、またはフランスの他のトップフランクの教育機関を修了した学生が入れるフランス経済・財務省管轄の研修機関で、超エリート集団である】。国家が一目置くこの特権者たちは、有名なフランス国立行政学院を筆頭とするグランゼコールで画一化された教育を受けた者たちの集まりだ。二〇世紀最後の十数年間に資本主義経済から〝自由主義経済〟に転換したフランスでは、民営化された元〝国有〟企業の首脳陣や取締役会の椅子のほとんどは彼らに陣取られていることだろう。

この〝特権階級〟連中がカルロス・ゴーンの逮捕についてあえて沈黙を通し、ゴーンが日本の司法機関にどのような扱いを受けているかさえ尋ねようとしなかったことに驚く人がいるとしたら、よほどナイーブな人だ。やはり、二〇一八年にフランスのオンラインメディア『メディアパール』に大企業の社長たちの報酬について私が投稿した記事のなかで書いたように、「あのメトイコイ（よそ者）のスキャンダルなどどうでもいい」のだ。

　アマゾンの果てからルノーの工場を通り、銀座のネオン街までやってきたカルロス・ゴーンの歩みについては、二〇〇三年に刊行したゴーンと私の共著『カルロス・ゴーン　経営を語る』（日本経済新聞出版）に詳述してある。カルロス・ゴーンの本当の姿を知りたければ、ゴーンが逮捕された二〇一八年一一月一九日以降、フランスのあるメディアが日本の何社もの大手メディアと結託して繰り返し流している風刺された人物像ばかりにとらわれず、この本を読むことを勧める。

　カルロス・ゴーンのキャリア形成期に関して、注目すべきことがふたつある。もちろん、そのひとつはミシュランだ。ミシュランは、トレードマークのビバンダム（ミシュランマン）と、フランスだけでなく世界各国の最も美味しい料理を出す快適なレストランに付与される格付け《マカロン》の星で有名なレッド・ガイドのおかげで、世界中にその名が知られている。クレルモン＝フェランの小さな町工場だったミシュランが、エネルギッシュなオーヴェルニュ魂でグローバル化を目指し、世界的なタイヤメーカーになったのは、まだ若きカルロス・ゴーンをはじめとするグランゼコールを卒業したばかりの意欲あふれる技術者たちのボス、フランソワ・ミシュランの采配によるものだった。ミシュランは、日本のライバル社、ブリヂストンに抜かれる前、一時は業界の世界トップにまで上りつめた。

　しかしミシュラン、とりわけ〝ムッシュー・フランソワ〟【訳注：一九二六〜二〇一五年。一九五五年から一九九九年までミシュランのＣＥＯ、社員から親しみを込めてこう呼ばれていた】のミシュランは、他の企業のような純粋なフランス企業とはいえない。民間の同族企業であり、標準的なフランス企業とは趣が異なる。そこに見られるのは、製品と顧客を大切にし、顧客こそが本当の意味で仕えるべき主人であるという精神だ。カトリックという宗教も大切にする。教会で執り行う誕生祝福式から葬儀にいたるまで、会社が〝ミシュラン家の人々〟の面倒をみる家族主義はとっくに過去のものになってはいるが。信仰心が厚く、農村出身の仕事熱心な外国人労働者の多くはポルトガルから来た人たちだ。そのため、クレルモン＝フェランはポルトガル語の飛び交う大都市になった。遠く離れた首都パリからいつも目を光らせている政府は、とりわけ不信感を抱き、適度な距離を保っている。

カルロス・ゴーンがのちにルノーの再建、日産の再生、そしてアライアンスの結成を成功に導いた手法は、危機的状況に陥っていたミシュランのブラジル事業を再建させ、続いて北米ミシュランの事業と歴史あるタイヤメーカー、ユニロイヤル・グッドリッチとの合併を成し遂げるなど、ミシュランで培ったものだ。

北米での挑戦はゴーンの人生と、やがてルノー・日産アライアンスのトップになるまでのキャリアに重要な意味をもつことになる。この時期、ゴーンはサウスカロライナ州の〈バイブル・ベルト（聖書地帯）〉【訳注：米国の中西部から南東部にかけての複数の州にまたがる地域で、熱心なキリスト教徒が多く住んでいる。特にキリスト教原理主義の信徒が多い】と呼ばれる地域にあるグリーンビルに住み、四人の子どものうち下の三人はここで生まれた。ここでは仕事も家庭も順調だった。ゴーンは米国の魅力の虜になっていた。

しかしミシュラン・グループのナンバーツーとなったゴーンは、たとえ同グループの売上高の四〇パーセントを生み出したとしても決してナンバーワンにはなれないとわかっていた。ナンバーワンのポストはフランソワ・ミシュランが後継者にしたいと考えている彼の息子、エドゥアール・ミシュランに約束されている。フランソワはエドゥアールを米国に送り込み、カルロス・ゴーンの下で修業させたいと考えていた。いくら成果をあげても、アウトサイダーはあくまでアウトサイダーなのだ。

ルノー・日産アライアンスとは何か？

人間の企ての多くがそうであるように、ルノーと日産の提携は偶然と必然の産物だった。きっかけとなった最初の出来事は、ルノーが一九九三年、筆頭株主であるフランス政府の不手際でスウェーデンの自動車メーカー、ボルボとの合併計画に失敗したことだ。当時ルノーのＣＥＯであったルイ・シュヴァイツァーは、あまりに小さく、あまりにフランス的で、収益率が悪く、販路が〈古いヨーロッパ〉【訳注：米国の国務長官ラムズフェルドが、イラク戦争に反対するフランス・ドイツのことをこう呼んだ】に偏りすぎているルノーを変貌させるため、パートナーを見つける必要性に迫られていた。

偶然の出来事というのは、これもまたドイツのダイムラーと米国のクライスラーの合併だ。この合併を決めたメルセデスの製造業者（ダイムラー）は、触手を伸ばしてきていた日産との提携交渉から手を引いた。日産の経営陣はダイムラーを優先的に考えていたが、ダイムラーは株の過半数取得を主張して譲らなかったのだ。土俵に残ったのはルノーだけだった。そのルノーには、シュヴァイツァー会長の最後の切り札があった。カルロス・ゴーンだ。

しかしながら、当初、統合の主導者たるシュヴァイツァーと再建請負人たるゴーンは提携について異なるビジョンをもっていた。社内では〈Ｅ・Ｔ〉という愛称で呼ばれたり、より親しみを込めて〈ルルー〉と呼ばれたりしていたシュヴァイツァーは、最高レベルの閣僚（官房長または首相）が直轄する行政機関の高級官僚出身だ。彼は、この提携は、日仏両国と両国民の関係、その歴史や文化と無関係ではいられないものと考えていた。つまり、二重国籍の多国籍企業が生まれるのだ。自動車業界も含めて、フランスと日本の過去のあらゆる交流の名残を思い出してみよう。第二次世界大戦直後の一時期、戦後の復興が始まったばかりの日本では、東京や大阪を走るタクシーの多くはルノーの４

CVだった。そのころの日本の自動車市場は、まだ海外メーカーに門戸を閉ざしてはいなかったのだ。

一方、カルロス・ゴーンは、この提携を土台にしてレンガをひとつひとつ積み上げ、十数カ国と手を結び、全世界に一〇〇を超える生産拠点を構えるグローバル企業を築き上げるつもりだった。

一九九九年四月、日産の再生に取り組むべく日本の地に降り立った三十数名のフランス人からなる〝精鋭部隊〟に、世界各地からやってきた幹部たちが少しずつ合流することになる。

だが日産もルノーも〝親会社〟であるという性質上、再建に向けた作業は容易には進まなかった。日産内では、才能を発揮することが終身雇用や年功序列――これは社員にとって良い面と悪い面があるが――という日本社会の伝統によって妨げられていた。

フランスでは、問題はもはやルノーの社内環境ではなく、国家（そして多くのエリートたち）がグローバル化とそのビジネス界への影響をどのように認識しているかにあった。二〇一〇年、共産主義政権時代のルーマニアの古い産業拠点でルノーが立ち上げて軌道に乗せた〝ローコスト〟ブランド、ダチアのふたつ目の生産拠点をモロッコに設立することをカルロス・ゴーンが選択したときの反応がそれをよく表している。この決定は、フランス政府内で厳しい批判を巻き起こした。

アライアンスの資本構成については、ルイ・シュヴァイツァーは、フランス政府がルノーからの資本を引き揚げれば必ず日本にアライアンス全体の支配権を握られるに違いないという以前からの思いを、二〇一八年の春にも私に述べていた。だが、別の方法もあった。だからこそ、それを検討するために、シュヴァイツァーに代わってカルロス・ゴーンがルノーの経営を陣頭指揮するようになる前の二〇〇三年からすでに、アライアンスの資本配分を見直す方法が検討されていたのだ。それは、アライアンスを永続させ、ルノー・日産両社の株価の下落幅を小さくし、たとえば北米に新しいパートナーを迎えることを可能にするものだ。おもにフランス政府の妨害が原因でこの問題が放置されてきたが、これがやがて二〇一八年一一月の危機へとつながっていく。

　このような障害と困難があったにもかかわらず、アライアンスは〝グローバル・モーターズ〟に限りなく近づくことに成功し、二〇一七年には販売台数一〇〇〇万台以上という実績をあげて世界首位に躍り出た。まさに〝グローバル・モーターズ〟になるという目標をほぼ達成できたのだ。有名なリー・アイアコッカ【訳注：米国の自動車メーカー、フォードの元社長、その後、クライスラーの会長も務める】は、一九八四年に出版された自伝【訳注：『アイアコッカ――わが闘魂の経営』（ダイヤモンド社）】のなかで、一九七八年夏に、創業者ヘンリー・フォードの孫で当時会長だったヘンリー・フォード二世に、突然、社長の座を追われたときのことを振り返り、「自分はある構想に取りつかれていた」と語っている。その構想を彼は〝グローバル・モーターズ〟と名づけていた。「私の夢はヨーロッパ、日本、そして米国に自動車メーカーの企業連合《コンソーシアム》をつくることだった。コンソーシアムが力を合わせればゼネラルモーターズ（ＧＭ）を凌ぐポジションを狙えるだけの力をつけることができるだろう」。そしてアイアコッカはヨーロッパと日本で提携可能なリストを挙げている。そのリストには、フォルクスワーゲン、場合によってはフィアットまたはルノー、三菱自動車、それに日産あるいはホンダもありだ、と記されている。ただし、米国の提携先はクライスラーしかありえない。ＧＭは巨大すぎる。フォードはというと……、アイアコッカはその後すぐに、経営危機に陥っていたクライスラーの救済に乗り出し、その手腕が伝説になるほどの偉業を成し遂げる。結局、彼の夢は、カルロス・ゴーンが日産再生の舞台に登場する前にあえなく消え失せた。その間に、世界はグローバル化の波に乗っていた。

新興国と手を結んで頭角を現す

一九世紀末から一九一四年までの最初のグローバル化の時代のあと、いまもそのただ中にある第二のグローバル化の歴史のなかで、一九八九年がひとつの転換期となる。ヨーロッパではベルリンの壁が崩壊し、ソビエト帝国【訳注：ソ連を植民地帝国とみなして用いられる言葉】が解体された。アジアの北東では、六月四日から五日にかけて民主化を求めて天安門広場に結集した学生たちに中国共産党幹部らは血の粛清を加えたが、経済改革については反対に、後戻りしないという決定を下した。

ところが図らずも、一九八九年六月の〝出来事〟は、その数年後、鄧小平《とうしょうへい》以降の最も重要な改革者、朱鎔基《しゅようき》を中国政権の座に就かせるという結果を招く。一九八九年の事件の際に、上海市の市長として上海の平穏を乱さなかったことで評価された朱鎔基は、〝天安門の虐殺者〟、李鵬《りほう》に代わって中国の首相に相当する国務院総理のポストに就く。彼は、東風汽車集団と日産との合弁会社設立に向け、カルロス・ゴーンに声をかけるよう官僚たちの背を押した。そうすれば、アライアンスに、今後三〇年の間に中国が米国、欧州連合（ＥＵ）を抜いて世界トップの自動車市場になれる門戸が大きく開かれるだろうというのだ。

経済成長の面では、たとえソ連崩壊後のロシアが、有力新興国五カ国の集まるＢＲＩＣＳに仲間入りしたところで中国の比ではない。とはいえ、国家が政治的試練にあっても、ロシア経済は欧米諸国による制裁の重圧につぶされることはなく、約一億五〇〇〇万の人口はやはりかなり大きな市場である。ロシア最大の自動車メーカー、アフトヴァースの経営権を好条件で取得したルノーは、リスクの大きい賭けに出ただけでなく、世界の自動車史上に象徴的な一ページを加えたのだ。トリヤッチ市にある巨大な工場群を再生させるのはアライアンスの野望に見合った産業的・社会的な挑戦だった。

元イタリア共産党書記長、パルミーロ・トリアッティにちなんで名づけられたトリヤッチ市は、〈ヴォルガ川のデトロイト〉になろうとしていたが、東南アジアのデトロイトとして、タイがすでに頭角を現していた。日産は二〇〇四年、昔からの日産の輸入販売事業者であるタイのサイアム・モータースの経営権を取得した。この地域にすでに拠点を構えている三菱自動車がアライアンスに加わったことで、日産の生産能力は著しく強化されることになるだろう。

カルロス・ゴーンの強力なリーダーシップの下、アライアンスの世界的発展は様変わりし、数々の提携企業に成長への大きな可能性が開かれた。二〇一八年、日産が発表したグローバル生産台数五六〇万台のうち二四〇万台は東風汽車有限公司（ＤＦＬ）【訳注：日産と東風汽車集団との合弁会社】とサイアム・モータースによるもので、過去一〇年間の日産の売上高の純増加額は事実上、両社によってもたらされたものだ。

〈ゴーン・スクール〉の優等生たち

ルノーにも日産にも在籍した経験のあるポルトガル人、カルロス・タバレスは、フランスの自動車メーカー、ＰＳＡを驚くほど短期間で再建し、その勢いに乗ったまま、オペルとヴォグゾールの両ブランドを買収して、二〇年前から赤字続きだったゼネラルモーターズの欧州事業を立て直した。ディディエ・ルロワはルノーに入社するとすぐ、カルロス・ゴーンに認められて彼の執行補佐を務めたが、現在はトヨタ自動車の副社長となり、創業家の後継者、豊田章男の右腕となっている【訳注：二〇二〇年三月に副社長の職を退任し、現在はトヨタモーター・ヨーロッパの会長】。二〇一八年一一月一九日の司法の手を借りたクーデターのあと、日産の古参幹部による粛清の多くの犠牲者のひとりとなったホセ・ムニョスは、韓国最大手の自動車メーカー現代《ヒュンダイ》自動車のグローバル最高執行責任者（ＣＯＯ）となり、しかも非常に重要な北米市場で直接指揮を執っている。最後に、ルノーで〝粛清〟された（どのようにして粛清されたのかは本書に記されている）ティエリー・ボロレは、二〇二〇年九月一日、インドのタタ・モーターズが所有する英国の自動車メーカー、ジャガー・ランドローバーの最高経営責任者（CEO）に就任した。

この四人は、〈ゴーン・スクール〉で経営を学んだ十数人の幹部のなかでも際立った存在だろう。カルロス・ゴーンが市場を立て直し、非常に複雑な大企業の組織を発展させるために取った経営の基本原則については、前述の『カルロス・ゴーン　経営を語る』をはじめ、日本で出版された二五冊ほどの経営本や、ハーバード大学からグローバルなビジネス・スクール〈INSEAD《インシアード》〉まで世界の最高レベルの大学や経営大学院が出している十数本の研究論文のなかに書かれている。こうした本が多く出版されているのは、二一世紀初めの二〇年間には他に類をみない、昔からある大企業を対象とする驚異的な挑戦から学びたいと多くの人々が思っていることの表れである。

しかし、この〈ゴーン・スクール〉という言葉は、特定のジャーナリスティックな文章のなかで〈コスト・カッター〉とか〈ダボス・マン〉が（対象を）矮小化するレッテルとして使われるのと同じように、揶揄する表現として使われてきた。そこからわかるのは、一七年の歳月を経ても（『カルロス・ゴーン　経営を語る』は二〇〇三年に出版された）、その経営原則、実用主義の活用、部門を超えた横断的協力、パフォーマンスの徹底的な調整は生き残っているということだ。カルロス・ゴーンは経営の理論家ではなく、二〇一八年一一月一九日までは、ほぼ誰もが口をそろえて「驚異的だ」と讃えていたキャリアを通じて現実の苦境に対処する処方箋の実践者なのだ。

アライアンスの総括は……

〝カルロス・ゴーンの給与〟は、特定のメディア（特にフランスの新聞・雑誌）にとって〝定番〟になっていて、しつこく取り上げられているが、そうした暇つぶしの小話を提供する人々（記者や政治家、少数株主の自称擁護者など）は、それよりはるかに重要な問題については決してまじめに取り上げようとしない。アライアンスについて簡単に総括してみよう。

怠惰な報道機関は、一九九九年に発表されたNRPについて工場の閉鎖とポストの削減ばかり報道しつづけた。実際は完全解雇ではなかった（解雇された者はひとりもいない）。確かに、日産はグローバル化の過程で、若干の古い生産拠点のいくつかのポストを撤廃した。それはなによりも、ここ三〇年間で、一台の自動車を製造するのに必要な労働時間が四分の一になるほど生産性が驚異的に向上したためだ。また、グローバル化によって企業の構造が変わったことで、生産拠点を市場に近づかせることができた。カルロス・ゴーンが指摘するように、グローバリゼーションは同時にローカリゼーションでもあるのだ。

むしろ、この企業は新興諸国や東欧の過渡期経済圏、いくつかの開発途上国で一〇万人を超える雇用を生んだ。彼らは、従来の労働市場で提示される仕事より高い専門性をもち、高い報酬が支払われている。

しかし、自動車産業発祥の地として最も発展している経済圏も忘れられていたわけではない。北米で最も大きな自動車工場はテネシー州のスマーナにある日産工場で、八〇〇〇人が直接雇用されていることを知っているだろうか？　アライアンスのあらゆる部門の施設のなかで日産の厚木研究所とルノーのギュイヤンクール総合研究所のふたつが最も大きく、合わせて数千人の技術者が働いていることを知っているだろうか？

〝カルロス・ゴーンの給与〟の問題については、二〇一八年一一月一九日のクーデターの首謀者たちが攻撃材料として使っているのだからタブーではない。それでもやはり、保守的な考えの現代人たちの大げさな〝憤慨〟は無視して、信頼できる方法で分析する必要があるだろう。

この〈憤慨している者たち〉は気に入らないかもしれないが、第一に、一連の資産項目のすべてが歯止めが利かないほど膨らむ原因となったのは公共政策であり、それが大企業の経営者たちの給与に反映されていることだ。一九七〇年代のオイルショックにともなう大混乱のあと、経済が破綻した国の政府は公的負債を埋めるために経済の金融化に舵を切った。そして今日、主要な中央銀行は地球上に流動資産をあふれさせ、金が金を呼ぶという言葉が本当になるほど格差を拡大させている。経営者の報酬は、一九四〇年代から一九七〇年代までは実質的に大きく変化していないが、二〇世紀の最後の二〇年間に急激に高額化した。それは、上場企業の株価の急激な高騰と密接に関連している。

第二に、ひと握りのトップクラスの経営者のための国際市場が確かに存在するということ。カルロス・ゴーンがまさにそうだ。その証拠に、二〇〇九年に経営破綻したゼネラルモーターズを再建する必要に迫られたオバマ政権はゴーンを引き抜こうとした。アライアンスの会長であるカルロス・ゴーンが金銭的利益にしか関心がなかったとしたら、このオファーを受けていただろう。そうであったならゴーンは現在、世界で最も有名な〝逃亡者〟ではなく、自由なひとりの人間だっただろう。相当な金持ちで、彼のキャリアや人生や家族、そして名声を打ち砕こうとする政治的・司法的な陰謀の標的ではなかっただろう。

世界中に四五万人もの従業員を抱える三つの企業を率いてきたカルロス・ゴーンの給与は高すぎるだろうか？　当然のことながら、そのように考える権利は誰にでもある。しかし、二〇年間、日産の、次にルノーの、そしてアライアンスのトップに立ったカルロス・ゴーンの経営手腕はとりわけ、株主であるフランス政府に、税収を別にしても、かなりの額の配当金をもたらしたはずだ。赤字の大海原に沈んだ多くの国有企業と比べてみるべきだ。

アライアンスはその創始者より長生きできるだろうか？

ルノー・日産・三菱アライアンスは、ＥＵに少し似て、よく続いていると思える奇跡のようなものだ。提携の強度や合理性がどうであれ、主権を放棄することは決して生易しいことではない。提携が進めば進むほど、関係する事業部門は神経質になり、譲歩は難しく、誤解は避けられなくなる。

また、購買・サプライヤー・プラットフォームをはじめ、工場などの共有、初期段階での技術交流、〝結集した〟真のエンジニアリングを生み出すノウハウの共有などなど、その道のりは長くて遠い。

日産では、技術者、とりわけエンジン設計者が幅を利かせ、他の部門（購買・マーケティング・財務・顧客管理など）は副次的部門のようにみなされる、きわめて〝技術重視〟の企業のようだ（横浜にある日産エンジンミュージアムはその名のとおりエンジンにスポットを当てた博物館である）。そのことが、一九九九年三月に会社が深刻な状況に陥った一因でもある。

また、自動車技術にそこまでの完璧性を求めないアプローチ（顧客ファースト主義）で知られているルノーとの〝不平等な技術交流〟について、日本人チームは明らかに憤懣《ふんまん》やるかたなく感じていた。この不満（おそらく他にもあるだろうが）が、緊密な提携を二〇年間続けてもいまだに拭い切れないのであれば、それはアライアンスというこの挑戦がどれほど途方もないことであったかを物語っている。

カルロス・ゴーンが築きあげたものを承継するのは難しい問題だっただろう。二〇一八年一一月一九日の陰謀の立役者とその扇動者、あるいは政治的な共謀者たちは、パリでも東京でも、それが不可能な任務となるような動き方をした。ゴーン逮捕という危機によって企業バリューが崩壊し、経営陣の間に不信感が芽生え、ルノーに対するフランス政府の影響力が再び強まり、フィアット・クライスラー・オートモービルズ（ＦＣＡ）との提携交渉決裂が証明したように、ルノーと日産の間には共通の戦略的展望が欠けていることが露呈した。

　フランス政府がルノーの会長として送り込んだジャン＝ドミニク・スナールが、今後は〝コンセンサス〟にもとづくアライアンスを築いていくという考えを述べると、日産社長の西川廣人《さいかわひろと》は、きわめて個人的な解釈をしてみせた（「今後は各社がそれぞれ、したいこと、そしてしたくないことを決めていく」）。ところでこの〝日本流コンセンサス〟は、一九八〇年代に、労使間の対立が続く社会情勢に直面していた欧米の経営者たちにとっては夢のような一種の神話である。

　現実を見ると、日本を含む自動車産業の歴史は、真のリーダーシップを発揮してきた並外れた人物たちがその役割を果たしてきたことの証である。自動車産業帝国は、そしてそのひとつであるルノー・日産アライアンスは、さえない凡人あるいはちょっとした策略家たちが築いてきたわけではないのだ。

二〇五〇年に自動車産業は生き残れるか？

　たとえ十数もの有名なブランドが姿を消したとしても（ダットサンやアルパインなどアライアンス内で再生を目指したブランドもいくつかあるが）、世界の自動車産業の状況に衝撃を与えているのは、生き残っている大企業（英語でいうところの〈インカンバント〉）の回復力だ。たとえば、アライアンスにおけるルノー（一九世紀末に設立）と日産（二〇世紀初頭に設立）しかり。フォード、ゼネラルモーターズ、フィアット、ダイムラー、フォルクスワーゲン、トヨタしかり。これらはすべて、一世紀、もしくは一世紀近く歩みつづけている。

　しかし、最近ドイツで作成されたドキュメンタリーは、〈エレクトリック・モビリティ〉という言葉に要約されるような、この産業を待ち受ける三つの革命に関して語りながら、そこではためらうことなく〝神々の黄昏〟という言葉が使われている。これからの世界は、シリコンバレー出身の異色の創業者イーロン・マスク率いるテスラに象徴されるように、破壊的イノベーションになるだろう。テスラはゼロから出発して自動車産業に参入したが、ハイテクノロジーの企業として証券取引市場で評価が高まり、二〇二〇年七月現在、その株式時価総額はトヨタを抜いて自動車業界トップに躍り出た。

　試練はテクノロジーに限らない。都市あるいは巨大都市に住む人間は相変わらず増えつづけ、やがて一〇〇億人になるのではないかと思われる世界の総人口の五〇パーセント以上を占めている。だが自動車、正確には自家用車はいずれ大都市圏から姿を消すかもしれない。

　既存のゲーム・プレイヤーには、今後数年間および数十年間は、莫大な投資（最適な企業活動に必要な規模の絶対条件としての投資）、大きな社会変動（上流部門でも下流部門でも、エレクトリック・モビリティは雇用をあまり必要としない）、そして新規参入企業に対抗することが強いられる。しかも、デトロイトを致命的な財政破綻寸前に追いやった〝負の遺産〟（過去の財政的・社会的負担）になんとか対処しながらだ。

　自動車産業の誕生以来、類のないこのような大きな変化は、新規参入者にとっては、数十年以上も現役でやってきた巨大企業を押しのけて〝飛び越える〟チャンスとなるのだろうか？　自動車産業のビッグネームたちが、フィルムの消滅によって命を絶たれたコダックや、携帯電話の方向転換に乗り遅れたノキアの運命を踏襲するのだろうか？　エレクトリック・モビリティの黄金郷《エルドラド》になろうとしているテスラや中国で勢いを増すスタートアップ企業は、グローバル化した自動車産業の運命を手中に収めるだろうか？

面白い戦いになりそうだ。カルロス・ゴーンはもはやその当事者ではなく、老練な観客だ。彼は、二〇〇九年から電気自動車に挑戦し、アライアンスを生産高で世界トップにのし上げ、その戦いのために武装してきた。では、いまはどうなのだろう？

フィリップ・リエス

目次

第1章　一一月一九日

二〇一八年一一月一九日、月曜日、彼にとってその日は〝ゴーン氏〟が定期的に日本にやってくるたびにお決まりの仕事をする日だった。

アライアンスの枠組みのなかで、日産とルノーと三菱自動車の社員として一七年前から〝会長の技術的サポート〟を担当しているこのアシスタントは、日産本社がある横浜でもルノー本社があるビヤンクールでも、また、東京でも、パリでも、ベイルートでも、アムステルダムでも、アライアンスの会長が使用するＩＴ機器に〝バグ〟が発生することなく、最適で安全な状態を保てるようにチェックしなければならないのだ。

その日、彼は早朝から横浜の日産本社にいた。彼の部屋は、日本滞在中の会長が必要とする機器がいつでも使えるよう、情報関連機器の置き場を兼ねている。クリスティーナ・ムレイから、「ハリ・ナダが今日、一六時三〇分か遅くとも一七時にはお会いしたいそうです」というメールが届いた。日産の内部監査とコンプライアンスの責任者であるこのアメリカ人女性からメールがきたことに彼は驚いた。彼女は直属の上司ではないからだ。しかも、当時、会長を取り巻く水平組織である〝ＣＥＯオフィス〟の責任者だったハリ・ナダが彼に会いたいというのだからなおさらだ。

その日の午前中、しばらく経つと、今度はカルロス・ゴーンの三女マヤからメールを受け取った。父親の〝住居〟でインターネットが使えなくなったとある。そこは、日産がカルロス・ゴーン会長のためにずいぶん以前から借り上げている麻布のタワーマンションで、その形状から東京っ子たちの間では〈きのこタワー〉と呼ばれている。米国に住んでいるマヤは、東京に来ていたのだ。

彼は前の週の金曜日にもそのマンションに行っているが、ゲスト用のインターネットはチェックしていなかった。連絡を受けて駆けつけたところ、ルーターが機能していないことがわかり、ルーターを交換する必要があることを直属の上司の大沼氏にメールで知らせた。大沼敏明は二〇一二年から理事扱いの秘書室長である。「その機器は個人用ですから、カルロス・ゴーン本人に請求することになるでしょう」とこのアシスタントは明言した。

しかし、技術的なトラブルで時間を取られてしまい、指定された時間までに横浜に戻るのは難しくなった。彼はクリスティーナ・ムレイに「一六時三〇分には行けそうにありません。水曜日にお目にかかりたいと思います」とメールした。というのも、二〇日の火曜日は三菱自動車の取締役会で議長を務めるカルロス・ゴーンに一日中同行する予定になっていたからだ。ゴーンは三菱自動車の経営立て直しを指揮し、監督している。すぐに返事が来た。「ハリ・ナダはどうしても今夕、あなたに会う必要があります」というのだ。一七時前に戻るのは無理だが、夕方には戻るようにするという返事に、すぐに返信があった。「オーケー、できるだけ遅れないように」

実際は、一六時三〇分に横浜に戻ることができた。一六時四五分ごろ、部屋のドアが乱暴に開けられ、慌てふためいたようすの年配の男性が入ってきた。カルロス・ゴーンのお抱え運転手だ。彼はこの運転手とは仲が良かった。運転手は「ヤバい、ヤバい」とだけ言って、すぐに出ていった。

カルロス・ゴーンが東京に到着すると、彼はいつも、ゴーン氏が移動中に使用していたｉＰａｄを運転手から受け取ることになっていた。そのため、彼は二一階の会長室に行った。きっとｉＰａｄが置いてあるに違いないと思ったのだ。彼が会長室に通じる控室に入るのを見たカルロス・ゴーンの個人秘書のフミ子が驚いて「何してるの？　ハリ・ナダに会いに行くんじゃなかったの？」と言った。

どうして、そのことを知っているのだろう？　彼女とどんな関わりが？　といぶかる彼に、フミ子は念を押した。「ハリ・ナダに会いに行かなくちゃ」。もちろん、だが約束は一七時に変更となったのだ。

日産本社に黒いスーツ姿の一団が

一七時きっかり、彼はハリ・ナダの秘書のところに行くために二一階のハリ・ナダの部屋に向かった。そこで異様な光景を目にする。空気が一変していた。立ち入りは厳しくチェックされ、黒いスーツ姿の男女の一団（若い人が多かった）が占拠しているのだ。フミ子が深刻な表情で「そこで待ってて」と合図してきた。廊下は、見知らぬ一団の興奮した熱気に包まれていた。

それから彼は、西川廣人社長がいつも使っている会議室に連れていかれた。西川は、二〇一六年にカルロス・ゴーンが日産のトップに据えた男だ。会議室に行くと、すぐに三人の人物が入ってきた。ハリ・ナダがクリスティーナ・ムレイとチーフ・セキュリティー・オフィサーの亀井類を両脇に従えていた。

ハリ・ナダは部屋に入ってくるとすぐ、プライベート用の携帯電話を渡すようにと彼に言った。

「何があったんですか？」と訊く彼に、ハリ・ナダはいかにも驚いているという風に「きみのボスが逮捕されたんだよ。とても重大な不正を働いたらしい。君は聴取に協力しなければならない。当局が君に協力してほしいと言ってくるだろうから、言われたとおりにしてほしい」と言った。それからこのアシスタントは、また別の部屋に連れていかれる。ドアの外には日産に雇われている警備員が立っていた。

同じころ、日産の幹部たちには別の情報源からこのニュースが届き、それはたちまち世界中に広がった。

その日は午後一番に横浜の日産本社でオペレーション・コミッティが開かれた。これはエグゼクティブ・コミッティの主要メンバー、西川廣人社長、四人の主要部門（パフォーマンス・プランニング・コンペティティヴネス・ファイナンス）の〝チーフ〟を中心とする拡大会議だ。

「一六時三〇分ごろだったと思います。西川が会議を中断することを要請し、エグゼクティブ・コミッティのメンバーだけ彼の部屋に来るようにと言いました」とホセ・ムニョスは振り返る。ホセ・ムニョスはグローバル・パフォーマンス担当の日産副社長で、同時に、北米日産の社長として二〇一六年から二〇一七年にかけて、米国の販売高に新記録をもたらした男だ。

「オペレーション・コミッティの会議はなにやら不穏な雰囲気でした。空気が張りつめていました。とりわけ気になったのは、私の向かいの席に座っていたアルン・バジャージが休憩時間中に、確か西川が私たちを彼の部屋に集める前だったと思いますが、いなくなったことです。そのときから今日まで彼の姿は一度も見ていません」。ムニョスはのちに、日産の人事担当専務執行役員、バジャージが突然「退職」したことを、ハリ・ナダから知らされる。

西川廣人の〝驚き〟

「エグゼクティブ・コミッティのメンバーが西川の部屋に集まると、西川は自分にとっても寝耳に水であるかのように、カルロス・ゴーンが逮捕されたと私たちに告げました。『なぜかわからない。いったい何があったのか』と言っていました。我々が会議に戻ってからは、他のことを議論することなどとてもできませんでした。部屋の空気は一段と張りつめてきました。アルンの姿を探したのはそのときです。彼の考えを聞きたかったから。でも、アルンはすでに部屋にはいませんでした」。ホセ・ムニョスは、この一連の出来事が起こる数カ月前に、アルン・バジャージから「君はハリ・ナダのことを信用しているのか？」と訊かれたことをいまになって思い返す。

二〇一八年一一月一九日月曜日、一六時少し前、東京湾上に滑走路が広がる羽田の国際空港にプライベートジェット〈ガルフストリームＧ六五〇〉が着陸した。その機体番号Ｎ１５５ＡＮは、見方によってはＮＩＳＳＡＮと読める。降り立ったのはカルロス・ゴーン。日産と三菱自動車工業（ＭＭＣ）の代表取締役会議長、ルノーグループの取締役会長、前年度から自動車産業の世界ナンバーワン（販売台数で）の座に就いているルノー・日産・三菱アライアンスの会長だ。燃料補給のために着陸することなく八〇〇〇マイル以上飛び続けることができるこの飛行機は、着席した状態で一九人まで、横になった状態ではおよそ一〇人までの乗客を収容できる。だが、カルロス・ゴーンはひとりで乗ることが多かった。世界中をめぐるカルロス・ゴーンにとって、このプライベートジェットは住居やオフィスの延長なのだ。

「それまでベイルートにいたんだが、一週間仕事をするために東京に来たんだ」とカルロス・ゴーンは語る。「日産の取締役会以外に、もうひとつ予定があってね。飛行機にはひとりで乗ってきた。機外に出ると、いつものようにタラップの下に誰かが迎えに来ていた。プライベートジェットを出迎えて事務的な手続きをしてくれる若い女性だよ。私はターミナルに向かった。そして入国審査を受けた。ここまではいつもと同じだった」

羽田での演出

「窓口でパスポートを見せると、係官に『あっ、ちょっと問題があります』と言われたんだ。私はそれまで数え切れないほど日本を出入国してきたが、問題があったことなど一度もなかった。だから少し驚いたよ。『パスポートにちょっと問題があります。少しお待ちください』。そう言うと、係官は後ろの事務室に入っていった。戻ってくると、パソコンのキーボードを打つようなそぶりをしてから、また出ていった。再び戻ってくると、英語で私に『ちょっと問題がありますので、いっしょに来ていただけませんか？』と言って、隣の部屋に私を案内した。その部屋には別の男性が椅子に座っていて、こっちをじっと見ていた。係官たちは私のパスポートをあれこれ調べていたが、しばらくすると、椅子に座っていた男性が立ち上がってこっちにやってきた。それから英語でこう言った。『東京地方検察庁の関善貴《せきよしたか》です。ご同行願います』」

「私は『何ごとですか？』と尋ねたが、『同行してください。のちほどご説明します』と言うばかりだった。娘が私に会いに米国から来ていることを話して、『遅れると心配するので電話したいんですが』と私が言うと、『だめです。電話は使えません』と答えた。そのときに初めて、何か深刻な事態が起きていると思った。そして四、五人の男性に囲まれて、逮捕されたんだ」

　こんなふうに始まった政治的・司法的事件は異例のことであり、世界中に衝撃が走ったが、実際の逮捕シーンはありふれたものだった。東京地検にとってはおそらくあまりに地味だったからこそ、思わせぶりな映像が世界中に流れるような小細工がされたのだ。すでに夜の帳《とばり》が下りている羽田空港の滑走路では、日本の大手新聞社のなかでもトップ2に入る新聞社系列のテレビ局、テレビ朝日のカメラが、若く、黒っぽいスーツに身を包んだ捜査員たちがプライベートジェット、ガルフストリームに連結したタラップを駆けのぼるようすを遠くから撮影していた。やがてシェードが下ろされ、まだ明かりがついていたキャビンのなかのようすは見えなくなる。世界的企業の巨人の輝かしいキャリアに影が差した瞬間だった。

「プライベートジェットの機内で逮捕された」という虚構は、二〇一九年三月六日に初めて条件つき保釈が認められたのち、カルロス・ゴーン自身が妻キャロルにそのことを否定してやっと崩れた。しかし、映像は残っている。重要なのはそこだ。歌舞伎の国、日本では、演出も検察官の常套手段のひとつであると誰もが知っている。

これは、米国の警察がよくやる〈パープ・ウォーク〉【訳注：警察が逮捕した犯罪容疑者を外に連れ出し、メディアに撮影の機会を与えること】の日本版だ。

二〇一一年五月に国際通貨基金の専務理事だったドミニク・ストロス＝カーンがニューヨークで逮捕された瞬間の映像はフランス国民を仰天させた。日本では、汚職、政治的・道徳的スキャンダル、銀行破綻といった世間を騒がせるような事件の場合、いつも早朝から、ゲームに加わるためにいそいそと駆けつけてくるテレビ局のカメラの前で、検察の係官たちが家宅捜査に向かうところから幕が上がる。数時間後、家宅捜査がすんだと思われるころ、同じカメラが、数十個の段ボール箱を抱えた係官たちが覆面車両に乗り込む様子を撮影する。多くの場合、段ボール箱の中身は空だ。いかにも歌舞伎的な演出である。

二〇一八年一一月一九日、西川廣人は一日中、日産の同僚たちもルノーの〝仲間たち〟も見たことがないような役者ぶりを発揮していた。この月曜日は、日仏間の友好関係にとっても両国のビジネス界の協力関係にとっても重要な日だった。

日仏交流にとって重要な日

パリの金融センターの振興を担うパリ・ユーロプラスは、この日、東京で年次フォーラムの開催を予定していた。フランス銀行の総裁、フランソワ・ヴィルロワ・ド・ガローが来日していたのはこのフォーラムに出席するためだった。もうひとり、財務局の元大物もちょうど日本にいた。ルノーの名誉会長、ルイ・シュヴァイツァーだ。シュヴァイツァーは、在日フランス商工会議所の創立百周年を記念して、この日に日経ホールで開催される〈日仏ビジネスサミット〉に出席していた。ゲストとして参加していた西川廣人は、シュヴァイツァーのにこやかな視線を受けながら、スピーチで、ルノー・日産・三菱アライアンスが重要な役割を担っている日仏間の経済交流について、その数々のメリットと成功ぶりを喧伝した。フランス政府からはアニエス・パニエ゠リュナシェ経済・財務大臣付き副大臣が駆けつけていた。

フランスのお偉方たちは、この日の午後遅く、緑豊かな美しい港区の中心部にあるフランス大使館の庭で催されるパーティーで一堂に会することになっていた。ところが、一七時を過ぎたころから、カルロス・ゴーン逮捕という朝日新聞の〝スクープ〟（それもそのはず！）が日本中の新聞社に届きはじめると、パーティー気分はすっかりしぼんでしまった。

ある外交官はこう証言する。「レセプションはかなりシュールな雰囲気になっていました。みんな携帯の画面に釘づけでした」。そのとき、一九九九年から日産に来ているルノーの古参社員、フィリップ・クランが現れ、日産の宣伝・広報担当責任者の川口均からフランス大使館に状況を説明するよう頼まれたと、次のように話した。「川口氏はごく簡単に話してくれただけです。内部告発があったこと、会社の監査役が担った役割、社内調査のこと、そして東京地検がカルロス・ゴーン逮捕を決めたことについてです」

フランス大使館は、ブリュッセルで開催中のＥＵ首脳会議に出席していたエマニュエル・マクロンフランス共和国大統領の側近と、ルノーの取締役会に株主である政府の代表として出席していたフランス政府保有株式監督庁（ＡＰＥ）に連絡した。

二〇時になって検察庁から大使館事務局にファックスが送られてくるまで、正式な確認は取れなかった。「これはいつものやり方です。フランス人が逮捕されて小菅の拘置所に勾留されていることを通知してくるときは、いつもこうです」。ローラン・ピック・フランス大使はカルロス・ゴーンのための領事保護と早急に面会する要請書を提出することにした。そして、その日の夜からフランス大使館は米国大使館と話し合いを始めた。

というのは、二〇一八年一一月一九日月曜日に東京地検の網にかかったのはカルロス・ゴーンだけではなかったからだ。アメリカ人の法律家で日産の取締役のグレッグ・ケリーも日本に到着した時点で逮捕されていた。ただし、それは米国から彼を乗せてきた飛行機を降りたときではなく、東京都心から七〇キロメートルほど離れた地にあるもうひとつの国際空港、成田から続く高速道路上だった。

日産の罠に落ちたグレッグ・ケリー

カルロス・ゴーンの日本滞在はずっと前から予定されていた。彼のスケジュールは数カ月前、場合によっては数年前から決まっている。しかし、グレッグ・ケリーは日産が張った罠、より正確には、ハリ・ナダがしかけた罠に落ちたのだ。

テネシーとフロリダを行き来して、半分リタイヤしたような生活を送っていたケリーには、日産の取締役会に出席するためだけに東京までやってくる必要はまったくなかった。ビデオ会議でこと足りたはずだ。これまで、彼自身も他の同僚もそうしてきた。彼は近々、脊柱の外科手術を受けることになっていて、旅行は控えるようにと医師に忠告されていたのだからなおさらだ。

だが、〝友人〟であるハリ・ナダは執拗に来日を促した。その会議にはグレッグの出席が不可欠だ、会社がチャーター機を用意するし、一二月七日の手術に十分間に合うように米国に戻れるというのだ。「グレッグ・ケリーはハリ・ナダのことを買っていた」とカルロス・ゴーンは見ている。二〇一五年にケリーが専務執行役員を辞任したとき、ケリーは会長の執務室である〝ＣＥＯオフィス〟を率いる自分の後任に、自分と同じ弁護士のハリ・ナダを推薦したほどだ。

「週末に、グレッグはベイルートの私のところに電話してきて、取締役会に出席すると言っていた。でも、グレッグを東京に呼び寄せるためにハリ・ナダがどんな画策をしたかについては何も言わなかった」とカルロス・ゴーンは語る。

グレッグ・ケリーの逮捕に、日産は間接的どころか直接関わっている。陰謀者は、ケリーが日本に到着する時刻を検察に知らせただけではない。彼を出迎えるために日産が空港に向かわせた運転手は検察といつでも連絡できるイヤホンを装着していた。東京に向かう道路は渋滞が途切れないから、高速道路のサービスエリアで停まるようにと運転手に電話が入る。そこでは、黒いスーツ姿の男たちがグレッグ・ケリーを待っていた。ゴーンとケリーが連絡を取ることは絶対に避ける必要があった。いつ、そんな事態が起こるとも限らない。特に、互いの運転手たちには気をつけなければならなかった。彼らはいろいろなことを耳にしている。また互いに話をすることも頻繁にある。

戦場のような日産本社

一方、横浜でも黒いスーツ姿の男たち（女性も少しいたが）がせわしく動いていた。先ほどのアシスタントは、連れていかれた部屋にさほど長い間、閉じ込められていたわけではない。すぐに検察の係官が部屋になだれ込んできた。最後に入ってきた係官が彼に向き合って立ち、日本語で穏やかに語りかけた。「あなたが誰だか知っています。調べさせていただきました。あなたのことはすべてわかっています。何かを隠そうとしても無駄ですよ。質問に答えてください。そうすればすぐに終わりますから」。誰に問い合わせたというのだろう？　彼は、つい先ほど、自分の日本人の妻に「日産本社は戦場のようだ」とメッセージを送ったところだった。『戦場のメリークリスマス』【訳注：大島渚監督によるジャワの日本軍捕虜収容所が舞台の映画】のタイトルを暗に意識した言い回しだ。

次に彼は階下の自分の部屋に連れていかれた。彼の部屋は広くないので、すし詰め状態になった。USB、パソコン、携帯電話、タブレット、ハードディスクなどのハードウェアはすべて、新しいものも古いものも、それがどういうものなのか問いただされた。係官らは何ももっていかなかったが、先ほどハリ・ナダに渡した彼のプライベート用の携帯も含めて、すべてに封印をして、部屋から何ももち出さないように指示した。二時間後、彼はやっと解放された。「お帰りくださって結構です。でも、このことはいまは誰にも話さないでください。今後、あなたは監視されます。明朝、八時にまたここに来てください」。こうして特捜部の検事たちは、正式な家宅捜査の一五時間も前に、日本の現行法の枠組みに違反する一連の行動をまず、ここで犯したのだ。

彼はすぐ、上司の大沼敏明に会うためにもう一度、二一階に行った。大沼は、「何が起こったのかまったくわからない」と言った。驚いたことに大沼は、こんな状況なのに携帯をもったまま、落ち着き払って部屋のなかをのんびりと歩き回っていた。自分の部下が容疑者のような扱いを受けていたというのに、直属の上司である大沼が平然としているとは、いったいどういうことだろ。

二一階のこの広いスペースで、西川廣人の記者会見が開かれることになった。会見が予定より遅れるというアナウンスが何度もあり、二二時ごろにようやく日産社長の会見が始まった。

日産のロゴすらない殺風景な部屋で、ジャーナリスト・カメラマン・レポーターたちがところ狭しと集まって会見が始まるのを待っていた。壇上には小さなテーブルが置かれ、西川だけが座っている。一九九九年一〇月にカルロス・ゴーンが日産リバイバル・プランの発表とともに幕を切って落としたアメリカ流の華々しいショーの時代は終わった。古い日産が戻ってきたのだ。

そのころ、東京に戻っていたホセ・ムニョスは、自分が住むマンションの隣にあるレストランで、自分のオフィスのチーフ、サイモン・ウォリスと仕事の話をするために夕食をともにすることになっていた。しかし、西川廣人の会見のことは世界中のいたるところにいる日産の最高幹部たちにあらかじめ知らされていて、リアルタイムで聞けるようにオンラインでつながっていた。

告発者、西川

「会見で聞いた内容にショックを受けました」とムニョスは語る。「西川がエグゼクティブ・コミッティのメンバーに、カルロス・ゴーンがなぜ逮捕されたのかわからないと言っていたことを信じていたのです。ところが、彼の話しぶりから、西川は事情をすべて承知していたばかりでなく、ゴーン氏に不正行為があったと決めつけていることがわかりました。普通なら、私が期待していたように、会社は検察に協力はするが、会長を支援してすぐに状況が明らかになることを期待するという反応をするはずです。ところが、西川は反対に、アメリカ人たちの言葉を借りれば、自分のボスを車輪の下に押し込んだのです」

　大沼の部屋にいたアシスタントもやはり驚いた。ふだんはスピーチがうまくない西川が、このときは信じられないほど落ち着き払っていたからだ。ユーチューブでも見ることができる西川の単調な記者会見は、甲高い声の通訳が英語の同時通訳をしているが、そっけなく事実を述べただけではない。その内容は、これからの数日間、数週間、数カ月間の日産の行動方針に焦点を当てたものだった。西川はカルロス・ゴーンを攻撃し、恥ずかしげもなく説教口調で検察の告発内容を繰り返し、「現在、捜査中」であることを理由に、あらゆる個別の質問にも、ちょっとした矛盾点についても、反論にも答えようとしなかった。

　この記者会見を皮切りに、日産の古参幹部をはじめ、彼らに加担する世界中のコミュニケーターや弁護士たちによって日々情報が次々とリークされ、冷酷なバッシング・キャンペーンが繰り広げられることになる。決定的な瞬間は、西川が、カルロス・ゴーンが会長になる以前、日産にフランス人役員たちがやってくる以前の日産の代々の経営陣に大げさな敬意を表したときだった。しかし、日本の自動車産業界のナンバーツーだった日産を一九九九年に倒産寸前に追い込んだのも、他ならぬその経営陣だったのだ。

ディナーの最中にグレッグ・ケリーの逮捕を知ったホセ・ムニョスは、以前、自分が友人のアメリカ人外交官に「私たちは陰謀に巻き込まれたのです。今日起こったことがその証拠です」と、打ち明けていた疑念が的を射ていたと確信した。

「絶対に、携帯電話を忘れないで」

同じ一一月一九日、フレデリーク・ル・グルヴェスはカルロス・ゴーンとグレッグ・ケリーとほぼ同じ時間帯に東京に到着したが、彼女が乗っていたのは成田に到着した商用機だった。ル・グルヴェスはビヤンクールにあるルノー本社のＣＥＯオフィスのチーフだ。彼女は様々な仕事で超多忙なスケジュールをやりくりし、アライアンス会長の特に重要な出張に同行する。日本の地に降り立ったとき、彼女は仕事用の携帯の電源を入れ忘れていた。ホテルに着くと、携帯が電話やＳＭＳメッセージやメールの着信通知であふれているのに気がついた。カルロス・ゴーンが逮捕された。

最初に開いたのは、日産でのカルロス・ゴーンの個人秘書、フミ子からのメッセージだ。「西川さんがあなたにすぐに会いたいと言っています」。メールを読んだのは一八時から一八時三〇分の間。フレデリーク・ル・グルヴェスはシャワーを浴び終えると、ビヤンクールのルノー本社に電話した。電話に出たのはムナ・セペリだ。イラン出身のこの女性弁護士は、カルロス・ゴーンを補佐するチーム、いわば事務局として法務関連を含む諸業務を担当する部署の中心的人物のひとりで、ゴーンが執行副社長としてエグゼクティブ・コミッティに加えた女性だ。

会話は短かった。無駄話をする時間はない。「検察か警察に呼ばれていないなら、言われるとおりに行動する必要はないわよ。フレデリーク、私があなたなら、日本にとどまらないで、できるだけ早くヨーロッパ行きの飛行機に飛び乗るわ」。ル・グルヴェスが電話を切るとすぐ、また携帯が鳴った。フミ子からだ。いつになく声が優しい。甘ったるいほどだ。「どこのホテルに泊まっているの？　運転手に迎えに行かせるわ」。そしてこう付け加えた。それはたぶん余計なことだったが。「フレデリークさん、携帯とノートパソコンを持ってくるのを絶対に忘れないでね」

フレデリーク・ル・グルヴェスは、自分がいまいるホテルとは違うホテル名をフミ子に告げた。開けたばかりのスーツケースを閉めると、急いでタクシーに飛び乗り、羽田に向かう。日本を離れるために利用できるいちばん早い便はフランクフルト行きだった。カルロス・ゴーンのいちばん身近な協力者はその便に乗った。日産があれほど興味を示していた携帯電話とノートパソコンとともに。

同じ一一月一九日の朝、ティエリー・ボロレはルノーグループの副社長室に寄る予定はなかった。ルノー・日産・三菱アライアンスの取締役会が開催される予定の東京に飛ぶため、直接シャルル・ド・ゴール（通称：ロワシー）空港に向かうつもりだ。東京でカルロス・ゴーンに会わなければならない。ボロレは先の二月一九日から正式に彼を補佐している。だが、二本の電話でこの予定は完全に狂うことになる。

最初の電話はムナ・セペリからだった。「ご存じかしら？　インターネットを見ました？　ゴーン氏が東京に着いたとたんに逮捕されたんですよ」。冬の間は日本とフランスの時差は八時間。次の電話は東京にいるハリ・ナダからだった。「ティエリー、こちらで大変なことが起こりました。ゴーン氏が逮捕されたのです」。だが、彼はアライアンスの会長が拘束された理由については何もわからないと言った。「空港に向かう途中ですよね。日本で待っています」

ティエリー・ボロレはただちに、横浜で予定されている会合はもはや開く意味がないと決断した。ルノーは、ボスの逮捕によって持ち上がった重大危機に立ち向かう準備をしなければならない。車はすでにロワシー空港に近づいていたが、Uターンした。「家に寄って戦闘準備をして、すぐにビヤンクールに向かい、ただちに執行役員会を招集しました。執行役員会には、取締役会の重要なメンバーもふたりいました。筆頭独立取締役のフィリップ・ラガイエットと、パトリック・トマです」

メッセンジャーになり下がったフィリップ・クラン

ハリ・ナダからの意味不明な電話の他は、横浜からはティエリー・ボロレのもとには何の連絡もなかった。いや、そうだ。フィリップ・クランだ。夕刻に、日産の古参幹部から駐日フランス大使館にすでに送り込まれていたメッセンジャーは、その晩、羽田空港が閉門する直前の二三時五〇分に発つ最終便、エールフランス二六三便に飛び乗った。この便はパリ時間で翌日の夜明けにはパリに到着できることで、ビジネスマンの間ではよく知られている。

「フィリップが私たちのところに来ました」とティエリー・ボロレは語る。「彼と数年間いっしょに仕事をしたことがありますが、初めのうちは彼だと気がつきませんでした。同じ人とは思えなかったのです。彼はまず、資料は何ももっていないと言いました。そして、すでに新聞などで報道されはじめている内容を話してくれました。すべてが日産サイドの情報でした。新たにわかったことは何もありませんでした。何ひとつ。彼は言われたとおりに動いているだけで、そうすることで彼の首がつながっているのだと感じました。そのあとは、何の情報も何の説明もありませんでした。ゼロです。そのまま数日、数週間が過ぎました」とティエリー・ボロレは力説する。

日産の社長の記者会見は、ネット上の日産の〈コーポレート〉という広報サイトで見ることができる。「西川のビデオを見たとき、私たちはあ然とし、ショックを受けました」。その驚きは世界中に広がった。

当のカルロス・ゴーンでさえ、自分の身に起こったことを理解しはじめるのに数日かかった。「逮捕されたあと、検察の係官たちに連れられて、いつもとはまったく違う通路を通って羽田を離れた。それから、まっすぐ検察庁まで車で連れていかれ、そこで、私にかけられた容疑が財務関連報告書の虚偽記載であると知らされたんだ。それがその晩に知らされた唯一の被疑事実で、二〇〇九年から二〇一四年までに関するものだった。その件については数分で終わったが、私は誰とも連絡を取ることができない状態だった。弁護士とも、家族とも、私が会長を務めている日本の企業ともね」

拘置所での初めての夜

その後、「私はそのまま小菅に連れていかれ、勾留手続きが行われた。日本ではどうやらそれが当たり前のようだ。経験したことのない者にとっては、その乱暴なやり方は想像もつかないだろう。驚くと同時に、なぜこんなことになったのか訳がわからず、不安と屈辱感でいっぱいになった。文字どおりただ呆然としていた。容疑内容にはまったく心当たりがなく、理解できなかった。拘置所での初めての夜はそんなふうに始まった。あまりのショックに、トラウマになりそうだったよ」

それは、マヤ・ゴーンにとってもほとんど同じだったことだろう。カルロス・ゴーンの末娘は前日に日本に着いたばかりだった。ふたりの姉、カロリーヌとナディーヌ、そして弟のアンソニーと同じように、彼女もまた〝子ども時代を過ごした国〟と呼んでいる日本を、ずっと前から恋人のパトリックに見せたいと思っていた。

一九九九年、ゴーン一家が日本に来た当時、子どもたちはまだ幼かった。米国の大学に入るために日本を離れるまで、子どもたちはおもにインターナショナル・スクールで学んだ。子どもたちは全員、日本で、それも巨大な大都市であると同時に親しみやすい東京で育ったため、素晴らしい思い出がたくさんある。治安が良く、昼間だけでなく、ときには夜でさえも自由に歩きまわれるという安心感がある。実際、大人や高齢者がそれとなく子どもたちを見守っている。日本人が子どもに親切なのはハロー・キティや宮崎駿《はやお》の世界そのものだ。東京では、コンクリートの大海原のなかに電子機器と自然が思いがけない調和を生み出して溶け合っている。

忠実な西川のナショナリズム

吐き気のするようなナショナリズムを振りかざす西川廣人が、カルロス・ゴーンとその家族の日本に対する執着を問題視するようなことを語っているインタビュー記事が『週刊文春』に載ったことは、日産による卑劣なバッシング・キャンペーンのなかでも特に悪質だ。「日産は、彼や彼の家族にとって贅沢な生活を享受するための道具にすぎなかったのではないでしょうか。ゴーン氏は日本人や日本社会に対する敬意など少しももっていなかったのではないかと本気で考えることがあります」。ゴーンの四人の子どもたちはこう反論することだろう。「父が長年信頼してきた人が、証拠もなしに、父は日本を愛してもいなければ敬意ももっていないなどと言って中傷するなんて、ものすごくがっかりしました」

確かに、西川廣人は反ゴーン派へ転向する熱意を見せたのだ。インテリだが、社内経歴（非常に重要な部署とはいえ、技術部門に比べるとそれほど威信がない購買部門の出身）と何年にもわたりカルロス・ゴーンをもち上げてきた態度から、社内ではあまり人気がなかった。そのせいか、西川には、疑い深い陰謀者たちが秘密裏に進めていた社内調査について、ずっとのちの二〇一八年一〇月初めまで知らされていなかったようだ。そんなわけで、彼はどういう行動を取るべきか、一時逡巡していたのだろう。

カルロス・ゴーンは思い出すように語った。「一〇月に西川はモロッコにいる私に会いにきたいと連絡してきたが、どうしてだかわからなかった。私はモロッコに数日間滞在して、国王に招待されたり、タンジールのルノー・ダチア工場を訪れてモロッコの事業について営業担当の責任者たちと現状分析をしたりしていた。そんなときに私の秘書が電話をかけてきたんだ。『西川さんがいまヨーロッパにいて、お会いになりたいそうです。モロッコに行くとおっしゃっています』。私は、近々パリで会議があるのでパリで会えると言ったんだ。でも、秘書は西川がそう言っているからと譲らなかった。結局、西川はやってきた。それで、モロッコで西川とあれこれ話をしたが、なぜわざわざやってきたのかがわかるような話題は何も出なかった。変だなとは思ったが、無理に問いただしはしなかった。一〇月のことだ。西川自身の話から、いまではあのとき彼は東京で企てられていることを知っていたとわかったがね。彼はきっと、私に対して何かをするか、何かを言うつもりで来たんだと思う。でも、結局できなかったんだね」

飛行機が遅れているに違いない

マヤとパトリックは、日本の各地を巡る旅に出るまで、日産が以前からカルロス・ゴーンに住まいとして提供していた麻布の住宅街にあるマンションに滞在していた。日本のメディアが匂わせているように〈きのこタワー〉の最上階の〈ペントハウス〉ではなく、子どもたちが家を出て以来ゴーン自身が住んでいるもっと狭い部屋だ。

「父は、ベイルートを出発するとき、私に『飛行機が離陸したよ』とメッセージを送ってきました」とマヤは話す。「一六時か一六時三〇分には着陸する予定ということでしたから、一九時にいっしょに夕食を取るつもりでした」。マヤとパトリックは、都内を車でひと回りし、近所を散歩してから部屋に戻った。日産がふたりのために寄こしてくれた運転手が、飛行機が数時間遅れていると知らせてくれた。

「すぐに、変だなと思いました。だって、遅れるなら、父自身が知らせてくるはずですから。何か事故でも起こったのではないかと思いました。運転手さんは私を心配させまいとしたのだろうと。もっと詳しいことを聞き出そうとしましたが、だめでした。それで、父に（ショート）メッセージを送りました。『どうして遅れてるって知らせてくれなかったの？』って。メッセージはちゃんと送信されたようでしたが、返事は来ませんでした。そこで、父のお抱え運転手のカミオさんに電話しました。彼は一七年前から私たち家族の知り合いです。でも、カミオさんも飛行機が遅れているだけだから心配しないでと言うだけでした」

「胸がつかえるような気持ちでしたが、時差ぼけで疲れていたので、少し寝ることにしました。一八時ごろのことです。『彼女は眠っています。起こしたくありません』という声で目が覚めました。パトリックが誰かと話していたのです。『どうしたの？』って訊くと、彼は私の携帯を見せました。そこには、『フィナンシャル・タイムズ』だったと思いますが、父が逮捕されたことを知らせるツイートが表示されていました」

〈きのこタワー〉の家宅捜査

「血の気が引くのを感じました。すると、数秒後に電話が鳴りました。電話の主がこう言いました。『そちらに数人が向かっています。ドアを絶対に開けないように。できるだけ早く日本を発ちなさい』。ヨーロッパにいる姉のナディーヌに連絡をしようとしましたが、間に合いませんでした。すぐに、インターホンが鳴ったからです。エントランスホールからで、ディスプレイにスーツ姿の三人の男性が映っていました。そのなかのひとりが言いました。『こんにちは、マヤさん。お部屋に伺って、お父さまの身に何が起こったか説明したいのですが』。彼らは私が部屋にいることを知っていたのです」

「彼らは玄関に入るなり、後ろ手でドアを閉め、日本語で書かれた家宅捜査令状を見せました。裁判所の命令なので家宅捜査に立ち会うようにと言われました。『日本語で書かれているので私にはわかりません。ですから、弁護士を呼ばせてください』と言いましたが、まったく取り合ってくれませんでした。『あなたはここにいるのですから、立ち会う義務があります。誰とも連絡することはできませんし、この場を離れることも許されません』」

ふたりの検察官が、自分たちに押収する〝権利〟がある物品が英語で書かれたリストをマヤ・ゴーンに見せた。「まったく馬鹿げたものでした。〝証拠資料〟とか〝身の回り品〟とか〝電子機器〟といった総称的な言葉しか書かれていないんですから。彼らは押収したいと思うものはなんでも持っていけるのです。それなのに、私が父はなぜ逮捕されたのかと尋ねても、答えようとしませんでした」。それでも、英語を話せる検察官が、令状のなかの「家宅捜査の終了後、監視装置を設置することができる」というフレーズを翻訳してマヤに聞かせた。

時刻は一八時三〇分。黒いスーツの一五人ほどの若い捜査員たちが段ボール箱やスーツケースを手に狭い部屋に入ってきて、四時間ほどかけて家宅捜査が行われた。まるで麻薬密売人のアジトの捜査のように、ソファーまでひっくり返して、いたるところを探りまわる。特にカルロス・ゴーンの書斎では捜査の対象にならないものはなかった。たくさんの家族写真、子どもたちからの誕生日のメッセージ、子どもたちの学校の成績表まで。「書斎は父にとってとても大切な場所です。この光景を見ていて辱められたような気持ちになりました」

「捜査員は書斎にある金庫を見つけて、私に暗証番号を知っているかと聞きました。どうしたらいいかまったくわかりませんでした。ところが、彼らに電話がかかってきたのです。きっと暗証番号を伝えられたに違いありません。なぜって、そのあとすぐに、金庫を開けてなかのものを数えはじめたのですから」

残るは、地下のトランクルームだけだった。マンションの下で待ちかまえている報道陣を避けるため、彼らは業務用エレベーターで下りていった。そして一時間ほど、子どものおもちゃやキッチンタオル、古いスーツケースなどを探りまわっていた。ほとんど気絶しそうになっていたマヤが口にするのを許されたのは、コップ一杯の水とバナナ一本だけだった。

「ゴーンさんは罠に落ちた」

「そんなふうに心がずたずたになっているその瞬間も、私にとって大事なのは父がどうしているかということだけでした。逮捕されたショックで気分が悪くなっていないか、よもや心臓発作を起こしたりしていないかと心配でたまりませんでした。父は六五歳です。コレステロール値が高いのです。でも、捜査員たちは私の質問に答えようとはしないで、病院には入っていませんと言うだけでした。三時間ほど経って携帯に目をやると、『ニューヨーク・タイムズ』のカルロス・ゴーン逮捕という速報が飛び込んできました」

捜査員たちがマンションを出る前に、マヤは押収されたものをすべて確認したいと要求した。「私はとても攻撃的になっていましたから、彼らも押収したすべての資料のリストを私に渡さざるをえませんでした。それから、私はそれらを彼らが持ち帰ることを許可することを日本語で記した文書にサインしなければなりませんでした。二三時ごろのことです」

捜査員が帰ると、マンションの下で何時間も待っていた運転手のカミオが部屋に上がってきた。「家宅捜査中に、カミオさんは一度部屋まで上がってきて、捜査員に日本語で激しく文句を言っていました。捜査員が出ていったあと、彼らがカミオさんになんて言ったのか教えてくれました。『あなたの態度に感心していましたよ。とっても気丈な人だって思ったみたいです』」。だが、カミオはこの部屋は安全な場所ではないからと、マヤとパトリックにどこかのホテルに泊まるように勧めた。「でも私は、父は四八時間以内に解放されると信じていたので、父が戻ってきたときにここにいたいと思ったのです」

マヤの携帯には、その晩、もう一度電話がかかってきた。それは、捜査員がもうすぐそっちに行くと知らせてくれた人物からだった。「これは陰謀です。ゴーンさんは罠に落ちたのです」

第2章　冷たい地獄のような小菅

フランスでは二〇〇九年から逮捕勾留者に対する着衣を脱いでの身体検査は基本的に禁じられているが、ここ日本では、誰であれ逮捕勾留される場合は身体検査が行われる。ようこそ小菅へ、ここは日本の首都の北東部に位置する巨大な拘置所。近代的な施設だが、その運営はなんと一九〇八年に公布された法律に依拠しているのだ！【訳注：これは「監獄法」のことで、現在、「監獄法」は廃止され、二〇〇七年に「刑事収容施設及び被収容者等の処遇に関する法律」が施行されている】

「小菅に着いたとき、私のスーツケースは開けられていた。中身が全部テーブルの上に並べてあったんだ。私は服を脱がされ、時計、ベルト、財布などすべてを取り上げられた。これから看守の前で、他の収容者がいれば彼らにも見えるところで、裸検査と呼ばれていることをされる。それから、収容者用のユニホームを渡された。そうやって私の収容生活が始まったんだ」

そこでカルロス・ゴーンが目にした光景は――その後一三〇日間も先の見えない日々をそこで過ごすことになろうとは夢にも思わなかったが――国際的な人権保護団体、ヒューマン・ライツ・ウォッチの一九九五年の報告書に詳述されている。ここに要約を記そう。「日本の刑務所に共通する問題は、制度の極端な硬直性、そして収容者にも権利があるという考えが完全に排除されていることだ。確かに日本の受刑者は清潔な小部屋が与えられ、身だしなみもきちんとし、飢えに苦しむこともないが、厳格な規律によって課せられるルールはきわめて過酷なもので、長期間、人との接触がなく、受刑者と外部の人間との接触は厳しく制限され、生活状況はほとんど耐えがたいレベルだ。おまけに受刑者は拘束衣の着用を課せられることもある」

フランス人（あるいはアメリカ人またいわゆる「先進国」の人間）は、自国の行刑制度の状況と照らし合わせてみれば、日本の刑務所制度を非難する資格があるとは言えない。フランスだって、刑務所の収容人数が多すぎるため、刑務所としての物質的条件を満たしていないという理由で欧州人権裁判所に一七回も非難されたのだから。だが、日本のケースで理解すべき重要な点は、収容制度が起訴という目標を実現させることにつながる仕組みになっていることだ。

放心状態になって

「私には説明を受ける権利などまったくなかった。自分の身に何が起こったのかまったくわからなかったんだ。弁護士を呼ぶことも、家族に連絡することも許されなかったし、私が逮捕されたことを家族が知らされているのか、知らされているとしたら、どんな形で知らされたのかすら教えてもらえなかった。私は『日産に連絡しなければ、日産の取締役会の議長を務めるために来たのだから』と言った。あとになって、すべては日産が仕組んだことだとわかったとき、彼らはきっと心のなかで笑っていたに違いないと思ったよ。あのとき私は、日産が弁護士をよこしてくれるだろうから日産に連絡してくれとさえ言ったのだから。もちろん、すべて拒絶された。最後に、川口に電話してくれと頼んだ」。川口均は日産の宣伝・広報の責任者だが、カルロス・ゴーンを転落させる陰謀の中心人物のひとりだ。「ところが、そのことは明日考えましょうと返されただけだった。単独室に連れていかれ、少し眠ったが、ずっと放心状態だった」

一一月二〇日一一時三〇分、おそらく最初の面会者である駐日フランス大使が、小菅のカルロス・ゴーンを訪ねてきた。「あなたの母国の大使に通知してほしいですかと聞かれたので、『ええ、もちろん。三つの国の大使に』と答えたんだ」。カルロス・ゴーンに三つの国籍（ブラジル・フランス・レバノン）、三つのパスポート、彼を支援できる三つの外交機関があることがわかって、東京地検はさぞや不快に思ったことだろう。検察は、裁判所を介して、面会の権利という被収容者の基本的権利を簡単に踏みにじることができる。カルロス・ゴーンに対してもそうしたいところだっただろう。だが、大使の面会は外交上の支障が生じない限り、拒否することはできない。

大使のメッセージ

「最初に、ローラン・ピック駐日フランス大使が面会に来た。彼は西川が声明を発表したことを教えてくれた。記者会見の内容を要約してくれてね。西川があらゆること、とりわけ私の生活ぶりやいくつも住居をもっていることなどについて非難したと聞いた。私は日産が告発者だったとわかって本当に驚いた。ショックだったのは、西川は私が逮捕された理由、つまり財務報告書の虚偽記載についてほとんど説明しなかったことだ」

　カルロス・ゴーンは小菅で、午前中は〝自由〟な時間を過ごした。そう言えるとしたらのことだが。

「午前中はたいてい大使たちが面会に来た。フランス大使とレバノン大使だ。ふたりとも大使としての役割を果たしてくれたよ。ブラジルは総領事が面会に来てくれた。当時、職務についている大使がいなかったからね。それぞれ、週に二、三回、面会に来てくれたので、そのときだけは少し元気が出た」

　夜は長く、昼間は無為に時間が過ぎるのを待つだけだ。「昼間はどうやって過ごしたって？　何も。何もできないよ。ラジオもテレビも新聞もない。パソコンも、もちろん電話も。ときどき本を受け取ることはできたが。もちろん、外部から暗号化されたメッセージが入っていないか確認するために、拘置所の係官が検閲するんだ」

「妻のキャロルは毎日、私に手紙を書いてくれた。子どもたちや姉たちも。だが、手紙を直接受け取ることはできない。手紙は大使に送られ、大使がそれを私に読んでくれたり、見せたりしてくれるんだが、渡してはくれない。プライベートな手紙はすべて受け取ることが許されないんだ。数カ月間、そうやって過ごした」

一二月の東京の平均最低気温は三・六度。一月は例年〇・八度ぐらいまで下がる。最高気温が一〇度を超えることはほとんどない。「単独室は寒かった。暖房はごくごく控えめにしかつけてもらえないから。湿った寒さで身体が凍えそうだった。何もできない。考えることすらね。食事もひどかった。肉はまったく出ないし、魚は臭くて。みそ汁と白米。ただ、食べ物を〝売店で買う〟ことはできる。でも、表向きは薬物が持ち込まれることを避けるためという理由で、外部からは何も入ってこない。拘置所内の売店で買えるものも限られていて、選べるものはごくわずかだ。食事に果物が出たことは一度もない。新鮮な野菜もない。大使たちが果物を持ってきてくれたが、それも、所内で買ったものでないとだめなんだ」

単独室では畳の上に布団を敷く。布団は湿気吸収材のようなものだ。「安全のためという理由で、ベルトも紐も身につけることはできない。鏡もない。電気シェーバーは使用できたが、私は髭が硬いのでそれではうまく剃れないんだ。四日間交渉した末にようやくカミソリを使えるようになったが、看守の前でしか使うことが許されなかった」。シャワーは、冬は週に二回だけだ。

「ショックだったのは、拘置所内で行われる、このような抑圧的な措置はすべて、自分が人間以下、もはや人間ですらないと感じさせるために行われているとわかったことだ。トイレでさえ、被収容者用のトイレは別なんだ。検察官や看守や弁護士が使用するトイレとは違う。トイレのなかでも、監視されつづけることがあるぐらいだ」

隔離されて

「一日に一回、三〇分だけ戸外に出て運動をすることが許された。もっとも、平日だけだが」。二〇一八年暮れの休みの間、カルロス・ゴーンは一週間ずっと単独室で過ごした。「拘置所の屋上に連れていかれると、そこではまさに檻のなかにいるような気持ちになった。完全にフェンスで囲まれているからね。テラスやシャワーに行くために移動している間、他の被収容者とすれ違ったことは一度もなかったよ。明らかに、わざとそう仕向けられていたのだろう」

　このような勾留は〝隔離〟と呼ばれる。フランスの刑務所の俗語でいうmitard（隔離室）だ。隔離するのは、落ち着きがなさすぎると判断された被収容者を〝無気力にさせる〟ためだ。こうした罰を与えることは原則として制限され、抑制されている。だが、日本の拘置所では、（刑が確定していない）被収容者は原則として単独室に収容されるため、隔離された状況に置かれるのが普通だ。日本にもいわゆる隔離室（保護室）は存在する。孤独自体はもっとひどいというわけではないが、設備環境はさらに過酷なものとなる。勾留されると、被収容者の肉体的・心理的な抵抗力が打ち砕かれるが、それこそが勾留の目的なのだ。たとえば、日中はじっと座っていなければならないが、これは、いわば看守が監視しやすくするためだ。その結果、足がしびれ、背中が痛くなる。六平方メートルにも満たない単独室は、電気が二四時間点けっぱなしで、二一時から朝の七時の間だけ照明が半分に落とされる。陽の光が入る小さな窓にはすりガラスが入っている。これが日本の拘置所に収容されている者が、体操時間を除く二三時間三〇分を過ごす唯一の生活環境なのである。

「単独室から検事の執務室に行くときは、必ずふたりの看守が同行した。紙と鉛筆は毎晩没収され、翌朝、戻される。すべてきちんとしていて、よく管理され、一分の隙もないが、非常に厳しかった。看守たちは、何の意味もないルールでも、厳密に適用していた。善良そうな人たちだったが、冗談はいっさい言わない」

「私は、まるで地下の囚人のように隠されていた。勾留されている他の人と接することはまったくなかった。完全な隔離だ。屋上の運動場でもひとり。裁判官に会いに行くために私を外出させるときは、バンの窓のカーテンが閉められていた。空を見ることもできないんだ。釈放されるまで、数カ月間も太陽の光を見ることはなかったよ。単独室の窓ガラスからは外が見えないしね。一三〇日間、それが本当につらかった」

「二週間経ったころには、一〇キロも痩せてしまった。消耗して、いまにも倒れそうだった。あるとき病気になり、これまで熱が出たことなんて一度もなかったのに、三九度から四〇度の熱が出た。看守を呼んだが、こういうときに限って運悪く週末だったんだ。看守は今日は医師がいないと言って、私を医務室に連れていった。そこには当直の看護師がふたりいて、熱を下げるためにアスピリンをくれたよ。月曜日になってやっと医師が来て、抗生物質を処方された。私は四日間、完全にダウンしていた。こんなことは初めてだ。大きなショックのせいか、拘置所の劣悪な環境のせいか、はたまた浮遊している細菌に感染でもしたのか？　私自身もかなり動揺したし、私が熱を出したと聞いた妻と子どもたちはパニックになっていた。この出来事のあと、看守たちは私を単独室から出して医務室のなかの部屋をあてがってくれた。そこにはベッドがあったんだ。もう畳の上の布団に寝なくてよくなったので、少しだけましになった。でも、拘置所のなかであることに変わりない」

自殺しようにも、できない

カルロス・ゴーンが勾留されたことで、世界中に小菅の東京拘置所の存在が知られることになった。この拘置所は一九七一年に建てられ、一九九六年から二〇一二年にかけて改築された日本の旗艦拘置所だ。逮捕者の勾留を限りなく延長できる（最高記録は六〇〇〇日以上）という日本の司法制度の真実が世界中に知れ渡ったのだ。日本の好ましくないイメージを払拭するため、拘置所は二〇一九年六月に一五人ほどの外国人ジャーナリストを案内つきの見学会に招待した。だが、見学は〝建物〟に限られ、一七五八人の被収容者たちのただのひとりにさえ会ったり、その姿を見かけたりすることは決してない。

案内役は、小菅の所長、竹中樹《しげる》自身だ。彼の説明によれば、日本の拘置所の大きな長所は非の打ちどころのない清潔さと〝バランスの取れた〟食事、そして被収容者の安全が確保されていることだという。ここでは、他の被収容者から危害を加えられたり自分を傷つけることがないよう工夫されている。「すべてが自殺できないように設計されています。たとえば、壁に固定された棚は何かを引っ掛けることができないように湾曲しています。洗面台の蛇口はプッシュ式ボタンになっています」と、所長は見学者たちに詳しく説明した。本当のところは、「自殺に追いやるのは、むしろそのような勾留環境だ。だが自殺の一歩手前でそれを阻止される。いわば日本流の一種の拷問だ。すべては絶望させるため、そして同時に何らかの行動に移るのを妨げるために行われているのだから」とカルロス・ゴーンは語る。

「幸い、私には国籍が三つあった。週に二、三回の外交官との面会はほっとするひとときだった。特にローラン・ピックは非常に重要な役割を果たしてくれた。私の勾留期間中ずっと、彼はみごとに振る舞ってくれた。彼がパリからどんな指示を受けているのか私は決して質問しなかったが、もし彼が何らかの指示を受けていたとしても、きっと答えなかっただろう。とにかく、彼の支えは私にとって非常に重要だった。レバノン大使と公使はいつもいっしょに来てくれた。可能な限り面会に来てくれては、いろいろと差し入れをしてくれた。特に果物をね。ブラジル総領事はいつも私を励ましてくれた」

外交官たちは、勾留の最初の数週間、弁護士を除けば、カルロス・ゴーンと壁や格子の外の世界とをつなぐ唯一の存在だった。また、唯一の情報源でもあった。「彼らとの面会時間以外は、見捨てられたような気持ちで孤独だった。絶望の底から水面に浮かび上がりはじめるまでには一カ月はかかった」。そのころのカルロス・ゴーンは、まるでカルト映画『太陽が知っている』（アラン・ドロン、ロミー・シュナイダー、モーリス・ロネが出演）のように、水面に浮かび上がろうとするたびに誰かが彼の頭を押し込もうと縁石の上で待ちかまえていることにまだ気がついていなかった。

取り調べ

勾留中のカルロス・ゴーンのもうひとつの日常は、東京地検の検察官たちによる取り調べだ。「取り調べをするのは関検事だ。彼は羽田で私の逮捕をとりしきった男だ。彼が私の取り調べを担当したのは、英語が流暢に話せるからだけではない。というのも、彼はいつも同じオーストラリア人の通訳の助けを借りていたくらいだから。取り調べ方が実に巧妙だからだ。横柄でシニカルな四〇代くらいの男で、東京地検では最も優秀だと見られていた。そのために難しい案件を担当する特捜部のメンバーになっていると私の弁護士が言っていたよ」

「関には毎日会った。週末も祝日も、クリスマスもだ。会うのはいつも午後か夜。午前中は通訳の都合がつかないから。毎回、休憩と中断を挟んで、平均で四〜六時間取り調べが続いた。それ以上はしなかった。通訳の問題があるからね。そうでなければ、きっと、もっと長く続いただろう。昼食後に始まって、中断している間は単独室に戻される。二二時三〇分に終わることもあった。二一時の消灯よりずっと遅くまで取り調べをされたってことだ」

「どうして、取り調べにあんなに時間がかかるんだろう？　資料や文書や手紙についての質問にかなりの時間が費やされた。文書はぜんぶ日産から直接、持ち出されたものだ。間違いない。二〇〇八年に遡る文書がどういうものだったか思い出せなかったとき、彼らはこう言ったよ。『ゴーンさん、あなた、忘れっぽいですねえ』。一〇年も経って決定事項の細部まで覚えていろというんだ。彼らはいつも礼儀正しかったが、ときには嫌味たっぷりな皮肉を言われた。『頭がいいですねえ。何にでも即答できる』。テーブルをこぶしで叩いたり、脅したりは決してしなかった。でも、丁寧に侮辱するんだ」

取り調べ、それはひとつの力関係だ。告発する側の攻撃能力レベルと防衛する側の抵抗手段。被告は、ゲームのルールをよく理解していればいるほど、被告の基本的権利が尊重されればされるほど、そして、依頼した弁護士を信頼していればいるほど、うまく自己防衛できる。

〝法の番人〟と向き合うときには、司法の世界に属していない一般の当事者は知識と情報が不足しているという大きなハンディキャップを背負って対決に突入することになる。告発側の剣と防衛側の盾のこのようなアンバランスを調整するのが弁護士の役割だ。二〇一八年一一月、小菅で東京地検による取り調べが始まったとき、カルロス・ゴーンは、抵抗する能力が削がれるように仕組まれた勾留条件を課せられただけではない。日本の司法制度の奥の手や特異性についてまったく知らなかった。なじみの弁護士がいなかったため、自分で弁護士を選ぶこともできなかったのだ。

日本に二〇年近くいながら裁判に関わったことがほとんどなかったため、カルロス・ゴーンには顧問弁護士がいない。初めて小菅に面会に来たローラン・ピック大使の話を聞いたゴーンは、弁護士を見つけるのに、告発の張本人である日産を当てにできないことがわかった。ゴーンも彼の家族も賢明な選択ができるような情報を持ち合わせていないうえに、客観的なアドバイスを得ることもできなかった。

二〇一九年二月初めの凍えるように寒いある朝、フィリップ・リエスはパリのモンマルトルのアベッス広場で、ある人物と待ち合わせていた。一月末にフィリップ・リエスが『フィナンシャル・タイムズ』に投稿した記事は、日本でカルロス・ゴーンを標的にした日本版モスクワ裁判が行われようとしていることを世界中の人々に知らしめることだけが目的ではなかった。証言者への呼びかけでもあったのだ。それは、日産やルノーで、ルノー・日産・三菱アライアンスの会長とともに働いたことのある人々や、日産や東京地検によるリーク情報を鵜呑みにした世界中の報道機関が描く悪魔のようなカルロス・ゴーンの姿に納得がいかない人々に向けて、海に投げ込まれた瓶のようなものだった。リエスがその記事を書いたころはちょうど、〝デイリー・リーク（日々のリーク）〟やバッシング・キャンペーンがピークに達していた時期だった。

最悪の選択

「カルロス・ゴーンには大鶴基成《おおつるもとなり》を弁護士にするという最悪の選択しかなかったのです」。パリのカフェで伝えられたこのメッセージは、困惑しつつも断定的なものだった。二〇一八年一二月初め、かつて特捜部を率いていた検察上がりの弁護士がカルロス・ゴーンの弁護士に任命されると、世界中のメディアは彼のことを敏腕弁護士だと紹介した。フランスの日刊紙『ル・モンド』は、この弁護士が検察官だったころは自供を引き出す能力の高さから〈聴罪司祭〉と呼ばれていたと書きたてた。同紙は特捜部長として大鶴の後輩に当たる森本宏との〝丁々発止〟の対決を予測している。大鶴弁護士は、かつて安倍晋三内閣で法務大臣を務めていた山下貴司と同じ日本最高レベルの大学、東京大学で学んだ。

「大鶴は最低の弁護士です。訴訟で勝ったことは一度もなく、カルロス・ゴーンの弁護をとりしきる能力はありません。元検察官ですから、検察の制度を擁護します」。日本では、同じ司法試験で（裁判所の）判事にも検察官にも弁護士にもなれることを知っておく必要がある。検事は初めのうちは比較的給与が低いため、多くの検事がまだ若いうちに第二のキャリアとして、よりお金が稼げる弁護士に転向するケースが少なからずある。したがって、弁護士会は元検察官であふれている。郷原信郎《ごうはらのぶお》のような例外もいるが、元検察官の弁護士は概して検察側に有利になりがちな司法制度を擁護する。

　フィリップ・リエスがモンマルトルで会った人物はカルロス・ゴーンの逮捕を知ったのちの数時間、カルロス・ゴーンのために最善の弁護をしてほしいと著名な数人の弁護士に相談していた。最初に名前が浮かんだのは喜多村洋一だ。しかし、自身も弁護士の資格をもっているグレッグ・ケリーがひと足早く喜多村に弁護を依頼していた。ならば、もうひとつの選択肢、弘中惇一郎《ひろなかじゅんいちろう》に頼む他ない。弘中は喜多村と組んで、実業家、三浦和義のロス疑惑事件や政治家、小沢一郎の資金管理団体、陸山会をめぐる事件など世間を賑わした数々の訴訟で被告を弁護し、起訴された被告を異例の勝利に導いた弁護士だ。

　残念なことに、逮捕後の数日間、合法的に弁護士を選ぶ権利があるゴーン自身も、近親者も、それができなかった。日産が弁護士を選んでくれるものと信じていたカルロス・ゴーンは、自分の間違いに気がつくまで無駄に時間を費やしてしまった。大鶴の名前を出したのはルノーだった。アジアでこのフランスのグループ企業のために仕事をしていた弁護士たちが推薦したのだ。

「日産が告発の張本人だとわかった以上、弁護士の任命を日産には任せられないと思い、ルノーに弁護士を推薦してもらえないかと頼んだ。そこで、ルノーが大鶴を推薦してきた。ところが、それはとんでもない選択だったよ。この選択を承認したのは、ルノーで法務を担当していたダニエル・ペリーだった。ルノーには、アジア・太平洋地域を担当する、日本の事情に詳しい弁護士がいる。その弁護士が元検察官を選ぶべきだと考えたらしい。これ以上の選択はないとまで言われたんだ」

「大鶴に初めて会ったとき、彼は助手の押久保と、もうひとり、近藤剛《ごう》という一風変わった人物を連れてきていた。このチームは信頼できそうだとはとても思えなかった。彼らが言うには、評価の高い弁護士たちは、日産とか国内外の大企業と契約していて、利害の対立があるため、私はそういう弁護士に依頼することはできないらしい。大手の弁護士事務所は個人的な案件を担当したがらないとかでね」

「大鶴とその同僚たちは取り調べには立ち会わなかったが、私が頼めば、都合のつくときに来てくれた。たいてい二日に一度か三日に一度ぐらい来た。家族からのメッセージを受け取ってくるので、私にとっては彼らに会うことが家族とコミュニケーションを取る手段だったんだ。もっとも、週末は来ないがね。大鶴は英語をひと言も話さなかった。助手の押久保も英語がとても下手だった。だから、いつも近藤といっしょに来るんだ。近藤は英語を話すが、かなり問題のある人物のように思えた。嘘をついたこともある。保釈されたら部屋を見つけてほしいと彼に頼んだことがあるが、彼はわかったと言いながら、何もしていなかった。本当に最低のチームを選んだもんだと思ったね」

大鶴と西川

カルロス・ゴーンの弁護士が西川廣人を知っていると告白したのは数週間が過ぎたころだった。

「ある日、大鶴は、昔、西川とつき合いがあったと私に言ったんだ。西川夫人が若い人によく縁談の世話をするらしく、大鶴の娘も西川夫人から誰かを紹介されたことがあるとかで」

それだけなら、驚くに値しない。見合い結婚は日本ではいまだに多く、企業でも、官公庁でも、管理職の夫人たちが夫の若い部下の恋愛生活に立ち入ることはよくあることだから。仲間を元気づけ、団結させるためにはよいことだろう。

「私は大鶴に、なぜいまごろになってそんな話をするのかと訊いたんだ。すると、ある記者がそのことを確かめるために電話をかけてきて、事実なら公表するつもりだと言われたと言うんだ。それで、前もって私に話しにきたというわけだ。初めから知っていたらよかったのにと私は言った。それでも、すぐには弁護団を変えようとはしなかった。大鶴が検察庁を辞めたのは彼の後任に就いた検察官との対立が原因で、その対立相手が私の取り調べをしている検察官であることを知っていたんだがね」

「ついに弁護団を変える決心をしたのは、このままではにっちもさっちもいかなくなることに気がついたからだ。何の進展もなかった。信頼もできなかった。もう誰も信用できなくなり、このまま成り行きに任せていたら、窮地から脱せないと感じたんだ」

検察に協力する？

「取り調べが始まったとき、保釈してほしいなら検察に協力するのが得策だと弁護士たちは断言していた。私は日本の司法制度を知らないから、そうすればどうなるのだろうと思い、とりあえず話を聞くことにした。大鶴は日本の司法制度がどういうものか、起訴されれば九九パーセントは有罪になるなどと説明していた。会社資産の乱用についての告発でない限り、ここを出るチャンスがあると大鶴は考えていた。それなら、起訴されないようにするには検察に協力すべきだったかもしれない。そしてあるとき、『自供すれば、ここから出られますよ』と大鶴が言ったんだ」

特捜部が動くにあたって起訴の根拠にできるのは、唯一の被疑事実、すなわち、ほぼ一〇年前に遡る会計年度についての先送りされた報酬に関して、日本の金融庁への報告書に虚偽の記載があったことだけだ。このテクニカルでありながらも脆弱な告発理由は、とにかくカルロス・ゴーンを失墜させ、会社から放り出し、実業界から切り離し、日産の古参幹部が検察官たちの武器庫に新しい弾薬を補給するために世界中に捜査員と莫大な資金をばらまいている間、ゴーンに口を挟ませないことが目的だったとあとになってわかる。

東京を拠点とする事業法の専門家、スティーヴン・ギヴンズは、二〇一九年一月に『ニッケイアジアンレビュー』に投稿した記事のなかで、カルロス・ゴーンとグレッグ・ケリーの逮捕を正当化した最初の被疑事実は「ほとんど根拠がない」と書いている。ギヴンズは、日産でカルロス・ゴーンが主導するガバナンスを支持しているわけではなく、むしろその反対の立場で、しかも、この雑誌の出版社が発行する日本の有名な日刊経済紙、日本経済新聞（日経新聞ともいわれる）はアライアンスの会長に対して大々的に繰り広げられたバッシング・キャンペーンに大いに与《くみ》していただけに、この意見は興味深い。

「少しでも客観的に見れば、（カルロス・ゴーンが）非難されている行為は、日本が慣例的に無関心を決め込み、犯罪とはみなされずに、せいぜい、ちょっとした行政処分を課せられる程度の企業の汚職に比べても重大なものではない」とギヴンズは主張している。

「ローラン・ピックは西川が記者会見でどんなふうに私を非難したか、詳しく話してくれた」とカルロス・ゴーンは話す。「私は、そんなことで逮捕されたのではないと言ったんだ。実際、西川は、いわゆる財務報告書の虚偽記載については記者会見でほとんど言及せずに、私が世界各地にマンションをいくつも購入しているとか、その他の支出が〝明らかに〟なって憤慨したと〝大げさに述べ立て〟、私が強欲な独裁者であるかのようなイメージを世界中に広めるバッシング・キャンペーンを始めたんだ。まさに東京地検の検察官による取り調べは、初めのうちはこの図式と同じだった。財務報告書についての取り調べはとても巧妙だった。検察官たちは大沼がサインした二〇〇九年と二〇一〇年のいくつかの書類だけを私に見せた。それなのに、関検事はすぐに説教じみた口調になった。私を罠にかけるために財務報告書の虚偽記載を被疑事実として用いた検察官と、大急ぎで社内に私の地に堕ちたイメージを広めはじめた日産が完全に共謀していることがわかった。これは、検察官たちが私を断罪するための証拠を探している間に、世論に私の悪いイメージを植えつけようという魂胆に決まっている」

説教師のような検察官

日産がリークし、日本や海外の新聞・雑誌が読者に対して決してその出所を明かさないまま広めた〝情報〟は、小菅の固く閉じられた扉を背にした関検事の説教じみた言葉の端々に顔を出す。「彼はまるで私を諭すように、メディアを賑わしているようなことを、しつこく訊いてきた。『数千ユーロもするシャンデリアを買わせたりして恥ずかしくないのですか？』とか、『日産の社員にしてみたら、とんでもないことですよ！』とか、庶民の味方のような顔をして、非難がましく、罪悪感を抱かせるように問い詰めるんだ」

「あるとき関は、『日産はあなたのスーツを何着か購入しているようですね！』と言った。確かにそのとおりさ。私は日産の〝広告塔〟、サンドイッチマンのようなものなのだから、大きなイベントやニューモデルの発表のたびに新しいスーツを着なければならない。広報の人間がスーツやネクタイの色を選んでいた。だから私は、言われたとおりにそれを着ていた。ところが、関は『それで、そのスーツを返しましたか？』と訊くんだ。返してはいないが、そのあとは着ていない。正直に言って、ふだんは、ショールームの車のそばでポーズを取るときに着るようなスーツなんて着ない。すると彼は、自分は東京地検の代表としてよく講演をするが、そのためにスーツを用意されることなどないと言うのだ。関係ないだろう？　私は会社の会長として、ひとつの役割を演じていただけで、会社は私にそのための衣装を着せたのであって、カルロス・ゴーンだからスーツを用意したわけではまったくない。上海のモーターショーでは、明るいブルーのスーツにグリーンのネクタイを着せられたんだ！　そんな格好で街を歩けるか？　とにかく、私にしきりに罪悪感を抱かせようとあの手この手を使ってきた。原則として、取り調べの録音はすべて入手できるはずだから、いくつか聴いてみるといいだろう。彼はさまざまな支出のことを非難しているのだが、それらはすべて契約で規定され、報酬条件書に記載されているものばかりだ。しかも、それは被疑事実とは何の関係もないんだから」

　捜査という観点からは、このような取り調べは何のメリットも何の価値もない。だが、取り調べをする理由はそこにはない。いみじくもスティーヴン・ギヴンズが指摘したように、新たな被疑事実を〝探す〟ために必要な時間を稼ぐこと、そして、相手の抵抗力を削ぐことが目的なのだ。

　このような日が何日も何週間も続いたのち、カルロス・ゴーンの身に起こった変化といえば、家族や近親者の面会が一日一回、一五分だけ許されるようになったことくらいだろう。小菅で最も有名な被収容者は、二〇一九年二月に娘のナディーヌとマヤとの面会を初めて許可されるまでに三カ月近くも待たなければならなかった。長女のカロリーヌとの面会はさらにそのあとで、最後にやっと妻のキャロルとの面会が許された。日本の司法官は寛大さを見せて、娘たちが地球の反対側の米国からやってくることを考慮して、面会時間を三〇分に延長することに同意した。

だが、被収容者の基本的なプライバシーの権利は踏みにじられている。

「記者の面会が二回許可されたが、その際には看守が立ち会い、通訳の手を借りながら会話をすべて記録していた。ＡＦＰ（フランス通信社）とのインタビューでさえ、英語で行われたんだ。通訳が英語専門だったから」。近親者の面会でも、それは同じだった。

「一五分間の面会が認められるようになって、初めて小菅に面会に来てくれたのは私たちが日本の家で雇っていた女性だった。とても控えめだが素晴らしい人だった。私を支援してくれる人がたくさんいることを知って驚いた。なかにはその代償を払わされた者もいたが、我々にはまだこの物語がどう終わるかわからない。彼らは、信念をもち、まっすぐで、率直な勇気のある人々だ。彼らは、いま起こっていることが間違っているとわかっていたんだ。裏工作があると理解し、嘘を見抜き、『それはよくないことだ』と言う勇気があった。だが、誰もがそんな勇気をもっているわけではなかった」

すべての人から見放される

実際は、誰も、あるいはほとんど誰も、特に実業界の人間はフランスでも他の国でも、そんな勇気をもち合わせてはいない。勇気がないなら、事件の本質に迫ろうとしなくとも、せめて、日本の司法制度の仕組みやカルロス・ゴーンに対する扱いに驚くぐらいの良識をもち合わせてほしい。あるいは、カルロス・ゴーンが世界の、そしてフランスの自動車産業に貢献したことを素直に認めてほしいものだ。

ただひとり、このうんざりするほどの沈黙を破って威厳ある意見を述べたのは、現在は欧州委員会の委員で、当時は世界的IT企業〈アトス〉の会長だったティエリー・ブルトンだった。彼は、二〇一八年一一月二一日に羽田での演出と〝きわめて乱暴な〟逮捕についてラジオを通して糾弾し、こう付け加えた。「カルロスが成し遂げたことは、彼にしかできないことだ。彼はみごとな経営手腕を振るった。ルノーを世界のトップクラスの自動車メーカーにした途方もない会社経営者だ。そのことを忘れてはいけない」

だが、その他は誰もが、自重しオフレコを守っている。「それにしてもとにかく彼のせいで、経営者っていうもののイメージが悪くなったじゃないか」とフランスのある大手銀行のトップは匿名で語っている。フランスの経営者たちの間に連帯の気持ちがないのにはまた別の理由があるのだが、それについてはあとで述べよう。

これとは別の沈黙を決め込む人たちがいたのは、さらに驚くべきことだ。「これでも私は何年間もダボス会議の世話役のひとりだった。クラウス・シュワブなら何か言ってくれることができただろうに。誰かに対してバッシング・キャンペーンをすれば、その人の周りに疑いの種をまくことになるということに気がついたんだ。〝火のないところに煙は立たない〟というが、それは違う。火がなくても、あなたの周りで誰かが意図的に煙を立てることがあるんだ」

カルロス・ゴーンは、二〇年間、毎年一月末にスイス・グラウビュンデン州のリゾート地の雪に覆われたゲレンデで開催される実業界の会合の中心人物であっただけではない。スイス連邦が非営利団体に与える法人格を取得し、盛んになったこの会議の評議会メンバーでもあった。英国のリベラルな週刊誌『エコノミスト』によれば、「ダボス会議がひとりの人間だとするなら、それはカルロス・ゴーンである」。

キャロル・ゴーンは苦しい状況を打ち明ける。「カルロスはすべての人から見放されていました」と。外界からは静観を決め込まれ、拘置所内では孤独にさいなまれつつも、ゴーンはほとんど毎日、取り調べ中に立ち会えない弁護士と面会して対策を話し合った。それでも、何も進展しない。一〇日間の勾留期限はほとんど自動的にさらに一〇日間延長された。条件つきの保釈請求も、検察官たちの段取りどおりに裁判所によって次々と却下される。

腰縄をつけられて

小菅に交代で面会に行っていた外交官のひとりは、「裁判所は二〇一八年の一二月半ばのこの日だけはよい仕事をしました。検察官が同じ被疑事実について新しい証拠を何も持ってこないため、検察の仮勾留の延長請求を却下したのです。私たちは楽観的になっていました。カルロス・ゴーンはクリスマス前に拘置所から出てこられるだろうと誰もが思っていたからです」。

ところが、東京地検が新しい被疑事実を提出しようとしていたまさにそのころ、日産の連中は検察の役に立つ材料を探しに、大枚をはたいて湾岸地域に出かけていた。その材料とは、サウジアラビアにある日産販売店のトラブル処理に関わる会社資産の流用（特別背任）である。

「一二月二〇日、木曜日の夕方、検察官が初めてジュファリ案件について質問したとき、カルロス・ゴーンはこれから何が起こるのか理解しました。そして、二一日金曜日の朝、小菅から出ることなく、新たな被疑事実で彼は再逮捕されたのです」と当の外交官は説明する。これはカルロス・ゴーンにとってだけでなく、大鶴弁護団が進めていた妥協戦略にとっても大きな打撃だった。

「一月になると、彼はずいぶん衰弱していました。一月八日の勾留理由開示公判の際にもそう見えました」。同じ外交官はそう語気を強める。公判の日、カルロス・ゴーンは日産と東京地検が世界中のメディアに流した不正情報の嵐に反論するため、ほんの一〇分間ほど陳述する機会が与えられる。痩せたためにだぶだぶになったスーツにゴム靴姿で狭い法廷に現れたカルロス・ゴーンは、手錠をかけられ腰には縄を回されて、動物のように連れてこられた。

厳選された数人の記者だけが傍聴できる意見陳述の場で、アライアンスの元会長は、その時点で自分にかけられている三つの被疑事実に反論し、日産に対する愛着を述べ、およそ二〇年にわたって、この日本の大企業のために行ったこと、当初の日産リバイバル・プランから中国・ロシア・インド・ブラジルへ事業を拡大したこと、そして三菱自動車がアライアンスに加わるまでのことを語った。

「世界中にいる日産の社員たちで構成される素晴らしいチームのために、これらの実績をあげられたことは、家族に次いで私の人生の最大の喜びです」

「裁判官、私にかけられた容疑については無罪です。私は常に公明正大に行動してきました。数十年に及ぶ私の職業人生を通して、不正を行ったと非難されたことはありません。私は根拠がなく証拠もない容疑で間違って起訴され、不当に勾留されています」。再び腰縄をつけられ、手錠をはめられて、カルロス・ゴーンは単独室に連れ戻された。

時が過ぎ、フィリップ・リエスがモンマルトルで会った人物はとうとう、大鶴と彼の部下の無能ぶりは十分わかっただろうと、カルロス・ゴーンの家族、とりわけ妻のキャロルを説得した。「彼は弘中に弁護を依頼するよう妻を説得したんだ。妻も私がこの状況にどれほど絶望しているかがわかっていたから、大使たちに弁護士を交代させたいと強く主張した。外国人の弁護士たちは、大鶴とその弁護団は十分役割を果たしていると思っていた。だから、私がすぐに彼らを解任すると決めると、みんな驚いたようだった」

二月一三日に公表されたこの更迭は、最初に、日刊紙『ル・モンド』のオンライン版で「カルロス・ゴーンにとっての災難」というタイトルで、弁護士の辞任として報道された。

司法制度に立ち向かう

「弘中を選んだとき、彼のことを他の弁護士以上に知っているわけではなかったが、大鶴のチームにはまったく期待できなかったので、そうしたんだ。弘中と彼の同僚の高野隆が最初に私に言ったこと、それは、『これからは決して口を開かないでください』だった。これは一八〇度の転換だった。『検察官のどんな非難にも、当てこすりにも、忠告にも、プレッシャーにも何も言わず、何もコメントせず、何も反論しないこと。つまり黙秘権を行使してください。たとえ、日本の検察官がこの基本的な特権を尊重しなくとも』。そして三週間後、彼らは私を初めて拘置所から出してくれた。前の弁護団は一年後に条件つきの保釈の可能性が五〇パーセントあると当てにしていただけだったのに！」

　裁判事情に詳しい解説者たちからも評価されているこの新しいドリームチームは、形式上は河津《かわつ》博《ひろ》史《し》が主任となっているが、実際に行動するのは弘中惇一郎と高野隆だ。弘中は徹底的に弁護に向けた準備をし、その道のプロとして知られる高野は条件つき保釈の獲得のために動く。この三人のベテラン弁護士には共通点がある。それは、日本の司法制度の仕組みに前々から異を唱え、検察を打ち負かすというめったにない勝利をいくつも手にしてきたことだ。

　おそらく、カルロス・ゴーン追放という陰謀を企てた者たちは、彼が力尽きると予想していたことだろう。しかしカルロス・ゴーンは力尽きはしなかった。東京地検は自供を引き出そうとしたが、カルロス・ゴーンは決して自供に応じなかった。確かに、小菅を訪れた外交官のひとりが指摘したように、「カルロス・ゴーンを倒すためのメディアを巻き込んだキャンペーンは効果抜群で、カリスマ的存在があっという間に嫌われ者に変わって」しまった。アライアンスの創設者は、投獄され、孤立させられ、多くの人々から、特に彼のことを長年もち上げてきたメディア関係者から非難を浴びせられ、ＣＡＣ四〇【訳注：ユーロネクスト・パリに上場する上位四〇の銘柄】の仲間からあからさまに見放され、日産で、そしてルノーで、彼の薫陶を受けた者たちに裏切られ、絶望のどん底に突き落とされたのち、なんとか踏んばって地表に這い上がろうとしていた。新しい弁護団を選んだのはそのための当然の成り行きだった。

　日本社会の神経を逆なでして、不幸にも大鶴検事の主導で二年六カ月の懲役刑を受けた規格外れの企業家、堀江貴文は間違ってはいなかった。「カルロス・ゴーンがぐずぐずしないで、すぐに正しい答えを出したのは素晴らしいと思います。（日本の司法制度に）真っ向から対決する決心をしたのなら、弘中惇一郎とともに行動すべきです」

第3章　〝日本版〟モスクワ裁判

緑茶をすすりながら、二〇一九年一月二八日付の『フィナンシャル・タイムズ』を開いた永田町の役人たちは、危うくむせ返りそうになった。日本の大手新聞社の傘下にあるこの経済紙はロンドンで発行されているが、世界中のグローバルな経済通に読まれている。その日、サーモンピンクの紙に黒字の同紙にはフィリップ・リエスの率直な自由投稿記事が載っていた。「カルロス・ゴーンが日本で唐突に逮捕され、いつまでも勾留されている状況は、ヨシフ・スターリン政権時代のソビエト連邦といや応なしに比較をしたくなる。私のように日産とルノーの元会長をよく知る者にとって、このような扱いはオールド・ボルシェヴィキを排除するために利用された見世物裁判の主要な立役者、アンドレイ・ヴィシンスキーが東京の検察庁で生き生きと采配を振るっているのではないかとさえ思えてくる」

一九三六年に（第一回）モスクワ裁判で口火が切られた数十万もの人間の即決死刑は別にしても、民主的な憲法と制度が明確に定められている国の責任者たちが、強制収容所を設置し、そこに閉じ込めた何百万という人々を苦しめて死刑を宣告した全体主義の制度と、いま自分たちがやっていることがさして変わらないとは思っていないのは理解できる。だが、すでに一九八〇年代に、東京に赴任する前にモスクワや北京の特派員をしていたイタリア人の有名なジャーナリスト、フェルナンド・メゼッティは自社の新聞に一見穏やかながら、その実、辛辣な調子で「私が暮らしているここ日本は第三の共産主義国、しかもうまく機能している唯一の共産国のように思える」と書いている。日本の外務省はこの社交辞令をお気に召さなかったと見えて、メゼッティは〝説明〟の場に呼び出されたという。

日本は民主主義国だが、かなり逆説的な民主主義国である。なによりもまず、政権交代がない、あるいはほとんどない。ほんの短期間の二度の例外を除けば、自由民主党は第二次世界大戦直後から途切れることなく政権を維持している。自由民主党はそれ自体が派閥とその分派の集合体であり、イデオロギー的立場でいえば、極右から穏健なリベラル派まで種々雑多なのは確かだ。とはいえ、ほとんど唯一の政党による統治が続いている状況に民主主義が息づいているとはとても思えない。

日本人は間違いなく、民主国家の特徴である市民権と基本的な自由を享受している。〝地方〟での支持層が厚い自由民主党に極端に有利な選挙区の議員配分には偏りがあるものの、投票の自由がある。言論の自由、思想の自由、信仰の自由または信仰しない自由、結社の自由、移動の自由もある。

〝残酷で時代遅れの〟司法制度

しかし、二〇一九年七月一三日、日本弁護士連合会主催のシンポジウムの折に、フィリップ・リエスが東京の弁護士会館で次のように語ったことは的を射ている。「正しい司法行政、特に弁護権が保障されている正しい司法行政は、法治国家の要であり、それなくして民主主義はありえません。民主主義体制が全体主義体制と異なるところは、正しい司法行政と自由選挙です」。正しい司法行政の活用を保障するための透明で独立した司法制度がなければ、基本的な自由はすべて空虚なものになりかねない。「ソビエト連邦の憲法は、理論上は世界で最も民主的でした」とフィリップ・リエスは聴衆に向かって強調した。

二〇一九年一〇月に〝人質司法〟というテーマで徳島で開催された日本弁護士連合会の年次大会の準備を兼ねたこのシンポジウムで、もうひとりのスピーカー、高野隆は「我が国では野蛮で時代遅れの制度がいまだにまかり通っています」と非難した。カルロス・ゴーンの弁護士を務めていたこの弁護士はさらに続ける。日本の司法制度の下では「被告人が無罪であっても、おそらく、まずは有罪とみなされます。また、黙秘権を放棄するのと引き替えでなければ保釈されないでしょう」。黙秘権は憲法で保障されているにもかかわらずだ。また日本では「被疑者が取り調べ調書にサインをすることを拒否すれば、証拠を隠滅しようとしているとみなされます」「自供を拒否する被疑者の保釈率は三〇年前から低下し続け、一九八四年から二〇一四年までの間に二〇パーセントから七パーセントに大きく低下しています」。さらに、「最高裁判所の後ろ盾がある裁判官たちは、保釈を承認または却下する理由を示す義務がありません」「自供を強いるのは、検察官および裁判官の仕事を楽にするためなのです。自供が得られれば、被疑事実を列挙したり証人尋問をしたりしなくてすみますから。時間が節約できます」。したがって、日本の司法制度では「検察官は自分たちの主張を証明する義務が免除されているのです」。要するに、日本の司法制度は基本的人権の原則と正反対の原則に基づいていると高野弁護士は結論づけた。

二〇二〇年一月九日にカルロス・ゴーンがベイルートから発した日本への非難に対し、義憤に駆られた当時の日本の法務大臣は、日本の司法の問題を示唆するような失言をした。「ゴーン被告は嫌疑がかかっている自分の事件について言いたいことがあるなら、日本の司法の場で無実を証明すべきです」と。あとで事の重大さに慌てて訂正したが、民主主義の原則に準拠する司法制度の下では、審理の段階で有罪・無罪を証明するのは検察の仕事だ。

法治国家であることを示す基本的な自由は、日本では、海外からもたらされた価値観や基準を日本の伝統や社会の現実に合わせたニュアンスと独自性をもって行使されている。現代の日本国憲法は、農地改革などいくつかの急進的な改革を進めた米占領軍がその草案を起草したものだが、高級官僚たちはこれを〝日本流に〟修正して公布する術を心得ていた。そこには、意外なことや衝撃的なことは何もない。一九世紀のフランスの政治思想家、アレクシ・ド・トクヴィルがその著書『アンシァン・レジームと革命』（講談社学術文庫、一九九七年）のなかでフランス革命について論証しているように、激変の背後にはたくさんの変わらないものが隠れているのだ。

バッシング・キャンペーン

たとえば、日本では報道の自由は〈記者クラブ〉という日本独自の組織によって統制されている。記者クラブは、日本国内のあらゆる重要な公共および民間の組織に対する取材を認められたジャーナリストたちで構成される組織だ。中央省庁や経済団体にはそれぞれ記者クラブが置かれている。これらのクラブに加盟する報道機関のジャーナリストは〝担当する〟クラブに常駐し、昼間も夕方も夜もそこで過ごす。彼らは〝消息筋〟が彼らの都合に合わせて流す重要な、あるいは些細な情報を〝これでもかというほど〟与えられるのだ。

　このような、組織と報道機関の馴れ合い的とまでは言わないまでも、近しい、あるいはよりイメージしやすい英語の表現でいえば〝embedded（密着した）〟関係は、もちろん日本だけのことではない。だが、これほど当然のことのように制度化されている例は他の民主主義国家では見られない。この制度自体が差別的な仕組みになっている。〝ふさわしい〟と判断された日本のメディアだけが加入でき、たとえば週刊誌など、どんなふうに書かれるかわからないと判断されたアウトサイダー的なメディアは加入できないのだ。数十年の間、日本に在留している外国メディアのジャーナリストも排除されてきた。歴史のある日本外国特派員協会（ＦＣＣＪ）に間借りしている在日外国報道協会（ＦＰＩＪ）が、記者クラブのためにしばしば記者クラブ自体が主催するブリーフィングに、日本語を話す海外特派員の参加を求めて起こした闘争は数年間続いた。

組織とメディアとの恒常化した親密さは、二〇一八年一一月一九日、西川廣人が記者会見の場でキックオフしたカルロス・ゴーンを狙ったバッシング・キャンペーンで白日の下にさらされることになった。日本の大手メディアは、つい最近まで賞賛していた人物を手の平を返したように攻撃しはじめる。

手のひら返し

日経新聞には、一九五六年から始まった「私の履歴書」というタイトルの三〇回連載の自伝コラムがある。二〇一七年一月一日付の同紙で、このコラムの同年のトップバッターになったのはカルロス・ゴーンだった。彼は、マーガレット・サッチャーをはじめ、指揮者の小澤征爾、米国の連邦準備制度理事会元議長のアラン・グリーンスパン、ゼネラル・エレクトリック社のジャック・ウェルチ元会長兼最高経営責任者など、そうそうたる人物と並んで、このコラムの寄稿者のひとりになった。

ところが二〇一八年一一月二一日、〝世界のビジネス界に衝撃を与えた〟カルロス・ゴーン逮捕から四八時間も経たないうちに、この日本の大手経済紙の論説委員は「ゴーン氏は報酬という誘惑の罠にはまった」と断定し、「自動車産業で最も権力ある経営者が失墜したのは、倫理や法律を尊重する気持ちが欠けていたからに他ならないのは明らかだ」と自信ありげに言い切り、さらに「カリスマ的な会長の暴走を妨げることができなかったのは日産社内のガバナンスにも多少の責任がある」と続けている。

さらに日経新聞は、汚職や不正行為、その他の詐欺まがいの行為をして裁判沙汰になり、メディアを賑わせた日本の他の経営者たちとカルロス・ゴーンを混同してはならないと読者に念を押しているのだ。「日本人の経営者がときに罪を犯すのは、自分の会社の名誉や運命を守るためで…（中略）…、欲だけで道を踏みはずすことはめったにない」と。

こうして、倒産寸前だった日産の救世主の〝コスト・キラー〟という世間に広まっていたイメージを、大急ぎで〝強欲な独裁者〟というイメージに塗り替える策略が始まった。ちょうど、スターリンのプロパガンダにとって、レーニンの古き同朋らはアメリカ帝国主義やドイツ・ナチスの手先だったのだとソ連国民に納得させることが不可欠だったように。

カルロス・ゴーンは「検察と日産がレイサム＆ワトキンス（L＆W）国際法律事務所の力を借りて繰り広げたバッシング・キャンペーンはプロ顔負けの方法で行われた」と悟らざるをえなかった。

「周到に計算して、数週間かけて何度も醜聞をし、それを少しずつ広めることで世論の感情をかきたてて激高させる。こうして、ヴェルサイユ宮殿での饗宴が誇張して取り上げられ、その映像が繰り返しテレビで流された。ゴーンは自分を何様だと思っているのか？　ベイルートの住居、リオデジャネイロのマンション、プライベートジェットまで会社に用意させて、などなど。あの男はまったくどうかしていると信じさせる必要があるからだ。だが言っておかねばならないが、日本で私にかけられた容疑にはこれらのことはいっさい含まれていない。メディアにターゲットを絞り込ませ、いわゆる〝スクープ〟を提供することでメディアを〝買収〟する。まさにプロの手口だ」

情報はいたるところから流れる

規模は違うものの、フランスで日経新聞に相当するのは『レ・ゼコー』だ。日産内では、フランスのビジネスマンに最も読まれている新聞であることがよく知られている。二〇一九年一月一四日、西川廣人はこの新聞のインタビューを受けた。ベルナール・アルノー（世界ナンバーワンのファッションブランド〈LVMH〉の大株主で会長）の手中にあるこの日刊紙のふたりのトップ編集員、ニコラ・バレーとダヴィッド・バルーが横浜にやってきた。入社当初は日本の特派員もしたことがあるふたりは、現在の特派員、ヤン・ルソーに再会した。

二〇一八年一一月一九日に日産のエグゼクティブ・コミッティのメンバーにカルロス・ゴーンの逮捕については何も知らないと断言した男は、『レ・ゼコー』のふたりに対して、一〇月にアライアンスの会長の不正を確認するための社内調査をするよう指示したのは自分であり、その結果を取締役会のメンバー（のうちの誰？）に〝重大な事実〟として諮《はか》ったと力説した。論拠として重要なのは、またひとつついたこの嘘ではなく、翌日の一一月一五日に、おそらくそのとおりの記事がこの経済紙に載るという点だ。

「カルロス・ゴーン、日産の資金で親族の機嫌を取る」という見出しの記事のなかで西川は、『レ・ゼコー』に示した新しい証拠資料を根拠にブラジル在住のカルロス・ゴーンの姉妹のひとり、クロディーヌ・ビシャラ・デ・オリベイラに支払った給料についてや、ベイルートの住居を日産に購入させたり改修させたりしたことに関する〝新事実〟をすべて暴露した。ラジオ・フランスと『レ・ゼコー』の間で取り決められた包括的合意の一環で、日本の経済ニュースを〝扱う〟ラジオチャンネル『フランス・アンフォ』で、ヤン・ルソーは「閲覧するチャンスのあった証拠資料」のことに言及するだろう。

これは、カルロス・ゴーンの弁護士たちが公判前整理手続き中にもまず手にすることができないであろう〝チャンス〟だった。なぜなら、東京地検の検察官たちが習慣的に行っている刑事訴訟法と弁護の基本的権利の数々の違反のなかでも最たるものは、被告とその弁護士に訴訟書類を見せないことだからだ。

『レ・ゼコー』が報道したこれらの〝新事実〟は、日本あるいは海外のメディアがいずれ数週間のうちに表に出すであろうその他の情報と同様に、日本の訴訟手続きに直接的には影響しない。だが、これらの新事実は当然、東京地検の検察官たちの説教じみた取り調べで取り上げられることだろう。

　取り調べは一貫性のない説教のようだった。「ある日、関検事は私の顔をじっと見て『私たち検察官は絶対にリークなんてしません』といきり立った。検察をはじめ、いたるところから情報がリークされているのに平然と嘘をつくんだ。私の弁護士たちが簡単に特定した単純明白ないくつかの例を根拠に、私は彼に訊いてみた『マスコミにリークしているのですか？』と。返事は『とんでもない』だった」。カルロス・ゴーンの弁護団は、二〇一九年一〇月一七日付の公訴棄却請求書に、カルロス・ゴーンに対するバッシング・キャンペーンに東京地検が積極的に加担している事実は、日本の国家公務員法第一〇〇条第一項および第一〇九条第一二号に規定される違法行為ないし犯罪であるとして、リークされた情報のごく一部をリストアップし、それを公訴棄却要求の理由にした。

　〝新事実〟の大部分は日産が提供したものに違いないが、検察官は、日産とその弁護士事務所が苦労して収集した〝証拠〟を受け取るだけで、検察庁のなかでそれを流す先を選別する。カルロス・ゴーン事件では、朝日新聞グループが優先的にリーク先として選ばれている。二〇一八年一一月一九日の羽田での光景以来、それは明らかだ。

　二〇一九年一〇月二一日、カルロス・ゴーンの弁護団は、先に言及した公訴棄却請求書とともに、初めての抗弁趣意書（予定主張記載書面）を東京地方裁判所刑事部刑事第一七部にようやく提出することができた。この情報のリーク先は一カ所だけ、やはり朝日新聞になるだろう。記事の執筆者は誰にも邪魔されることなく、カルロス・ゴーンの弁護士事務所に電話を入れ、一〇月二四日に東京地裁で公表される予定の提出書面についての信ぴょう性を確認することだろう。

カルロス・ゴーンの逮捕から一一カ月を経たその日まで、日産と東京地検が共謀して繰り広げた途切れることのない非難の嵐に対する弁護の機会は、事実上封じられていた。カルロス・ゴーン自身は、裁判官の前で一〇分間、二回のメディアとのインタビューでそれぞれ一五分ずつ、そして保釈中に再逮捕されるという悲劇的な状況で弁護士が放映したビデオ録画で一〇分ほど意見を表明することができたにすぎない。

二〇一九年四月三日、カルロス・ゴーンは、世界中のメディアが数カ月前から待っている記者会見を日本外国特派員協会で行うことをツイッターで予告した。ところが、翌四日の早朝五時五〇分、三月六日に保釈された際にフランス人と日本人のある夫婦がカルロス・ゴーンのために用意した渋谷区の小さなマンションに、東京地検から派遣された黒いスーツ姿の男たち（少なくとも一人は女性）が現れる。「四月一一日の木曜日に記者会見を開いて、私の身に起こったことの真実を語るつもりだった」。ところが検察官はカルロス・ゴーンとキャロル夫人に乱暴で屈辱的な強制捜査をした挙句、四回目の逮捕を決行したのだ。

癒着

カルロス・ゴーンを排除するために東京地検の説教好きな検察官たちがあの手この手で進めた行動はすべて、東京高等検察庁の黒川弘務《ひろむ》検事長の明確な指揮の下で遂行されていた。東京高等検察庁検事長は、日本の検察官の最高位である稲田伸夫検事総長に次ぐ検察のナンバーツーだ。安倍内閣は黒川をナンバーワンに就かせたいと考えていたようだ。しかし、ある問題が立ちはだかる。黒川はまもなく定年の六三歳になり、退任する予定なのだ。

そうはさせじと二〇二〇年一月、政府は黒川の定年を六カ月延長させ、政府の裁量で定年年齢を延長できる国家公務員に検察官を加える決定をした。黒川のための個人的措置として考え出されたこの策は、政府に決定取り下げを迫る抗議の嵐を巻き起こす。ところが、五月二〇日、またもや『週刊文春』が証拠写真とともに、あるスクープを掲載した。このニュースは、世界中がＣＯＶＩＤ－19（新型コロナウイルス感染症）のパンデミックに見舞われて以来、新聞の一面を独占していたコロナ関連のニュースから初めてその座を奪った。そのスクープとは、日本では金銭をかける賭博が全面的に禁止されているにもかかわらず、法の番人たる黒川検事長がコロナ禍での外出自粛ルールを無視して、四月と五月の夜更けに数回、個人宅で金銭を賭けた麻雀をしていたというものだ。

　中国由来の麻雀は米国で行われるポーカーのようなものだ。つまり、〝関係者たち〟にはきわめて人気のあるコミュニケーション・ツールである。だが、東京高等検察庁検事長の麻雀仲間がまた、非常に興味深い。産経新聞の記者（五月一日はこの記者の自宅で麻雀が行われていた）と朝日新聞の記者なのだ。右派のなかでもさらに右寄りといわれる産経新聞は、進歩主義的とはいいがたい検察官が好んで読んでいるとされている。「私を取り調べている関検事は、ある日、死刑を擁護する弁舌を振るっていた」とカルロス・ゴーンは振り返る。二〇一九年四月四日、カルロス・ゴーンが小菅に戻される四回目の逮捕の前日、産経新聞はある〝極秘情報〟を入手し、カルロス・ゴーンの弁護団をただちに警戒させた。朝日新聞はというと、ゴーンに照準を定めたリークを優先的に受け取っている。

『週刊文春』の暴露記事は黒川をただちに辞任に追い込んだが、法務省が提示し、官邸が承認した処分は単なる〝訓告〟だった。産経新聞は、読者に対して表明せざるをえなかったお決まりの謝罪のなかで、ふたりの記者が数年前からこの〝特別な情報源〟と麻雀をしていたことを認めている。朝日新聞も麻雀をしていた記者が長年、東京地検を担当していたことを明らかにすることだろう。

　黒川氏の事件からふたつの重要なことが露呈した。政府は検察の要職を任命することを通して検察に影響力をもっていること、そして、東京地検と日本の大手新聞社との間には密接な癒着があるということだ。

ついに、抗弁趣意書……

二〇一九年一〇月二四日、八〇人のジャーナリストと一五のテレビ局（そのうち六社は日本の大手）のカメラを前に、弘中惇一郎とその同僚たちは、日本・米国・フランス・レバノン・オランダの弁護士たちが集まった〈ゴーン氏の包括弁護団〉として会見を行った。しかし、その会見についての新聞の論評は、産経新聞をはじめどの新聞も似たり寄ったりで、概して事実を並べただけで、一一カ月もの間、続けてきたネガティブな集中砲撃に対する（ゴーン弁護団側の）反論権を十分に行使したものになっているとはとてもいえないものだった。しかしながら産経新聞は「この会見で、日本の司法制度が世界中のスポットライトのもとにさらされた。日本のやり方に批判的な者たちは、勾留の延長や弁護士の立ち会いなしに行われる取り調べに頼る検察の手法は〝人質司法〟であると考えている」ことを認めている。

実際、弁護団の予定主張記載書面【訳注：公判で主張する予定の事実上・法律上の主張を記載した文書】は、検察がさまざまな策略を使って被告の基本的権利をなきものにしていることを暴露している。

その第一の例が時効だ。羽田でのカルロス・ゴーン逮捕の口実として用いられた被疑事実は根拠がないだけではない。この容疑の有効期限は二〇一八年一一月二七日であるにもかかわらず、金融商品取引法の規定違反についての事情聴取書には、二〇一八年一二月一〇日に被告の署名がある。

これはまったく問題にならないとばかりに、検察は判例を援用して、カルロス・ゴーンの場合、七年という時効期限は国外で過ごした年数だけ延長されるべきであると主張する。しかし、この判例は、被告がどこに住んでいたかを物理的に特定できず、法的手続きに関する文書を被告に伝達できないことが明らかな場合にのみ適用されることを弁護側は難なく指摘するだろう。横浜には勤務先である日産本社が、また東京には自宅があるカルロス・ゴーンは、明らかにこのケースには当たらない。

　不法な手段で得られた証拠を排除するのは民主主義体制における司法の基本原則だ。二〇一七年八月に死亡したレバノンの弁護士、ファーディー・ジブラーンのものだったパソコンとハードディスクを東京地検が押収したのは、この原則を踏みにじるものだった。二〇一八年一一月一九日、カルロス・ゴーンが羽田で逮捕された数時間後、日産社員とシカゴの大手国際法律事務所レイサム＆ワトキンス（Ｌ＆Ｗ）の弁護士からなるチームがファーディー・ジブラーンのアシスタントをしていたアマル・アブー・ジャウデのベイルートにある事務所に押し入った。ファーディー・ジブラーンはカルロス・ゴーンのレバノンでの幼なじみで、生存中はカルロス・ゴーンのコンサルタントをしていた。現在アブー・ジャウデは、中東日産の社員としてジブラーン弁護士が扱っていた案件が片づくまで管理しつづけている。日産社員とＬ＆Ｗ弁護士事務所のチームの誰であれ海外で捜査する権限がないのは明らかだが、彼らは東京地検と緊密に連携して行動している。

　法の枠を超えて政府のために行動する個人のことをフランス語ではbarbouzes（秘密諜報員）という。この行為は日本国憲法第三五条により明白に禁じられている。彼らは脅すような口調で、アブー・ジャウデに膨大な文書が保存されているノートパソコンを引き渡すよう強要した。これらの文書は弁護士・依頼者間の秘匿特権によって保護されているものだ。

　このチームは〝ウォーターゲート事件の盗聴者〟の継承者よろしく、次に、アーシュラフィーフのキリスト教徒地区にある、日産がカルロス・ゴーンのために用意した住宅に赴き、そこでまた乱暴な家宅捜査をする。同じ日、時差を考慮して、もう少し遅く、リオデジャネイロで、明らかに法的な権限のない日産の一社員が、カルロス・ゴーンが住居兼オフィスとして使用しているマンションの一室に立ち入った。社員は、この部屋を管理しているゴーンの現地秘書、ヴァニア・ルフィーノに携帯電話、パソコン、文書など目に入るものすべてを引き渡すよう命じる。そしてルフィーノ夫人はただちに解雇を通告された。この部屋は事実上、〝法的根拠なく〟封鎖された。その少し前、誰も住んでいないパリの住居は同じ運命をたどることを免れた。というのは、日産とL&Wが差し向けた〝第三のチーム〟は鍵を見つけることができず、さすがにドアをこじ開けることまではしなかったからだ。

ソ連市民を排除するスターリンの機械がエンジン全開で回っていたとき、恐ろしい決定的な瞬間は早朝にドアを激しく叩く音とともに訪れた。キャロル・ゴーンは二〇一九年四月四日の明け方のことを決して忘れないだろう。一カ月弱前からカルロスと住んでいるマンションの部屋に東京地検の〝捜査員〟が現れたときのことを。家宅捜査の間、キャロルがトイレやバスルームに行くときでさえ、黒いスーツ姿の女性は（ぴったりくっついて）離れなかった。根拠もなく、無礼で屈辱的な辱めを受けたうえに、家宅捜査令状で認められていないパソコン、携帯電話、パスポート、弁護士との通信物を押収され、挙句の果てに夫は逮捕されたのだ。この「合法的な」暴力に心を傷つけられ、恐怖心にとらわれたキャロルは、マンションの持ち主の助けを得て、その日のうちに東京を離れた。

スターリン政権下の検察官アンドレイ・ヴィシンスキーにも匹敵する日本の検事たちは、弁護士と依頼者間の秘匿特権を明らかに無視している。カルロス・ゴーンが驚くべき日本脱出をやってのけたあとの二〇二〇年一月八日、検察官たちは弘中惇一郎の事務所に現れ、彼の依頼者が自らを擁護するために使用したパソコンを押収しようとした。弁護士は勇敢にも不法な押収だと抵抗する。だが敵もさる者、たいした努力をすることもなく、好意的な裁判官が出した令状を携えて再びやってきたのだ。

こじつけ訴訟

　検察がこのように日本の法律、憲法、刑事訴訟法、海外領域での民法、弁護士・依頼者間の秘匿特権などに何度も違反するのには、そうせざるをえないごく単純な理由がある。当初の第一の被疑事実だけでは取り調べがもたないため、どうしても新しい被疑事実を見つける必要があるからだ。被告の勾留を際限なく延長するためだけでなく、とりわけ政治的・財政的な賭けとなった有罪判決にこぎつけるため、また日産の古参幹部と東京地検の間の緊密な連携の両当事者にとっては生き残るためでもあった。

　ゴーンに対する退任後に先送りされた報酬について日産は、一円も支払わず、一円も約束せず、一円の財政支出も認めず、一円も予算を組んでいない。カルロス・ゴーンを小菅に送り込んだことを〝あとで〟正当化するために、引当金を一円も計上しなかった。ルノー・日産・三菱アライアンスの創設者に対して起こされた訴訟はこじつけ訴訟だ。第一の被疑事実はまぎれもなく単純な捏造である。犯罪も、死体も、犯罪に使われた武器もなく、犠牲者もいないのだから。

　カルロス・ゴーンの弁護士は二〇一九年一〇月一七日付の予定主張記載書面に、カルロス・ゴーンとグレッグ・ケリーの刑事告訴を正当化するために東京地検の特捜部が捏造した点をひとつひとつ、全部で三九件も挙げて分析している。金融商品取引法の規定違反に当たるといわれている〈未決済の相殺払い〉はまったくない。だが、それだけでなく、「たとえ告訴の主張が真実だとしても、どんな年次財務報告書にも〝記載漏れ〟がひとつはあり、行政処分による課徴金の最も重いケースが科せられる民法の領域」であって、暗い単独室に一三〇日も閉じ込める刑事訴訟のどのようなケースにも当たらない。

二〇二〇年一月、安倍首相は、日本の大企業の経営者らとの会合の場で、「元来、日産は社内でこの問題を片づけてもらいたかった」と語ったことを政府与党の元ナンバーツー、河村建夫が報告している。いかにもだ。

犠牲者はどこに？

では、〈会社資産の流用（特別背任）〉という第二の被疑事実はどうだろう？　これもまた、日産の取締役会が十数年前に会社の利益のため、また同様にカルロス・ゴーン個人の利益のために決定した事項に端を発したお粗末なでっちあげだ。この件についてカルロス・ゴーンは次のように話している。「多くの多国籍企業で、海外勤務者は給与を自分が選ぶ通貨で支払われている。昔は英国通貨で給与を受け取っていた人が大勢いた。また、一部を円で、残りを外国通貨、ときに出身国の通貨で受け取る人もいる。これはごく普通のことだ」

誰でも日本を愛し、数年間あるいは数十年間ここに住み、ここで働く権利がある。だからといって、生涯を日本で終えたり、自分の資産を日本に投資したりはしないかもしれない。カルロス・ゴーンの子どもたちは、今世紀初頭にはまだ幼かったが、米国で学ぶためにやがて東京を離れた。また、カルロス・ゴーンはレバノンやブラジルに親戚や縁者がいる。おもな貯蓄や投資は、とりあえずはほとんどがドル建てだ。したがって、報酬の一部またはすべてをドルで受け取りたいと思うのは少しも意外なことではない。

「二〇〇一年に私が正式に日産の社長になったとき、日本企業の経営者は報酬をドルでは受け取れないことになっていた。そのことで争いたくなかったので、円で受け取ることを承諾したが、二〇〇二年から東京の新生銀行と為替スワップ契約を結んだんだ。取引を始めた当初は、円のレートが対ドルで一〇二円より高くなることは決してなく、一三〇円より下がることも決してなかった。新生銀行との契約で対ドルで八〇円以上の円高になった場合、マージンコール【訳注：預け入れた証拠金がマイナスになってしまう場合に追加入金を求められる警告のこと】をするというリスクを見越した条項があった。実際にはそのような前例はなく、日本経済の全般的状況を考えると、リスクはほとんどないか、まったくないように思えた」

「私が契約上の見返り担保に設定したのは日産の株式で、そのころ、一株の評価額は一三〇〇円になっていた。ところが、二〇〇八年の金融危機によって、円はスイス・フランとともに突如として避難通貨【訳注：世界のどこかで危機や混乱が起こったときに買われる通貨】になった。円は対ドルで七五円にまで上がり、日産株は四〇〇円前後にまで急落した。私の担保は霧となって消え失せ、銀行に対する負債は跳ね上がった。銀行は当然のことながら連絡してきた。『ゴーンさん、マージンコールです』

「ふたつの選択肢があった。ひとつは清算金を支払って契約を解消すること。これは、私の記憶では一〇年間でおよそ一八億円の損失を負うということだった。あるいは追加担保を差し出す。これは財政的に見て、もちろん無理だ。新生銀行が、万一損失が発生しても日産は損失を負わないという保護条項を設けて契約を日産に引き受けてもらうことを提案した。為替市場は遅かれ早かれ元に戻るだろうとわかっていたし、日産には危機を乗り越える能力があることも疑っていなかった。それでも、この金融危機の影響は二年以上続いた」

二〇〇八年一〇月三一日、つまり、世界金融危機の幕開けとなった投資銀行リーマン・ブラザーズの経営破綻から六週間後、日産の取締役会は、日本人でない執行役員のために、会社に損失が生じない形で為替スワップ契約を締結する権限を秘書室長の大沼敏明に与える決議をした。

二〇〇九年一月三〇日、カルロス・ゴーンは満期になった円／ドルのスワップ取引で六二五八万円の損失を負ったとき、実際、日産には損失を負わせなかった。しかも、日産の立場は最終的に、万一支払いの必要が生じたとしても、会長がすでに積み増している退職慰労金を充てることで保証されていた。この契約によって日産には一円の支出も発生しなかったばかりでなく、新生銀行に見返り担保を提出する必要もなかった。いかなる損失もなく、一円たりとも動かなかったのだ。

「銀行とはこのようにして合意したのだが、日本の証券取引当局は利益相反行為であるとして、この合意を認めなかった。二〇〇九年二月のことだ。証券取引等監視委員会（ＳＥＳＣ）がこの合意の破棄通告をしてきたとき、担保を提供してくれることが可能な友人を見つけるしか選択肢はなかった。もちろん、そんなことのできる人はどこにでもいるわけではない。それでも東洋人には友情から助け舟を出してくれる人たちがいる。ハリド・ジュファリはためらうことなく、私への援助を承諾してくれた。実をいえば、このとき解決策が見つからなければ、私は日産を去らなければならなかっただろう。つまり、契約上のトラブルを解決するための莫大な資金を十分カバーできる退職慰労金で支払わざるをえなかったのだ。この三十年来で最悪の財政危機の波の真っただ中にある船を見捨てることになる！　そうなれば、私は損をし、日産はさらに困っただろう。ところで、会社資産の流用とは会社の利益に反する行為をすることだ。しかし、この件でも私は日産に何の損失も与えていない」

　カルロス・ゴーンの二〇年来の友人であるハリド・ジュファリは、新生銀行に総額三〇億円の信用状を発行した。新生銀行はそれを金庫に納めて為替市場が正常化するまで眠らせておくだろう。

アラビアの砂

　しかし、東京地検特捜部の狡猾な連中はゴーンの言い分には耳を貸さなかった。彼らがたまたまこの件に行きついたのは、カルロス・ゴーンを失墜させるために日産の古参幹部と交わした共謀契約によるものではないことは間違いない。だが、偶然が多くの実をもたらし、いまでは、この件、すなわち、カルロス・ゴーンとサウジアラビアの実業家との癒着が日産に損害を与えたことを第三の被疑事実にしている。言い換えれば、ありもしない会社資産の流用（特別背任）の裏に、また別の会社資産の流用（特別背任）が隠れているというわけだ。

ニュース映像を注意深く見たり、フランスで放映されている『Le bureau des légendes（伝説のオフィス）』や米国で放映されている『Homeland（祖国）』を見たりしている人なら誰でも、日本の自動車メーカーにとって、中東湾岸諸国の自動車市場が重要であることをよく知っているだろう。人道主義活動をする民間非営利団体（ＮＧＯ）であれ、ジハーディスト（イスラム過激派）のグループであれ、荷台に動物、セメント袋、重機関銃などを載せて走行するなら、ＳＵＶのような頑丈で軽快で安全な〝メイド・イン・ジャパン〟の小型トラックが最適だ。中東は高い利鞘が見込める市場で、そのリーダー格のトヨタにとっては大きな利益の源泉である。

日産の古参幹部とその共謀者、東京地検の検察官らがカルロス・ゴーンの中東でのビジネス関係者を〝ターゲット〟に選んだのは、悪意もあれば、当てこすりの意味もあるだろう。しかしここでもまた、奇妙な選択に何か勘繰りたくなるものがある。

「大げさに騒ぎ立てたいなら、ジハーディストのグループが日本製の自動車を盛んに利用しているという事実について調査するだろう」とカルロス・ゴーンは指摘する。「イラクのテロ組織〈ダーイシュ〉（イスラム過激派組織）はどうやって日本の小型トラックを何台も手に入れているのだろう？　それは、ダーイシュがサダム・フセイン体制時代の旧戦士らとともにイラクで旗揚げしたからだ。イラクの自動車市場は日本が掌握している。トヨタが先頭を走っているが、日産も三菱もレースに加わっている。どんな流通経路があるのかって？　トヨタの主要な拠点はサウジアラビアだ。サウジアラビアにある自動車の輸出販売業、アブドゥル・ラティフ・ジャミール・グループは世界でも最も大規模なトヨタの販売代理店のひとつなんだ。アフリカにもトヨタのために別の市場を開いたほどだ。小型トラックはたいていドバイに納入される。その次がイラク。トヨタはイラクから手を引いた。一方でイランでは、米国や国際社会が制裁を科しているにもかかわらず、トヨタは事業を展開している。アブドゥル・ラティフ・ジャミールは輸送コストを負担してくれるブローカーに車を販売する。表向きはアフリカ大陸に輸送されるが、かなりの数がイランに輸送されている。オマーンの販売代理店、バフワンはルノーの車で同じことをしていた。アメリカ人はそのことに無関心ではいられないが、だからといって正面切って問題視するわけではない。それに、米国での重要な雇用主であるトヨタを攻撃するのは……。では、トヨタがイランへの自動車販売の共犯者であることをどうやって証明できるだろう？　おおっぴらな告発があれば、関係当局、特に日本の当局にとっては非常に困ったことになるだろう」

　一九九九年に日産を倒産寸前に追いやった経営不振の影響は、中東地域も免れはしなかった。日産は日本の競合企業に、さらに近年は韓国の競合企業に、とりわけサウジアラビアで後れを取って活気を失っていた。サウジアラビアでは、一九五七年に締結したアルハムラニ・ユナイテッド・カンパニー（ＡＵＣ）との独占販売代理店契約に縛られていた。この販売代理店の業績が悪く、それが日産にとってフラストレーションの種だった。アルハムラニ家の家族内の不和が苦境から抜け出す障害になっていた。

　カルロス・ゴーンがハリド・ジュファリに友情による援助を懇願するずっと前の二〇〇八年五月から、湾岸地域での日産自動車の流通網の業績を立て直すため、ジュファリが経営する会社、ハリド・ジュファリ・カンパニー（ＫＪＣ）と協議が重ねられていた。ジュファリとの協議は、二〇〇六年以降、中東・アフリカ・ラテンアメリカの販売部門を担当していたジル・ノルマンがおもに行い、中東日産の小坂厚夫が現場で補佐をした。

日産の頼みの綱のジュファリ

その結果、二〇〇八年七月に、実業家ナサー・ワターの会社であるアル・ダハナＦＺＣＯと日産の合同会社、日産ガルフＦＺＣＯがドバイに設立され、この会社がサウジアラビア・アブダビ・クウェート・バーレーンの湾岸四カ国の販売代理店を統括する役割を担うことになった。これは、サウジアラビアにおける日産の業績を立て直すためにハリド・ジュファリの協力を仰ぐという仕組みだ。

「ジュファリは二〇〇八年に日産と事業を始めた。でも、それは偶然のなせる業ではなかったのだ。あの当時、誰もが利益をあてこんで湾岸地域に足を運んでいた。商業的に見れば湾岸地域も苦しんでいたが、崩れ落ちてはいなかったからね」とカルロス・ゴーンは力説する。そのため、リーマン・ブラザーズの破綻後に世界的金融危機が急速に加速し、世界の銀行システムが機能しなくなって流動資金が枯渇したとき、石油による収入の上にあぐらをかく湾岸地域の諸王国の投資家は非常に貴重なパートナーになるに違いない。カルロス・ゴーンは日産がハリド・ジュファリに近づく道をひらいたことで賞賛され、感謝されるべきだ。

「日産は以前からサウジアラビアに販売代理店をひとつもっていたが、その売り上げは満足できるものではなかった。現地の企業の助けがなければ、その代理店との関係から抜け出すことはできなかった。そこで、ジュファリに力を貸してほしいと頼んだんだ。彼は代理販売に関わりをもつことを条件に承諾してくれた。以前からメルセデスやシーメンスなどのブランドの代理販売をしていたからね。彼の会社はサウジアラビアの最も大きな民間企業グループのひとつ。本当のところは、彼を必要としていたのは日産のほうであって、その逆ではない。私は彼と長年の知り合いで、彼を信頼している。サウジアラビアでは大きな影響力をもつ尊敬すべき実業家だ。彼のことを日産を利用した金の亡者のように言うのは、私に対するバッシングに他ならない」

「確かに、日産はジュファリに四年間で一四七〇万ドルを支払っていて、検察はこの送金は正当な理由がないと主張している。だが、どの支払いにも一〇人が承認の署名をしているんだ。そのうちの三人は日産のエグゼクティブ・コミッティのメンバーだよ」。たとえば、二〇〇九年五月二一日、日産のエグゼクティブ・コミッティはハリド・ジュファリ・カンパニー（ＫＪＣ）に、これまでの貢献に対する必要経費および仲介手数料を含む報酬として三〇〇万ドルを支払うことを決議した。カルロス・ゴーンの告発者たちがいわゆる〝裏金〟だと勝ち誇って騒ぎ立てる〈ＣＥＯリザーブ〉からその資金を出すことは、ジル・ノルマンが六月一日に申請したものだ。その後、ＣＥＯオフィスの責任者グレッグ・ケリー、財務企画・経理部長エマニュエル・ディレイ、海外市場担当コリン・ドッジの署名をもって決定される。会長カルロス・ゴーンが許可を出すのはそのあとだ。〝裏金〟ならもう少し目立たない形でやりそうなものだ。その後、実際の送金に関わる段階では、コリン・ドッジ、ジル・ノルマン、そして中東地域の財務管理官スティーヴン・マーが承認の署名をしている。

「他のケースでも常に同じ手続きが取られる。ＫＪＣに送った一四七〇万ドルのうち、彼が日産の便宜を図るために要した経費は一一〇〇万ドル以上に相当する。法的な手続き、市場調査、プロモーションなどだ。だから、残金は報酬としてまったくリーズナブルな額だ。私の弁護の準備のため、私たちは、ジュファリが日産のために尽力した活動に相当するすべての領収書を集めた。それらの領収書を渡してくれたのはジュファリであって、当然、お察しのとおり日産ではない。検察は、この送金額は新生銀行の件でジュファリがカルロス・ゴーン氏からの謝礼〟だと主張している。それは話のすり替え、馬鹿げた捏造にすぎず、次に起こることによって完全に反論できる」

ジュファリの登場によって、アルハムラニ・ユナイテッド・カンパニー（ＡＵＣ）による日産車の販売台数は急速に回復し、二〇〇九年度以降、五万台を大きく上回るようになった。そのため日産は、二〇〇九年七月、アルハムラニ家との代々続く契約を更新した。契約を解除していれば必要になったであろう高額な訴訟費用や商業的なダメージを回避することができたのだ。また、二〇〇八年から二〇一三年にかけてハリド・ジュファリは、サウジアラビアに生産拠点を開設するための調査や手続きで日産にさまざまな貢献をした。しかし、このプロジェクトは目標とする収益性の指標が満たされないことから最終的に断念することになった。代わりに日産は、二〇一四年からジュファリ・グループと提携してサウジアラビア市場で直接販売に乗り出した。

これは、日本や海外のメディアがおそらく日産と東京地検によってリークされた〝新事実〟を報道することばかりに気を取られていたために関心を寄せなかった情報だ。日産は、二〇一九年七月の決算報告で、二〇一八年度（二〇一九年三月締め）の湾岸地域のマーケットシェアが過去最高の一六・九パーセントになったことを発表した。二年間で二・九ポイント上昇したことになる。これは、西川廣人が社長になって以来、業績低迷に歯止めがかからず、二〇一八年一一月一九日のカルロス・ゴーン逮捕による〝ゴーン・ショック〟ののち、ベレジナ川【訳注：一八一二年、ロシアに侵攻したナポレオン軍がベレジナ川で壊滅的な打撃を受けたことから、フランスではベレジナは「災難」の代名詞になっている】に迂回しつつある日産の世界市場に差した貴重な一筋の光だ。

「今度こそ、証拠をつかんだ」

〝重大な会社資産の流用〟という第四の被疑事実は、リークや情報操作の見本のようなものだ。検察は、オマーン案件または〈スヘイル・バフワン・オートモービルズ（ＳＢＡ）のケース〉で、二〇一九年四月四日、同月の一一日に記者会見を開くという告知をしたばかりのカルロス・ゴーンを小菅に連れ戻すことができたのだ。

しかも、『フィナンシャル・タイムズ』が二〇一九年五月九日付の紙面で、数週間前に押収された〝あるレバノン人のパソコン〟から秘密が明らかになり、日本の〝捜査員〟たちはついにカルロス・ゴーンを追いつめることができるだろうと〝明らかに〟した。これを世界中のプレスが後追いするのだから、『フィナンシャル・タイムズ』は洗脳の犠牲者であると同時に媒介者でもあるといえよう。

先に記したように、このパソコンは二〇一八年一一月一九日に、不法にだまし取ったものだ。同年一二月初めに、ドバイにある日本や海外の大手銀行の〝ジャパン・デスク〟のオペレーターたちは、すでに〝オマーン案件〟について噂をしていた。というのは、カルロス・ゴーンを汚すための泥、つまり〝ゴーンの醜聞〟を見つけるために世界中で繰り広げられた追跡劇のなかで、彼ら自身も日産とＬ＆Ｗから関係者の口座に関する資金の動きなどについて根掘り葉掘り訊かれていたからだ。

「検察がいうところのオマーン案件は、彼らが『ついに（証拠を）つかみました』と報道陣に打ち明けたところによれば、かなり驚くような話です。オマーン王国最大の民間コングロマリットの傘下にある販売代理店ＳＢＡと取引関係を維持していた日産は、ＳＢＡにＣＥＯリザーブから資金を送ったということです。ところが、実際は、その資金はカルロス・ゴーンのもとに還流され、彼や家族がクルーザーの購入や投資会社への投資に使っていた、と検察は主張しています」

二〇〇四年に日産が着手した中東における市場回復政策の一環で、ＳＢＡはＮＳＣ（日産の販売代理店）のひとつになり、オマーンだけでなく、子会社のアラタ・インターナショナル・トレイディングを介して、イラク・リビア・サウジアラビア・中国へも日産車を販売している。「オマーン人は地理的・歴史的理由から昔ながらの商売の伝統を受け継いでいる」とカルロス・ゴーンは語る。日産にとって、ＳＢＡとの関係は非常に利益があることが次第に明らかになる。当初の販売台数は二〇〇〇台余り、売上高は三三〇〇万ドルだったが、二〇〇八年には販売台数は二万三〇〇〇台に、売上高は四億ドルにまで跳ね上がった。ちなみに日産の古参幹部は、カルロス・ゴーンの告訴理由となっている〝会社資産の流用〟に関与したとされている企業との取引関係を問題にしないよう気をつけていることを指摘する必要がある。最新情報によれば、ＳＢＡは、相変わらず中東地域での日産の販売代理店だ。

カルロス・ゴーンの弁護団が二〇一九年一〇月二四日に提出した予定主張記載書面には、日産本社、日産の中東の子会社である中東日産（ＮＭＥＦ）と販売代理店の間の取引関係の流れ、たとえば、世界的金融危機の最中の二〇〇九年に行われた決済条件の変更などが詳しく説明されている。変更の決定には中東日産社長の長谷川亨《とおる》、財務部主管の幾島剛彦《たかひこ》、最高財務責任者（ＣＦＯ）のアラン・ダサスをはじめ一〇人以上が関わっている。ＣＥＯリザーブからの支出についても同様だ。

「第一に、このリザーブはいわゆる裏金などではまったくない」とカルロス・ゴーンは強調する。「年間予算の一項目で、会社の正規の機関で決議され、公表される。このリザーブから支出されるたびに、先に説明したように一〇人の署名が必要なんだ。そのための現金がプールされているわけではなく、会社の予算から支出が承認される。この資金は支出手続きの責任者が行い、コードを付してきちんと記録されることになっている」

「第二に、日産からＳＢＡに奨励金として支払われた資金はすべて契約義務に基づくものだ」。二〇一二年六月から二〇一八年六月まで、中東日産はＳＢＡに年に一回ないし数回、あらかじめ定めた数値目標の達成に対するボーナスを支払い、最後に支払った二回は二〇一七年と二〇一八年で、これは西川廣人の最終的な承認署名を得ている。

「検察は、ディビエンドゥ・クマールが所有するグッド・フェイス・インベストメンツ（ＧＦＩ）を問題視している」。この人物は、バフワン・グループの頂点に立つホールディング会社、バフワン・インターナショナル・グループ・ホールディングスの社長だ。この社長は一五年ほどでオマーンのこの複合企業の経営を目覚ましく発展させて専門化させたと高く評価されている。

「日産とＬ＆Ｗは、該当地域のあらゆる銀行で情報収集するためにさまざまな手段を取った。だが、彼らはＳＢＡからＧＦＩへの送金を確認できなかった。何ひとつね。ＧＦＩに送金された資金はすべて、スイスのクマールの個人口座からのものだ。要するに検察は、日産がＳＢＡに支払った資金とクマールが実施した投資との間に何の関連も立証することはできなかったんだ。私の弁護団は、ＳＢＡからの送金によって私や私の家族は、直接的にも間接的にも何ひとつ利益を得ていないと断言している。検察のほうこそ、彼らが主張していることを立証すべきなのだ。だが、彼らにはそれができない」

「思い違いでなければ、クマール氏は自分の資金を自由に使うことができる。彼はＳＢＡの経営者だったが、インド最大の自動車会社タタ・モーターズから引き抜かれたんだ。ＳＢＡの株主ではなかったと思う。ＳＢＡやその他の販売代理店との自動車販売委託契約は、中東日産の地域担当部長レベルで明確に交渉が行われる。告訴状には、私がＧＦＩの受益所有者であるとされているが、私は同社の株主ではないし、そもそも経営権限をいっさいもっていない。クマールと直接連絡を取りたいと何度も頼んだが、検察官はメールのやり取りさえ許してくれなかったんだ。ただの一本も」

証人？　被告に不利な証人だけ

「さらにひどいことがある。検察はオマーンにスタッフを送って、ＳＢＡの創業者の息子で現在はＳＢＡ社長、アハメド・スヘイル・アル・ムカイニを一日中取り調べたんだ。彼はこのグループの近代化を進めていた。その取り調べで得られた証言はすべて検察が主張する論理に反するものばかりだったために、報告するようなことはないというのだ。もちろん、私の弁護団はＳＢＡの弁護士から検察が当地でどのようなことをしたか聞いていたから、その調書を弁護側に開示するよう裁判官に要求した。結局、その要求は聞き入れられたが、きっと、バフワンを取り調べた日のことは隠し通したかったことだろう」

　このことは、東京でカルロス・ゴーンに対して繰り広げられている、モスクワ裁判のような訴訟手続きの重要な問題点を浮き彫りにしている。つまり、公判前整理手続きでは、もっぱら被告に不利な方向に導かれるということだ。被告に有利な証人も可能なのだろうか？　日本の司法制度では時効について非常に特殊な解釈がされるだけでなく、弁護側に大きなハンディキャップが強いられる。つまり、出頭した証人の供述のみが採用されるのだ。このことは、外国人の被告を差別的に扱う恐れがある。数カ月間、カルロス・ゴーンの弁護団はビデオ録画による証言、あるいは海外の予審判事が収集した宣誓書を付した供述書を認めてほしいと要請しつづけた。二〇一九年一二月二九日、カルロス・ゴーンが日本を脱出した日にも、要請に対する回答は依然として届いていなかった。

　しかし、カルロス・ゴーン事件を通して、これまで知られていなかった日本の司法制度がどのようなものであるかがわかったことは、在外の証人が法廷に出頭するのを断念する十分な動機のひとつになった。世界的な大企業の経営者を、少なくとも不確かな告訴理由で一三〇日も単独室に勾留すれば、世界のビジネス界が問題にしないはずがない。

ときの外務大臣、河野太郎は、オーストラリアン・リーダーシップ・リトリート二〇一九でそのことを身をもって経験した。同年五月末、オーストラリアのミニ・ダボス会議といわれるこの会議で日本産業の宣伝をするため、グロービス経営大学院の創設者、堀義人《よしと》にともなわれてクイーンズランドにやってきた河野は、ルノー・日産・三菱アライアンスの会長が受けている扱いに対する質問や批判の嵐に行く手を遮られた。質問の多くは、外国企業の社長は弁護団を同伴しなくても、まだ日本に行けるのか？　というものだった。

だが、その日の河野や堀がそうだったように、日本政府は、少なくとも、損なわれた自国の評判を回復するために説明するという重要な仕事があることは認めるものの、生贄をそのままにし、否認しつづけることを選んだ。

「人種、国籍、社会的ステータスのために差別された」

そもそも〝人質司法〟という表現は〝ガイジン〟が悪意をもってつくり出した言葉ではない。二〇一九年五月一〇日、三〇〇〇人以上の日本の法律と司法の専門家、弁護士、大学教授、法律家らが東京で〈人質司法の排除の訴え〉を公表した。彼らは次のように指摘している。人質司法は、「被告の裁判への出頭を確保するという目的とは異なる理由で勾留を利用して、日本国憲法が保障する人権、また人格の自由、黙秘権、公平な裁判を受ける権利を侵害している。容疑を否認する者の条件つき保釈を却下する慣例は、拷問の禁止を踏みにじる可能性がある。なぜなら、保釈を却下することは、勾留を延長して、自供を引き出すための取り調べを続けることになるからだ。また人権保護、推定無罪、拷問の禁止、取り調べ中の弁護士の立ち会いを定める国際基準の違反でもある」

この〈人質司法〉の日本のあるいは外国の追従者たちは、カルロス・ゴーンは他の自供を拒否する容疑者たちと特に違った扱いは受けていないと断じる。それはつまり、自供は人質司法の要《かなめ》であると認めていることだ。しかし、現実を軽んじている。

日本で非常によく知られている近年の一例だけをとってみても、まさしくそのとおりだ。厚生労働省の高級官僚であった村木厚子は、〝捜査官〟が捏造した〝証拠〟にもとづいて、東京地検に告訴された〝罪〟を自供することを拒否したために四カ月間、拘置所に留め置かれたのだ。

その一方で、福島原子力発電所の事業者である東京電力の三人の経営陣について、裁判所は二〇一九年九月一九日、〝業務上の過失〟という嫌疑に対して無罪判決を下した。彼らは決して何も自供しなかったし、小菅で一日たりとも過ごしはしなかったにもかかわらず。それどころか、数年間にわたって激しい抗議の声が上がっていたにもかかわらず、検察はこの大惨事における東京電力経営陣の責任の有無を明らかにするための捜査を継続することを拒んだのだ。裁判官は無罪を宣言するに当たり、東京電力の内部報告書、あるいは、とりわけ米国の某電力会社の専門家による警告を含むさまざまな報告書を無視した。同社の専門家は以前より、原発施設を津波から守るための防潮堤の高さが十分でないこと、万一事故が起こった場合に四基の原子炉を冷却しつづけるための電源装置に不備があることについて警告していた。

日本の大企業のお偉方は、日本人でさえあれば、お決まりの謝罪会見でカメラに向かい、うわべだけ痛恨の表情を浮かべ、腰を折り、頭を九〇度下げて謝罪の言葉を発すれば、ほとんど司法上の罪を着せられない。これが真実である。東芝、自動車部品メーカーのタカタ、オリンパスなど、近年の企業のスキャンダルを挙げただけでも、いずれもその規模・期間・重大さはカルロス・ゴーンとグレッグ・ケリーを責め立てているスキャンダルとは比べものにならないにもかかわらず、簡単に結審する。カルロス・ゴーンは、彼の弁護団が公訴棄却請求書に記したように、〝人種、国籍、社会的ステータス〟を理由とする差別的訴訟の犠牲者だった。

　告訴を強固にする数々の決定に直接関わり、その決定の恩恵を受けるひとりでもある西川廣人を東京地検と東京地裁が不起訴処分にしたことは、そのこと自体、差別の実態をはっきりと表している。

　しかし、多くの堕落した日本の経営者が恩恵を受けてきた自供と条件つき保釈との〝交換取引〟は、アライアンスの会長には決して〝提供〟されなかった。「大鶴は自供をひとつの仮定として示したのであって、決して取引としてではなかった。いずれにしても、私はそんな賭けには乗らなかった。日本で起こったこととは別に、問題なのは全世界における私の評判だ。取引など、論外だった」

第４章　なぜ？

毎年、日本ではゴールデンウィーク中は誰もが自由に過ごす。「過労死」の多いこの国でも、四月末から五月初めにまたがる長い休日は、官公庁や民間企業の社員の多くは堂々と仕事を休んで羽を伸ばす。だが、二〇一八年の春、経済産業省では、とりわけ製造産業局はのんびりする暇などなかった。

「カルロス・ゴーンがアライアンスを不可逆的なものにする任務を受けて以来、日本側に明らかに動揺が走りました」とあるフランス人外交筋は説明する。「ゴールデンウィークの最中に私たちは経済産業省に呼び出されたのです。そのときの経済産業省の役人たちは何やらヒステリックでした」。この消息筋によると、この会談は、二〇一六年八月から二〇一九年九月まで経済産業大臣だった世耕弘成の直属の部下、多田明弘製造産業局長の主導で行われた。

フランス側からはフランス経済産業省企業総局のパスカル・フォール局長と〝フランス企業〟の強力な援軍であるフランス政府保有株式監督庁（ＡＰＥ）のマルタン・ヴィアル長官が駆け引きに応じた。ＡＰＥは、フランス政府が保有する資本参加証券を管理する機関だ。フランス政府は〝新自由主義革命〟を打ち出したにもかかわらず、依然として八八もの上場企業の株式を保有していた。ルノーの資本における一五・〇一パーセントの持ち分は、国庫のポートフォリオのなかでも貴重なもののひとつで、二〇一九年には時価総額でおよそ七五〇億ユーロになっていた。そのため、ＡＰＥはルノーにふたりの取締役のポストを得ていた。

二〇一八年二月一八日、カルロス・ゴーンのルノー会長としての任期更新の条件を決めたフランス政府は、数カ月前から、日産とルノーとの関係をより緊密なものにすることを日本側に〝受け入れさせる〟ためのアプローチを始めていた。四月初め、ルノーの取締役で〝政府の資本参加担当委員〟であるマルタン・ヴィアルは、ルノーの取締役として、日産の首脳陣にアライアンスを永続的なものにしたいというフランス政府の公式見解を伝えるため、ひそかに日本を訪れた。この訪問のことは、二〇一九年になって、ルノーの取締役会のある消息筋によって明らかにされ、日本の新聞は遅ればせながらそのことを報じた。

マルタン・ヴィアルを横浜で迎えたのが誰だったのかは気になるところだ。ハリ・ナダだ。仕事上のこととしては、それは理解できる。この件には法的な側面があり、同僚からハリ・ナダと呼ばれるマレーシア国籍の弁護士、ヘマント・クマール・ナダナサバパシーは日産での法務を担当していた。だが政治的には奇妙なことだ。カルロス・ゴーンによれば、「マルタン・ヴィアルはルノーの取締役会にこのことをいっさい報告していないし、何の権限もない。しかも、ヴィアルが主張する統合計画はルノーが目指していたものではない」という。

統合を始動させる

ハリ・ナダは社内メールで、このときのやり取りの内容を次のように要約している。「ヴィアル氏は私に、日産は現状のままを望んでいるのかと聞きました。私はそうだと答えました。数週間前から言及されている原則にもとづいて、日産は出資比率のバランスを調整することを望んでいると付け加えました。それは、日産の資本におけるルノーの持ち分を減らし、ルノーの資本における日産の持ち分を増やすということです。両社とも相手の会社を支配することができないようにするためです。それには、フランス政府が日産の株式を売却すればいいだけのことです。ヴィアル氏は、統合に向けた本当の一歩を踏み出さないのなら、出資比率の調整をするのはルノーにとって犠牲が大きすぎると答えました」

このやり取りの場に同席した者のひとりは、あとになって、そのときハリ・ナダが次第に不快感をあらわにしていったことを思い出す。それは、日産のためにアライアンスのバランスを検討するのでなければ、統合計画に断固として反対するという姿勢の表れだった。だがそれは、カルロス・ゴーンに対する隠しようもない不遜な態度である。「日産は三菱との連携によっていまでは強固なものになっているから、ルノーはもう必要ないとでも言っているように聞こえました」

ハリ・ナダによれば、マルタン・ヴィアルは日本の経済産業省の交渉相手である多田明弘から、返事が遅くならないようにと念を押した手紙を受け取っていたはずだという。しかし、世耕大臣は返事が遅いことにいらだち、自身が筆を執るつもりだと川口均に伝えた。

ゴールデンウィークの緊張した会談中に、両国の外交官は議論を鎮めようと努めたが、会談が終わると、日本側はフランスの代表者に文書を差し出した。それはフランスの外交筋があからさまに〝馬鹿馬鹿しい〟と形容するような内容だった。日仏間の合意の基本事項をぶつけたと思われるそのＭＯＵ（覚書）の原案で、日本側は「アライアンスの強化は日産の独立性を尊重したうえで行われるべきであること、また、ルノーの経営陣は日産の経営陣の決議の自由を決して侵害しないこと」を主張している。これは実のところ、ＲＡＭＡ（改定アライアンス基本合意書）Ⅱで永続要件のひとつになっているのだ。ＲＡＭＡのなかでフランス側は、後述するように、多数株主としてのルノーの特権を弱めることを受け入れていた。

フランスの日刊紙『ジュルナル・デュ・ディマンシュ（ＪＤＤ）』によると、五月二一日、川口は、この文書をカルロス・ゴーンをはじめ日産の経営陣に送り、同日にマルタン・ヴィアルと多田明弘が話し合った旨を知らせた。川口は、経済産業省は「少しやりすぎだ」と思っている。翌日、西川廣人は日産に対して「確固たる、しかしおおっぴらではなく、やや控えめに支援を表明している」安倍晋三や彼の政権で右腕だった菅義偉を例に挙げ、「経済産業省をコントロールしてくれるよう菅官房長官に頼む巧い方法を見つけなくては」と言った。

多田とヴィアルによる結論の出ない会談内容は、世耕弘成とフランスの経済・財務大臣ブリュノ・ル・メールとの大臣レベルの直接会談にまで上げられた。「すると、互いに黙り込んでしまいました」と外交筋は語る。

だが、日産に不安はない。六月、日産自動車の副社長、川口均は、日産が主要なスポンサーとなっているフランス映画祭の会場から本社に戻る道すがら、あるフランス人役員に、断じて「不可逆化」の丸薬は飲めないと心情を吐露した。

マクロンの駆け引き

不信感はずいぶん前から芽生えていた。おそらく、二〇一五年四月二二日、フランス政府がルノー株を買い増して出資比率が一九・七パーセントになったことをＡＰＥが通知したとき以来ずっと不信感を抱いていたことは間違いない。「このオペレーションには、政府が二倍の議決権を手にすることでルノーのガバナンスへの影響力を強めて株主としての利益を守るという意思と、この大自動車メーカーへの資本参加にこだわるという戦略的な性質があります」とＡＰＥは説明する。

このオペレーションは、次の株主総会で、〈株式を二年以上保有している〉安定株主に二倍の議決権を与えるという、いわゆる〈フロランジュ法〉の規定を導入することを表明して、会社の経営陣を窮地に陥れることが目的だ。というのは、アライアンスのバランスが不安定であることを承知しているカルロス・ゴーンは、バランスが崩れないように政府の提案に反対することを株主たちに奨《すす》めようとしており、株主の六六パーセントがこの規定の導入に反対する可能性があったからだ。

フロランジュ法はまったく政治的ご都合主義から生まれた法律である。二〇一二年の大統領選挙に出馬したフランソワ・オランドは、選挙キャンペーンでロレーヌ地方の製鉄所用地の閉鎖を阻止することを労働者に約束したが、結局、一部は閉鎖されてしまった。同年に大統領の座に就いたオランドは政府と与党に〝真の経済を取りもどす〟法律を採択させた。というのも、フランスでは経済実態を定義するのは政府なのだ。消費者でも、市場でもない。

「最善はときに善の敵になる」とカルロス・ゴーンは指摘する。「フランス政府はルノーでの議決権と資本金の一五パーセントを保有している。日産もルノーの資本金の一五パーセントを保有しているが、議決権はない。日産にはルノーの株主総会での議決権がないのに、フランス政府は議決権を二倍、数値の上では二八パーセントにしたいと考えたんだ。そのことが日産の日本人社員たちを刺激し、彼らはもうたくさんだと思うようになった。私はフランス政府に注意したほうがいいと警告したんだが、彼らは聞く耳をもたなかった。政府は、日産の反感は私の差し金だと思っていたからだ。『ゴーンは自分の利益のために日本人を利用している』と。政府によるルノー株の買い増しに日本側からの大きな反応があるかもしれないことを理解しなかった、あるいは理解しようとしなかったんだよ。あとになってわかったことだが、日産の経営陣は私が日産を裏切ろうとしていると考えたために、私をこんな目にあわせたんだ」

「あのころ、私は直通電話で大臣と連絡を取っていた。だが、壁に突き当たってしまったんだ。日産との間にある危機を脱していくなかで、フランス政府にとって明らかに重要なことは、ルノーに対する影響力を取りもどすことだった。それは、ルノーがアライアンスで優位な立場を維持することよりもずっと重要だった。実際、フランス政府はルノーに対して二倍の議決権を勝ち取ったが、その代償として、ルノーは日産の多数株主であるにもかかわらず、日産の取締役会の決議に反対することができなくなったのだ。これは、日本人に、マクロンの行った駆け引きは日産に対して向けられたのではないこと、フランス政府には日産の決議手続きに介入する意図はまったくないことを保証するためだった。完全に勘違いしていたんだ」

二〇〇二年以降、アライアンスのガバナンスを規定していた改定アライアンス基本合意書の修正版、ＲＡＭＡⅡの署名によって一時休戦となった。当初のＲＡＭＡ（Ｒｅｓｔａｔｅｄ　Ａｌｌｉａｎｃｅ　Ｍａｓｔｅｒ　Ａｇｒｅｅｍｅｎｔ）と同様、社内では秘密にされているこの協定は、パリと東京に上場しているふたつの企業に関わる契約であるにもかかわらず、事実上、ルノーを日産に対して何もしないパートナーに変質させた。これ以降、多数株主であるルノーは、日産の役員の任命・罷免・取締役の報酬に関する取締役会の決定事項および、日産の取締役会が事前に承認していないあらゆる事項について、株主総会で異議を唱えることが禁じられた。

日本におけるナショナリスティックな反応

「フランス政府が、制定した法律が認める二倍の議決権を導入しないというルノーの株主の決議を尊重していればよかったんだ。そうすれば現状を維持できるからね。正直言って、私はいつも、フランス政府はなぜあんなことをしようとしたのだろうと思っていた。この件については、戦略的なビジョンが著しく欠けていた。当面は有利な立場になっても、長い目で見れば、フランス政府のほうが不利になる。ルノーに対して取った決断は戦略的に大失敗だ。政府は私の腕をねじ伏せてルノーでの二倍の議決権を手に入れる代わりに、ある合意を受け入れた。その結果、日産を事実上、完全に自立させたのだ」。二〇一八年一一月一九日、カルロス・ゴーンが逮捕され、日産から〝物理的に〟排除されて数カ月のうちに、そうしたことがわかってくる。

「次に起きたことは、フランス側に遠因がある。フランス政府は、日産が私に頼らないで自社の見解や自社の立場を主張できるとは思っていなかった。私は日本で非常によく知られていたから、フランスでは、日産の抗議の裏には私の個人的な策略があると見ていたんだ。だからずっと前から、日本人はこの件には関わっていない、日本でのナショナリスティックな反応はないと考えられていた。すべては、フランス政府に〝一杯食わせるためにゴーンが企てたこと〟だと思われていたんだ。私が逮捕されたとき、フランス人が状況をまったく理解できなかったのは、私が日本人と共謀していると思っていたからだ。さらに悪いことに、フランス政府は（ルノーと日産の統合に向けた）次なる駆け引きが行われている最中、つまり二〇一八年の前半に、再び日本との間に緊張が高まってきたことに気づいていたのに、私に何も言わなかったことだ」

　最初の〝ゴーン・ショック〟から二〇年近くあとに起こった第二の〝ゴーン・ショック〟についての日本側の公式見解によれば、この事件には引き金となるような過去も背景もない。また、権力への挑戦や個人的な野望などによるものでもさらさらない。日本においてもフランスにおいても、政治的環境はたいした意味をもっていない。貪欲という罠にはまり、歯止めが利かなくなったことで現実の感覚を失ったひとりの企業経営者と、〝不正〟に手を貸したという良心の呵責にさいなまれ、清廉な法の番人たる東京地検の検察官たちに頼る、いま流行《はや》りの〝内部告発者〟のたわいもない話である。注目すべきことはたくさんある。たとえば、ヴェルサイユ宮殿での豪華なパーティー、ベイルートにあるピンクの外壁にブルーのブラインドの豪邸内に飾られたクリスタルのシャンデリア、リオデジャネイロのコパカバーナビーチを見下ろす豪華なマンションなど。だが、そこからは何もわからない。

栄光ののちには失墜あり。ポピュリズムが蔓延するこの時代、権力者の失墜はゴシップ好きの市民を喜ばせる。しかし、モラルは保たれ、最善なる世界においては、あらゆる物事はみな最善である【訳注：ヴォルテールの著書『カンディード』のなかの言葉】。

いま、わかっていること

いまの段階で、すべてのことがわかり、理解していると主張するつもりはない。多くの者が沈黙を守っている。そして、彼らは日本の司法機関から脅されたり、何度も取り調べを受けたりしているわけではなく、自分の行動や責任が問題にされたこともない。もちろん、日産の古参幹部やその弁護士やコミュニケーターたちに張りついて辛抱強く聞き出したことに味つけをして公表することで満足している日本や海外の新聞から目をつけられたり、日本の検察に呼ばれたりしているわけではない。

確実な方法で私たちが知りえたのは、日産の経営陣の何人かが社内調査を始めたのは二〇一八年の春で、それはまさにアライアンスを不可逆的なものにするという問題で、ルノーと日産の間の緊張が最高潮に達した時期だったということだ。

「この問題は、私のルノー会長としての任期が、知ってのとおりの条件で更新された直後に始まった。私はずいぶん迷ったよ。フランス政府が提示したような条件で再任されることにはそれほど乗り気ではなかったからね。仕事はまだ終わっていないと言われたんだ。でも、日本とフランス政府、ルノーと日産のいずれをも納得させるのは、互いの要求を考えると非常に難しいということは十分にわかっていた。そこで、強引に統合にもっていくことはできないとフランス政府に言ったんだ。互いを尊重し合わない合意をしても無駄だからだ。私はアライアンスを世界のトップレベルにまで導いた。それができたということがそのことを証明している。これ以上確かなことはないよ」

それに「アライアンスの永続性について私が問題にしているのは、その方法ではない。企業の永続性を保証できるなんて考えたことは一瞬たりともないよ。いずれにしても、もちろん法律でどうにかできるものでもない。アライアンスの永続性とは、これまでも、そしてこれからも、どれだけ成果を上げられるかにかかっている」。

　それでもフランス政府はアライアンスの永続性に固執する。「政府は約束してくれたよ。『支援する』と。二〇一八年の一月か二月のことだ。もう私の出番ではないかもしれないと言うつもりだった。アライアンスにあまり関わっていなくて、新鮮なものの見方ができる人間を選ぶ必要があった。そこで、ルノーの取締役会のメンバーたちにそのことを打ち明けたんだ。フィリップ・ラガイエットやパトリック・トマ、マルク・ラドレ・ド・ラシャリエールたちとは変わらぬ交流を続けていたからね」

「生活を一変させたいと考えていた。だから、ぜひともルノーの会長に再任されたいとは思っていなかった。いま、はっきりしていることは、再任されていなければ、東京では何も起こらなかっただろうということだ。フランス政府が私の再任を強く望んだんだ。そして、その直後に私は日産の罠にかかった」

「内部告発者」だって？

　わかっていることは、ふたりの内部告発者、あるいはそれに近いことをした者の名前だ。ひとりは日産秘書室長の大沼敏明。彼は二〇一八年一一月一九日、すでに述べたように、黒いスーツ姿の東京地検特捜部の男たちに占拠された日産本社の最上階で、携帯を手にのんびりと歩き回っていた。もうひとりは日産の法務担当役員のハリ・ナダだ。彼はこの日の朝、数時間後に羽田の入国審査窓口で起こること、そして〝友人〟のグレッグ・ケリーを待ち受けている運命のことも知っていたことがわかっている。ハリ・ナダは非常に熱心に、日本に来るようグレッグ・ケリーを説得していた。

公式発表によると、大沼とナダは、二〇一六年に刑事訴訟法に導入された《他人の罪を明かす代わりに自身の刑罰を軽減してもらう取引に合意する》日本版司法取引を利用して、特捜部の検察官たちとの〝交渉のテーブル〟についた。何年も前から日産の〝CEOオフィス〟の職務に深く関わっていたふたりの管理職が取ったこの〝任意の〟手続きが〝アライアンスの永続性〟に関する危機に陥っている最中に行われたことが、単なる偶然だなどと誰が信じるだろう？

経済産業省の元超高級官僚、豊田《とよだ》正和（日本トップの自動車メーカー、トヨタの創業家とは関係ない）が関わっているという事実も偶然だろうか？　豊田は、公職を離れるまで経済産業省で国際業務を担当する次官級の地位、つまり官僚ピラミッドの最上段の手前に達していた。

安倍晋三が二〇一二年に再度、政権に就いたときに掲げた大胆な改革ビジョン〝アベノミクス〟の収支は、それを立ち上げたときの仰々しさに比べると何ともお粗末なものだった。しかし、このビジョンには日本企業のガバナンスの改革も含まれていた。特に、取締役会にできるだけ多くの〝独立〟取締役を加えて、取締役会の構成を見直すことが企業に課された。

カルロス・ゴーンは次のように振り返る。「そのため、私たちはふたりの独立取締役を探していた。それが義務になったからね。そこで私は『よし、わかった。では、取締役会に迎えるにふさわしい日本人を提案するように』と指示した。事前に選んだ候補者の短いリストを作成したのは川口で、彼が西川に可能性のある候補者を提示した。彼らは豊田とその他数人に会う必要があるだろうと言ってきた。過去にも、経済産業省のOBを何人か監査役として採用したことがあった。それが元高級官僚を再就職させる手段であることも知っていたよ。だが、べつに警戒はしなかった。それで、川口が強く推す豊田に会ったんだ。ごく普通の男だった。彼が希望するなら、特に異議はない。ところが、彼は明らかに使命を帯びてやってきたんだ」

使命を帯びて

日本では、高級官僚が退職後に〝民間企業に就職する〟ことを〝天下り〟という。これは文字どおり、「天から下る」という意味で、中国から持ち込まれた非常に古い伝統に倣《なら》ったものだ。昔から官僚に与えられた特権である。だが、毎年あらゆる経済部門に送られてくる数百人の〝天下り〟たちは天使ではない。しかも彼らはいずれも二重スパイという使命を帯びてくる。つまり、新しい雇用主のために政府の後見人と良好な関係を築くという使命を、また出身省庁の利益になるように日本の資本主義体制を監督する使命を担っている。カルロス・ゴーン事件において、日産に再雇用された天下りはその使命を完璧に果たそうとしていた。

「豊田は二〇一八年六月の株主総会で取締役に選出されたが、非公式に任命されたのはそのずっと前、二月か三月だった。彼はそのころからすでに、いわば選ばれた取締役だったんだ。ただ、まだ就任していなかっただけだ」

一方、川口均は数年前から、日産の経営陣やカルロス・ゴーンと政府の橋渡し役を務めていた。東京の有名な国立大学である一橋大学を卒業すると同時に一九七六年に日産に入社したベテラン社員の川口は、一九八〇年代初めに欧州委員会で研修したのち、欧州日産で長く働いた。二〇〇九年から専務執行役員として対外交渉および政府対応を担当していた。

「政府対応を担当していた川口とは毎月会合をもち、政府との話し合いの報告を受けていた。彼は毎月、日産の状況を説明するために政府の上層部に会っていた。政府の考えをしっかりと報告したいと言っていたが、私はさほど必要だとは考えていなかった。日本の場合、企業の経営に政府の考えは関係ないから、私にとっては重要な話題ではなかったんだ」とカルロス・ゴーンは語る。

「これは、日産の日本人上層部と政府の間ではすべてが筒抜けだということを示している。私自身、二〇一五年に、フランス政府が二倍の議決権に関して攻撃をしかけてきたとき、そして、フランス政府と日本政府の間でやり取りがあったときに、そのことを経験したよ。フランス政府は私に何も言わなかった。マルタン・ヴィアルも何も言ってこなかった。そのことに関する情報のあらましは、日本政府の仲介者から川口の口を通して私の耳に入ったんだ」

「日産が私を狙った社内調査の着手に言及しているのに、日本政府がそのことを聞いていなかったとはまったく考えられない。少なくとも経済産業省に知らせていなかったとしたら、川口は恐怖に震えあがったことだろう。むしろ、実行に移るお伺いを立ててゴーサインをもらっていたに違いない。彼らがすることについて、政府の同意を得ていないということは絶対にありえない」

日本政府の登場

「日本政府が介入に踏み切った動機が何なのかは想像に難くない。政府関係者は、こう言い合っていたに違いない。『気をつけなくては。ゴーンはいつ辞めるとも限らない。日産から目を離さないようにしなくては』と。日本側のスポークスマンは川口だった。一種の駆け引きだ。川口は、経済産業省は非常に不満に思っているので解決策を見つける必要があります、と私に言ってきた。それなのに、問題の重要性については決して忠告しなかった。私に警戒心を抱かせることもできただろうに。二〇一五年から一六年にかけては、私はフランス政府の干渉を抑えることができていたので、日本の経済産業省は問題はないと捉えていた。二〇一八年から、パリで、私のルノーでの任期更新とアライアンスの不可逆化という問題が持ち上がった。そこで日本側は、ゴーンはずっと日産にいるわけではない、状況を検討するのは我々のほうだと主張しはじめたんだ。その後の成り行きは知ってのとおりだ」

日本の政界はどの程度まで関わっていたのだろう？　わかっていることは、川口は、二〇一四年以来日本政府のナンバーツーの地位にあった菅義偉と、友人とまではいかなくとも非常に近い関係にあったということだ。官房長官は日本の首相の右腕だ。しかも、政府の最高位に就くすぐ手前のポストである。菅は地方レベルで政界に入ったのち、日本第二の都市である横浜を含む神奈川二区から選出されて国会議員になった。横浜はカルロス・ゴーンが日産の〝グローバル本社〟を移した地だ。菅は議員になって連続六期目で、遠くない日に安倍晋三の後継になるという野望を抱いていたとしてもおかしくない。そして、二〇二〇年九月、その目標を達成した。

日本のニュースサイト『リテラ』に引用された日産の情報筋の話によれば、「近年、菅と川口は頻繁に会って夕食や会合を重ねています。ゴーンの件が官房長官と事前に話し合われていなかったとは考えられません」。同じ情報筋によれば、「日産では、川口には菅さんという後ろ盾がいるというのが共通認識です」ということだ。

すでに述べたように、安倍晋三首相は二〇二〇年一月に、非公式の会合で遅まきながら、カルロス・ゴーンを排除するために日本の司法制度を利用する作戦から距離を取った。しかしながら、複数の情報筋の言葉を信じるなら、日産の古参幹部と経済産業省内の支援者を東京地検特捜部に接触させたのは安倍の側近のひとり、熊田彰英《あきひで》だ。元特捜部の検事で現在は弁護士（ここにもまたひとりヤメ検【訳注：元検事だった弁護士のこと】がいる）の熊田は『週刊文春』で自民党の〝政権の守護神であり知恵袋〟だと紹介されている。

川口と豊田、そして今津。もうひとりの日産のベテラン社員、七〇歳に近い今津英敏《ひでとし》は、そのキャリアをすべて日産で過ごし、現在は一般に定年間近な役員にあてがわれる〝監査役〟を務めている。

日産の古参幹部は今津に格好の役割を与えた。今津は、ナダと大沼の素晴らしい配慮のおかげで、カルロス・ゴーンとグレッグ・ケリーが行っていたと思われる〝不正〟を〝見つけて〟息が止まるほど驚いたに違いない。これは川口が経産省の指示がなくても行動するのと同じくらい信じるに足ることだ。

二〇年近く、自分の協力者だった川口と今津のことをよく知るカルロス・ゴーンにとって、この事件の真相は（一般がみるそれとは）まったく違うようだ。

「私は、事件の仕掛け人は川口、豊田、今津だと確信している。中心人物は間違いなく豊田だ。川口は個人的な野心で行動し、私を排除したのち、非常に短期間だが日産のエグゼクティブ・コミッティのメンバーになるという褒美をもらったんだ。世耕経済産業大臣という大物後見人を背後に、私の追放劇を率先して進めたのは彼らだ。今津は、内部監査の責任者として、自分も巻き込まれるはずだとすぐに理解した。実行に移る段になってハリ・ナダの協力が必要になり、彼のこめかみに銃口を突きつけに行ったんだろう。こう言ったに違いない。『ナダさん、私たちに協力しませんか？　さもないと、刑務所行きになりますよ』。ハリ・ナダは告訴の口実に使った資金工作に直接関わっていたと脅されて、この追放劇に加わったんだ。日本の法律に導入されたばかりの司法取引の話が出てきたのは、まさにこのときだ。大沼も同じだ」

司法取引の乱用

しかし、カルロス・ゴーンの弁護団が公訴棄却請求書に示したように、日産の古参幹部、経済産業省、東京地検が考えたこの取引は、司法取引の乱用だ。ハリ・ナダと大沼敏明は「司法取引の対象になるべき真の当事者ではない。日産が依頼した弁護士たちと、東京地検に資料を提供して検察官らに協力し、取引をした日産の日本人幹部たちこそが、司法取引の真の当事者だ」。さらに同請求書ではこう主張されている。「ハリ・ナダ氏と大沼氏はゴーン氏に対する告訴に協力することに自ら積極的に関わったわけではなく、また自由意思で関わったわけでもない。ふたりは日産に説得されたのであり…（中略）…、基本的に〝会社の上層部の指示〟に従って合意文書に署名をしたにすぎない。このような形での司法取引の採用は当規定の目的に反する行為であり、違法である」

二〇一九年を通して行われてきた公判前整理手続きで、カルロス・ゴーンの弁護団は裁判官に司法取引の利用に関する情報を検察官が公開するよう何度も要請した。名前が公表されたふたりより、日産の上層部たちのほうがどれほどこの規定の恩恵を受けたことだろう？　特に、東京地検は、カルロス・ゴーンとグレッグ・ケリーが非難されている数々の〝不実な行為〟に個人的にも立場上も関わった西川廣人とこのような合意をしたのではなかろうか？　検察官は、好意的な裁判官の了承を得て、弁護団の要請を無視した。

カルロス・ゴーン弁護団は次のように明かしている。「西川以外にも、非常に多くの日産の幹部や社員が告訴の根拠となる行動に関与している。日産や検察官から、協力しないと刑事罰を受ける恐れがあると脅されて、日産や検察官の望むように、つまり、ゴーン氏の〝独裁的な〟振る舞いや彼の権力に逆らうことができないために、不適切だと知りながら言われるままにせざるをえなかったと証言することを強いられたのだ」

実際、西川廣人は、日産の多くの管理職のなかのトップであり、彼自身が、カルロス・ゴーンとグレッグ・ケリーの逮捕理由となったのと同じような行為で甘い汁を吸っていた多くの経営幹部の代表格にほかならない。

リスト

二〇一九年一〇月八日、当時ルノーの社長で日産の取締役だったティエリー・ボロレは、数日前に『ウォール・ストリート・ジャーナル』が内部監査責任者のクリスティーナ・ムレイ（二〇一八年一一月一九日の彼女の行動についてはすでに述べた）が作成した日産の八〇人の社員リストの存在を明かしたことに驚き、そのことを日産の取締役会に文書で報告した。記事には、リストに載せられた八〇人の日産社員は「ゴーン氏が非難されている行為に関わっていた可能性があり、場合によっては懲戒処分を想定した調査をするべきだとムレイは提案している」と書かれていた。

ティエリー・ボロレが読了後署名した一〇月八日付の文書は、フランス政府がルノーの会長職に就かせたジャン＝ドミニク・スナールと同社の弁護士の同意を得て起草されたもので、いくつかの理由からきわめて重要なものだ。

第一に、この文書は、個人的にはカルロス・ゴーンとグレッグ・ケリーだけが、そして日産も非難されている事案について、検察側および被告側の適正な公判前整理手続きはどうあるべきだったかという一つの考えを示している。もっとも、告訴の目的がアライアンスの会長をさっさと排除することでなく、企業の財務報告に関する法律を遵守することであったならばの話だが。ちなみに、二〇一九年九月に、ティエリー・ボロレは、小菅に収監されていたふたりが非難されている不正行為に大沼とナダが個人的に関わっていること、また、それにもかかわらず、ナダは日産の社内調査を主導できたばかりでなく、現在も社内で権限を握るポストに就いていることに驚いているという日産の三人の内部告発者からの匿名の手紙を受け取っている。

第二に、一〇月八日付の文書から、日産の古参幹部たちが二〇一八年一一月一九日以前も以後も、日産内で画策されていることを、日産の取締役をはじめ日産の多数株主であるルノーの代表者たちに知らせないように、どれほど気を配っていたかをうかがい知ることができる。

また、九月九日に日産の法務責任者（英語ではゼネラル・カウンシル）のラビンダ・パッシが、日産の〝独立〟取締役（その筆頭が経産省ＯＢの豊田である）に、ハリ・ナダとレイサム＆ワトキンス（Ｌ＆Ｗ）国際法律事務所が社内調査に関与するのは利益相反行為に当たるという忠告文書を提出したことをティエリー・ボロレが知ったのも、九月二三日、やはり『ウォール・ストリート・ジャーナル』の記事によってだった。日産の古参幹部が調査をするために依頼した米国の国際法律事務所Ｌ＆Ｗは、実は以前から日産に、その調査内容と同じ問題（元会長への報酬の支払い方法）について助言をしていた事務所である。匿名の内部告発者のひとりは、彼らが法律を遵守していることは認めつつも、Ｌ＆Ｗの東京事務所のパートナーのマイケル・ヨシイが数年前からハリ・ナダの相談に乗っていることも指摘している。

ラビンダ・パッシが〝独立〟取締役に提出した忠告文書の結果はどうなっただろう？　パッシはカルロス・ゴーンに関わるあらゆる問題の〝利益相反行為〟になるという理由で、調査の任を解かれ、取締役会の特別アシスタントでハリ・ナダのお気に入りのキャサリン・カーライルと技術顧問の金井喜美雄がその任務を引き継いだ。

クリスティーナ・ムレイの要請で作成され、決して公表されることなく、ルノーにも伝達されなかった報告書と八〇人のリストはどうなったのだろう？　監査委員会委員長で米連邦法の専門家であり、カルロス・ゴーン排除運動に一役買った永井素夫が繰り広げた激しい圧力と横暴によって、クリスティーナ・ムレイは退場を余儀なくされる。九月九日、彼女の報告書を検討するために取締役会が開催されたときには、彼女はすでに日産にいなかった。

西川廣人のヒューズが飛ばされたのはこの取締役会でのことだ。彼が不正な方法で手に入れた四四万ドルの報酬のことをグレッグ・ケリーが『週刊文春』のインタビューで暴露したからだ。しかし、また別の内部告発者、大沼敏明が考えついた同じ仕組みで二八万ドルもの利益を得たハリ・ナダの処分については、驚いたことにもはや問題にならなかった。日産が慌てて嫌疑を晴らそうとしている一握りの受益者についても同じだった。

一〇月八日付の文書の最後に、ティエリー・ボロレは次のように記している。「数々の重要な情報から、社内調査は会社や社員、株主に不利な方向に歪められたことが明らかになったいま、取締役会が、社内調査が行われた状況やレイサム＆ワトキンス国際法律事務所の報告書、さらには、調査に関わった日産のすべての幹部ないしすべての外部の監査人に関する利益相反行為について、完全に独立した外部監査を始めることを希望します」

ルノーの社長が日産の古参幹部たちに投げかけた勇気ある提案と厄介な問いかけはどうなっただろう？　ティエリー・ボロレはジャン＝ドミニク・スナールとともに横浜から戻って間もなく、フランスの日刊紙『ル・フィガロ』のぶしつけな記事で自分が間もなくルノーを去ることを知る。一〇月一一日、ルノーの取締役会はボロレの任期を〝ただちに〟終わらせた。

この悲劇を間近で見た証人の分析によると、ティエリー・ボロレは、日産でハリ・ナダの側近を長く務めたのちルノーグループの法務担当事務執行役員となったジャン＝ベノワ・ドゥヴォージュの積極的な進言を受けたスナールの罠にかかったのだ。ルノーの社長は日産の古参幹部に真っ向から立ち向かおうと勢い込んで、いきなり更迭された。前日には彼を支持すると言っていたある取締役が「日本人はもう彼とは仕事をしたがらない」とスナールに語ったからだ。

粛清

この粛清はモスクワ裁判と同質のものだ。広範囲に及んだ点も特徴も似ている。日産では、カルロス・ゴーンに近すぎると判断された多くの幹部の粛清が素早く行われた。カルロス・ゴーンとグレッグ・ケリーの逮捕に続き、十数人の有能な幹部が粛清の対象になるが、そのなかに日本人はひとりもいない。少しあとになって数人の日本人も対象になるが、それは別の理由からだった。

カルロス・ゴーンはそのことについて次のように説明する。「私が逮捕されたのち、西川が最初にしたことは、日産の有能な幹部のひとり、ホセ・ムニョスを遠ざけることだった。ムニョスはトヨタ出身で、ヨーロッパで日産に引き抜かれたんだ。その後はずっと日産でキャリアを積んできた。アライアンスの会長の側近として、日産の社長になれる人物だった。次に、トヨタ出身でエグゼクティブ・コミッティのメンバーであり、マーケティングと購買担当副社長だったダニエレ・スキラッチの退任を知らされた。彼もまた非常に有能だった。エグゼクティブ・コミッティのメンバーがふたりも抜けるのは、やはり重大なことだ。さらに、インフィニティ・ブランドの社長、クリスチャン・ムニエがジープ・ブランドに移った。他にも、まだまだいる」

スキラッチはルノーからアルファ・ロメオとトヨタを経て、故郷のイタリアに戻り、自動車部品製造のブレンボのトップに収まっている。ホセ・ムニョスはすぐに韓国の自動車メーカー、現代《ヒュンダイ》にグローバル最高執行責任者として招聘され、重要な北米市場を担当する責任者になった。

「ホセ、僕の忠告を聞くつもりがあるなら、できるだけ早く日本を離れるほうがいい」。東京の経営陣サークルの仲間でもある親しいアメリカ人の友人は、二〇一八年一一月一九日以降、ホセ・ムニョスに繰り返しこうアドバイスした。「その後も会合がいくつかあったもので、数日、東京にとどまっていました。二〇日には、ふたつの会合の合間に、横浜港を海沿いに散歩しようと思って会社のビルを出ました。アメリカ在住の弁護士との会話を人に聞かれたくなかったのです。彼の意見ですか？同じです。できるだけ早く日本を去りなさいと。一一月二六日にアムステルダムでアライアンスの取締役会の会合があるという口実で、日本を発ちました。でも、私に使用が許されていた日産の社用機は使わずに、秘書にＫＬＭ機の席を取るように頼みました。アムステルダムでは、西川が私に知らせないまま会合の時間を変更していました。私を排除するというメッセージなのは明らかです」

「いま思うと、興味深いことがありました。私の米国製のノートパソコンは、カルロス・ゴーンのノートパソコンのように会社のとは別のセキュリティ・システムで管理されているのですが、数カ月前から、そのセキュリティ・システムごとノートパソコンの使用をやめるようにと圧力をかけられたのです。他の幹部たちのように東芝製の機器を使えとしつこく言ってきました」

「アムステルダムから米国に向かい、一二月に日本に戻る予定でした。でも、自動車開発事業に取り組んでいるグーグルの子会社のウェイモと、ある発表をする準備をしなければならなかったのです。そこで、西川にシリコンバレーでウェイモの会長と会わなければならないとメッセージを送りました。西川は了承しました。その後は、すべての経営会議にサニーベールのアライアンス研究センターからビデオで参加しました」

「一二月末に、ヨーロッパに行くために日産の社用機に乗ったとたん、クリスティーナ・ムレイから、すぐ日本に戻るようにというメールがきました。彼女は私に、心配する必要はない、と言っていました。呼ばれる理由は、内部監査委員会との面談か検察官の事情聴取が数日あることくらいしか考えられません。私の弁護士は日本に行けない理由を何か見つけるようにとアドバイスしてくれました。パリに着くと、私がフランスに来るのではないかと探られていたと気がつきました。きっと、ルノーと組んでいると思われたのでしょう。でも、それは違います。パリにあるいくつかの日産オフィスから、東風汽車有限公司（ＤＦＬ）の取締役会の会合に参加していたのです。私は中国での事業を統括していましたから。それからマドリッドで年末を過ごすためにスペインに向かいました」

「一月二日にナッシュビルに戻りました。ある人が人事担当者との会合はすべて拒否するようにと忠告してくれました。『君を辞めさせる機会をつくろうとしているんだよ』と。あとになってわかったのですが、三〇年間、日産に勤め、北米日産の人事を管理していたマーリン・チャップマンが定年に達する一週間前に辞任したのは、私を解雇しなければならなくなるのを避けるためだったのです。その仕事を担ったのはもうひとりのアメリカ人、日本以外の人事を担当する責任者、マーク・スタウトです。彼は私に有給休暇を取るように言いましたが、同時に、電子機器をすべて引き渡すように命じました。それから彼は、ｉＰａｄやその他の電子機器を回収するために警備員をひとり連れて私の部屋まで来たのです」

ホセ・ムニョスへの提案

「スタウトは私に一枚の紙を差し出しました。まだもっていますが、それは、一二八〇万ドルを受け取る代わりに、一八カ月間は検察官の捜査に協力するために日本に来て、就業しないというものでした。彼らは私のプライベート用の携帯電話も通信記録を残したまま取り上げました。そしてしつこく新しい携帯を私に渡そうとしましたが、どうにかそれは拒否しました。その携帯をリモートで操作すれば、それをもっている人物の位置が特定され、会話がキャッチされるとすぐにわかったからです」

「私の弁護士は日産に、すべての交渉は米国かヨーロッパで行う、日本ではどんな交渉もしないと通告しました。日産のための交渉を誰がとりしきっていたか知っていますか？　ハリ・ナダの側近のイギリス人弁護士、キャサリン・カーライルです。彼らが望んでいたことはただひとつ。私が日本に戻ることです」

「一月一一日、日産は私が自ら休暇を取ったため、私に関する調査を始めたという情報を流しました。私はもうたくさんだと思い、辞任を決意しました。一五年間、日産で働いて、手ぶらで会社を出たのです」。だが、そこには見返してやるという確固たる決意があった。韓国最大手の自動車メーカー、現代自動車に招聘されたホセ・ムニョスは、アジアの自動車メーカーにとって非常に重要であり、自分が知り尽くしている北米市場において日産を追い抜くことを第一の目標に立てた。二〇二〇年の夏、彼はその目標を達成しようとしている。

第5章　譲歩

「君には不名誉と戦争というふたつの選択肢があった。そして君は不名誉を選んだ。やがて戦争になるだろう」。一九三八年、英国首相、ネヴィル・チェンバレンがフランスの首相エドゥアール・ダラディエと協調してヒットラーの要求を飲んだミュンヘン会談から戻ったとき、ウィンストン・チャーチルがチェンバレンにかけたといわれるこの言葉は、典拠が疑わしいわけではなく、ちょっとした言葉の綾にすぎない。しかしこれは、日産の古参幹部、東京地検の検察官たち、日本政府の一定の輪のなかにいる日産の支援者らが二〇一八年一一月一九日に起こした戦争行為に反応してフランス政府が取った行動そのものだ。チェンバレンが選択した道には歴史上、名前がついている。〝宥和政策〟だ。そして、そこには苦い思い出しかない。

「驚愕の瞬間が過ぎると、どう反応すればよいかという問題が持ち上がった」と、あるフランス外交官は語る。一一月二〇日の火曜日、東京にいたフランスの経済・財務大臣付き副大臣、アニエス・パニエ＝リュナシェは世耕弘成経済産業大臣に面会した。その後、フランスの経済・財務大臣、ブリュノ・ル・メールも自ら日本の経済産業大臣と電話で会談する。その結果、「世界有数の自動車メーカーであり、日仏間の産業協力の最も重要な象徴のひとつであるルノー・日産アライアンスに対する日仏両政府の強力な支援と、成功に向けた協力を維持するという共通の認識」を再確認する短い共同声明が発表された。

数日後にパリで行われた両大臣の会談では、優先課題が強調されている。それは、「日仏間の衝突を引き起こさない」というものだ。こうして〝最小限の外交サービス〟が始まり、数カ月間続くことになる。カルロス・ゴーンに対しては〝推定無罪〟の原則が尊重されるべきであることが再確認されたが、日本の司法機関でアライアンスの会長がどのような扱いを受けているかという質問はいっさい出なかった。日産に対しては、ゴーンに対して起こした告訴を裏づける情報の提供が要請されたが、それは送られてこないだろう。あるいは、ずっとあとになってほんのわずか送られてくるだけだろう。会長が〝身動きできなくなった〟いま、ルノーのガバナンスが気になるところだ。しかし日産では、多数株主であるルノーの権利はあからさまにまったく尊重されないばかりか、その後、数週間、数カ月間、踏みにじられることになる。

日産の〝再日本化〟への動き

なぜなら、日産の古参幹部にとって、宥和政策など問題外だからだ。むしろその反対だった。日本の自動車産業のトップアナリスト、中西孝樹《たかき》はこの新たな〝ゴーン・ショック〟の裏で何が進行しているかを確信していた。「この事件を形容するのに最もふさわしい表現は〝日産の再日本化〟だ」。二〇一九年一一月二九日、彼は日本外国特派員協会（ＦＣＣＪ）で、この事件は、日産の独立性を取りもどすために西川廣人を中心とする日本人による経営への熱望と〝ルノーなしでも日産だけで会社の業績を上げることができるという信念〟から起こったものだと語った。

西川廣人は、遅ればせながら遠回しの告白をした。それでも、告白には違いない。二〇一九年一一月二八日、カルロス・ゴーンの逮捕から約一年後、日産の社長の座を譲った数時間後に西川は『フィナンシャル・タイムズ』のインタビューで次のように打ち明けたのだ。「日産内部には、一九九〇年代末の財政危機以前の状況に戻すべきだと考える非常に保守的な信念に固執する人間がいました」。

つまり、〝フランス人〟が来る前、カルロス・ゴーンが権力を握る前の状態に戻すということだ。「ゴーン体制が崩れたいま、彼らの力が猛威を振るっています」

カルロス・ゴーンが逮捕された晩の敵意むき出しの西川廣人の記者会見の勢いに乗って、あらゆる方面からゴーンに対する猛攻撃が繰り広げられた。二〇一八年一一月二二日、世耕がパリの市庁舎にいたころ、日産の日本人幹部は取締役を招集し、カルロス・ゴーンをただちに解任する手続きを取った。

解任は満場一致で決議され、まだルノーを代表するふたりの取締役も日本人の立場に全面的に従った。そのひとり、ジャン＝バティスト・デュザンは、おもに共同購買のシステムを統括しているルノーとアライアンスのベテラン社員だ。彼がエコール・ポリテクニックに入学したのはカルロス・ゴーンが入学するかなり前のことだが、ふたりの同窓生は〝君〟〝お前〟と呼び合う仲だ。ベルナール・レイは一九九九年春から日産の立て直しに参加しており、のちに、ルノー経営陣のなかでカルロス・ゴーンに最も近い協力者となった。デュザンとレイはフランス政府によって指名された独立取締役として日産の取締役会にも籍を置いていた。

「このふたりはパリにいたので、話し合うために彼らと会いました。デュザンは西川のことを真っすぐな男で信頼しているといつも言っていました。その西川がこのような告訴を起こしたのなら、きっと何かあったのでしょう。私たちはふたりに言いました。何が起こっているのかわからないし、日産からは何の情報も来ていない。私たちにできる唯一のことはカルロス・ゴーンの推定無罪を尊重することだ。ゴーン氏に関する起訴内容を見ていないのだから、いかなる場合も彼の解任に賛成すべきではない、と。ふたりはわかったと言って出て行きました。それなのに、満場一致で解任が決まったことを知ったのです。すぐにふたりをもう一度呼んで、私たちが言ったことを理解しなかったのかと問いただしました。ふたりは私たちに、レイサム&ワトキンス国際法律事務所が準備した、ゴーンの不正の決め手となると思われる数百ページにも及ぶ資料について話しました」とティエリー・ボロレは振り返る。この国際法律事務所についてはすでに説明している。

数百ページの資料がビデオ会議で検討されたのだろうか？　確かに、横浜で一六時三〇分に始まったこの取締役会は、五人の日本人取締役が大勢を占め、およそ四時間も続いた。フィリップ・クランがルノーの経営陣には存在しないと言っていた文書を日産のフランス人取締役たちに渡したのだろうか？　たくさんの質疑応答があったのち、日本の報道機関に伝えられた極秘情報を信じるなら、デュザンとレイはカルロス・ゴーンをただちにその職務から解くという西川廣人の発議に〝了解〟と答えたのだ。ある日本人取締役は明らかにほっとした様子で、ふたりは「陰謀などなかったと納得しました」と語った。

「できるだけ善意に解釈するなら、彼らは間が抜けていて、日本人のやり口に完全にのせられたんだ。反対に最も悪く解釈すれば、彼らは裏切ったんだ」とカルロス・ゴーンはコメントした。

〝黄色いベスト運動〟の最中のフランスで

では、ルノーの反応は？　ティエリー・ボロレは次のように話す。「会社はとてつもないショックを受けましたが、ルノーの経営の継続性については心配していませんでした。ゴーン氏は私に手綱を預けていましたから。でも、取締役会では多くの役員が、なぜこんなことが起こったのか、この先、どうなるのかと訝《いぶか》りはじめました。それでも、取締役と会社は基本的に推定無罪を尊重するという方針を決めることができました。まずはフランス政府保有株式監督庁（ＡＰＥ）と経済・財務大臣に連絡を取ったところ、いずれにしても、経済・財務大臣もエマニュエル・ムラン官房長も表立っては同じ考えでした」

しかし時が経つにつれて、そうはいかなくなった。それにはいくつか理由がある。フランスでは、国家は単なる社会全般の利益の番人ではない。国は、短期的な心配事や根っからのエゴイズム、民間企業の金儲け主義とは対極に位置する長期的な展望や戦略的な野心を、ほとんど神から命じられているかのように思われている。カルロス・ゴーン逮捕によって巻き起こった危機に対するフランス政府の対応は、フランス人特有の考え方の根底にある信条を著しく損なうものだった。

ティエリー・ボロレはこう続けた。「すぐに、政府の反応はむしろ次のようなものだとわかりました。つまり、『以前からあの男は気に入らなかった。彼をコントロールし切れなかった。だから財政面に関する彼の主張は問題になっていたし、彼がアライアンスを難攻不落のグループ企業にする能力があるのかという点も疑問視していた。結論として、この危機はフランス政府に都合よく利用できるだろう』というものです」

「一方、この事件はちょうど黄色いベスト運動が勃発したばかりのときに起こりました。政府のトップがパニック気味になったのは、この運動のせいでもあるのです。私はすぐに、カルロス・ゴーンへの支援の声が信じられないほど遠慮がちになっていると感じました。黄色いベスト運動のことを考えれば、フランス政府は、カルロス・ゴーンを支援したいとも、支援できるとも思えなかったのです。しかも、メディアが流す日々のニュースはゴーン氏の醜聞であふれていましたから」

フランスのいわゆる〝周辺地域〟で起こった、マクロン政権および〝パリのエリート層〟に対する抗議運動の〝最初のアクション〟はカルロス・ゴーンが羽田で逮捕された二日前の二〇一八年一一月一七日に始まった。抗議しながら公共スペースを占拠するのがアイデンティティのひとつの証であると同時に国民的スポーツともなっているこの国で、燃料税の引き上げに反対するデモに端を発したこの運動は、多くの環状交差点《ラウンドアバウト》が占拠されるまでに発展した。ヨーロッパのなかでもフランスにはラウンドアバウトが圧倒的に多く（四万から五万カ所に及ぶ）、あたかも道路での抗議行動のためにあるかのようだ。毎週土曜日にソーシャル・ネットワークで呼びかけられ、道路上での安全対策のために着用が義務づけられている黄色い蛍光色のベストを身につけた抗議者たちが集まる〝アクション〟は、瞬く間に市街地に広まり、やがて暴徒化した。〝世界で最も美しい大通り〟との誉れ高いパリのシャンゼリゼは〝市民〟と権力の対立を象徴する標的、新しいバスティーユ広場と化した。暴動は一二月一日に頂点に達し、凱旋門が傷つけられ、パリのそこかしこの〝美しい街区〟で略奪が行われた。その映像は世界中に流れ、まるで人類学の研究のようにたくさんの政治的コメントがなされた。

　とはいえ、この抗議行動への参加者はきわめて少数で、フランス全土で（人口約六七〇〇万人に対し）約二万六〇〇〇人にすぎず、その後は、どんどん下火になって最後には抗議の波は細い糸筋の水のようになった。

無知であることの重大さ

　とにかく、このようなヒステリー気味の政治的背景のなかで、権利の基本原則の名の下にひとりの〝富豪〟を擁護するのは明らかに自殺行為に等しいだろう。多くのフランス人は、〈不服従のフランス〉の国民議会議員、フランソワ・リュファンがみごとに具現化した〝上流階級への憎悪〟によって【訳注：フランソワ・リュファンはジャーナリストで映像作家でもあり、黄色いベスト運動を扱ったドキュメンタリー映画を製作して話題になった】、まともな判断ができない状態だった。リュファンは、実はマクロン（彼と同じアミアンのカトリック系私立名門校出身）やカルロス・ゴーン（ベイルートのカトリック系私立名門校出身）と同じようにイエスズ会の名門校で学んだ上流階級なのだ。他の人々、つまり、上流階級のうま味を知り尽くし、その恩恵を受けていると思われる人々は問題の本質を知ろうとせず、無視を決め込んでいる。

二〇一八年一二月の初め、エマニュエル・ムランはベルシーの経済・財務省で、海外投資が専門の元銀行家で現在は投資ファンドのトップである人物の訪問を受けた。ルイ・シュヴァイツァーだ。ルノー・日産アライアンスはもちろんのこと、三〇年間、根拠地としていた日本、そしてアジアのことを最もよく知る人物のひとりだ。共通の友人がお膳立てしたこの会談は三〇分間の予定だったが、結局二時間も続いた。会談には、経済・財務省のエマニュエル・ムラン官房長（ＥＳＳＥＣ：経済商科大学院大学、ＥＮＡ：国立行政学院出身）の他に、〝Ｘ－Ｍｉｎｅｓ〟と称されるコール・デ・ミンヌのメンバー、マロー・カルトン（エコール・ポリテクニック：理工科高等専門学校、エコール・デ・ミンヌ：パリ高等鉱業学校出身）が同席していた。彼は同じ経済・財務省において企業および政府の資本参加に関するアドバイザーを務めている。

フランスを牛耳る特権階級の代表的な存在であるこのふたりは、アライアンスについてほとんど何も知らなかった。「サムスン？」。自動車業界の？　もちろん。一九九七年から一九九八年にかけてのアジア通貨危機に乗じて、日産への資本注入について交渉中だったルイ・シュヴァイツァーは、韓国の巨大電子機器メーカーが自動車製造への参入の野望を満たすために日産から設備つきで購入した釜山の超モダンな工場を手に入れた。こうして、ルノーグループはルノー・サムスン自動車（ＲＳＭ）の経営権を握る株主となったのだ。

二〇〇三年に日産と、大型トラック製造の中国ナンバーワンである東風汽車集団との合弁会社として設立された東風汽車有限公司は一四年前から日産の成長と収益向上に厳然たる貢献をしているが、その名前はなおさらこのふたりの特権階級にはぴんとこないようだった。中国の国有企業、東風汽車集団は二〇一三年にルノーに中国市場への扉を開いたのだ。サイアム・モータースは？　まったく知らない。だが、アライアンスはルノーに有利で〝アンバランス〟だという日本人の主張に対し、そのアンバランスは新興国における日産の成長に由来するもので、その成長の功績はカルロス・ゴーンの経営手腕によるものだということを理解していないのだとしたら、どう反論するのだろう？

　ふたりの無知ぶりに困惑したシュヴァイツァーは話し合いを終えると、「要は、あの〝戦略的な政府〟が、なんであれ日本人に不満を抱かせることになるのではないかという不安で身動きが取れなくなっている」と打ち明けた。多数株主としてのルノーの特権を明確にするために、日本人が改悪したＲＡＭＡⅡを退けることを正当化する法的理由を挙げるシュヴァイツァーに対し、エマニュエル・ムランは「我々の手には手錠がかかっているんです」と言った。そして、「彼らはさらにこう言ったんだ。『でも、それじゃ宣戦布告と同じじゃないですか！』と。『すでに戦争になっているじゃないか』と反論してやったさ」

「このごたごたで、〝日本との国家対国家の関係において、我々が守り通すべきいくつかの利益がある〟というテーマの大筋が浮かび上がってきた」とシュヴァイツァーは要約する。本当だろうか？　でも、何を、どのように？

　これらの利益については、エマニュエル・マクロンが率先して取った行動が、日産の多数株主としてルノーの立場を著しく弱めることになった基本合意、ＲＡＭＡⅡの成立という結果に終わったという二〇一五年の悲しいエピソードのなかですでに触れている。「ＲＡＭＡⅡは、私が管理していたんだが、何人かの日本人が私を打ちのめすとは思いもよらなかった」とカルロス・ゴーンは語る。もちろん、フランス政府もそうだろう。

フランス政府、はた迷惑な株主

フランス政府の株主としての無能ぶりをあげつらうつもりはない。クレディ・リヨネをはじめ原子力産業企業の元アレヴァ（Ａｒｅｖａ）、元ルノー公団（ＲＮＵＲ）、ＥＤＦ（フランス電力）など、フランスの納税者が企業の破産や莫大な財政損失の尻ぬぐいを余儀なくされた例は枚挙にいとまがない。株主たる政府が〝縄張り〟に属する会社の取締役会に出席するのは会社の利益を守るためなどではなく、せいぜい会社にとっては毒にも薬にもならない、多くは有害でさえある政治的目的を推進するためなのだ。しかも、政治の指導者たちは目先のことばかり考えるようになり、その視野はどんどん狭くなっている。プレッシャーがかかるのは、もはや任期満了後の次の選挙ではなく、来《きた》るべき世論調査、さらには途切れのない情報番組での討論の場においてだ。

　最近のあるエピソードは、政府が株主になっている企業につきものの利益相反を如実に物語っている。自動車部品製造企業ＧＭ＆Ｓの例だ。二〇一七年五月、フランス大統領選はエマニュエル・マクロンの勝利というサプライズで終わったばかりだった。ルノー・日産・三菱アライアンスが自動車メーカーの世界ナンバーワンの座を奪い取ったのは二〇一七年上半期のことだが、フランスの新聞・雑誌や世論は、国がその秘密を握っているＧＭ＆Ｓアンデュストリーの命運という社会的・産業的な話題のひとつに熱中していた。

　次々と変わる持ち主からひどい扱いを受けてきたこの自動車産業のささやかな下請け企業は、フランスで最も貧しい県のひとつで不動産の価格が最も安いクルーズ県の小さな都市、ラ・ストゥレーヌにある。従業員が二七七人の司法再生下にある会社だ。その従業員たちは、有利な政局を味方に工場を占拠してストに突入し、「全部爆破するぞ」と脅した。米国の記録映画監督レッチ・コワルスキーがこの出来事を撮影したドキュメンタリー映画のタイトルになっている。この作品はカンヌ国際映画祭で紹介され、『ハリウッド・レポーター』という雑誌に取り上げられた。

ＧＭ＆Ｓの労働者は言葉で脅しただけでなく、実際に、工場にガスボンベを設置するという行動に出た。そんなことをすれば、奪おうと狙っている作業用の道具も粉々になりかねないのだが。フランスの政治家は、大統領選やその後の国会議員選挙のキャンペーンでラ・ストゥレーヌに次々とやってきた。テレビ局はニュース番組のトップにその光景を映し出す。

〝ダビデとゴリアテ〟に欠かせない役どころは〝発注元〟、すなわち、それぞれ政府が〝筆頭〟株主であるルノーグループとＰＳＡだ。右派から入閣した新しい経済・財務大臣、ブリュノ・ル・メールは、その職務に就くとすぐＧＭ＆Ｓの問題に多くの時間を割くことになった。解決策は、この件に冷淡なルノーとＰＳＡに対してＧＭ＆Ｓへの発注を意図的に増やすよう圧力をかけることだった。

本当のところは、ＧＭ＆Ｓでは、長期にわたって自動車メーカーが求める多様性に対応する努力がされておらず、これらふたつのクライアントに依存する経営がうまくいっていなかったのだ。ＧＭ＆Ｓには将来性がなかった。

政権の新しいスタッフからのプレッシャーを受けるのはティエリー・ボロレだった。彼は、再生計画に要する資金はすべてルノーとＰＳＡが調達するという要求まで突きつけられる。「私は当時、経済・財務省にいたバンジャマン・グリヴォーに、『とんでもない。法律上、そんなことはできないし、そんな前例ができれば、すべてのサプライヤーに非常に悪い信号を送ることになる』と答えました」とボロレは説明する。

ボロレは、業界内で〝現場作業の移転〟と呼ばれるこのオペレーションは上流部門で始めるべきだと考えている。「悲惨なことにならないように先手を打って、こうした状況を処理していけるということを証明するには相互のヒアリングの姿勢が大切です」

そして、GM&Sとは反対の例として、ACIの計画的な閉鎖が挙げられる。ル・マンのルノー工場向けに車体の備品を製造しているこの工場は、一世紀以上前に大都市リヨンに接するヴィルールバンヌ市の中心部に建てられ、十数ヘクタールの工場のすぐ隣には新市庁舎があるが、産業活動にまったく適していない。

ルノーグループは、リヨン都市圏内にある新しい用地への設備の導入、〝試作品の製造〟、移行の管理、多くの研修、そして最終的に一八〇〇万ユーロの投資という新たな事業を手がけなければならなかった。「この計画は四年間にわたって行われました。二年かけて準備し、CGT（労働総同盟）が大勢を占める労働組合と交渉しました」。ティエリー・ボロレは、二〇一九年七月の労働組合との合意は、予想以上に早まったディーゼルエンジンの衰退にともなう非常に複雑な技術変革を進めるために自動車産業がなすべきことのモデルになったと考えている。

どんどん狭まる視野

「政府がGM&Sの救済や財政的な根拠もなく他の事例への介入をルノーに強要するのは、ルノーを破産させるという確固たる政治的な意図があるわけではない」とカルロス・ゴーンは考える。「下した決定がよくないことは十分わかっているが、ルノーにはその決定によって受ける影響を切り抜けるだけの能力があると考えているんだ。政府には企業の収益性に責任があるわけではないのだから、政府は間違ってはいないと考えている。政府は国に対して社会的責任がある。ただこれは、長期にわたる健全な経営が収益性に左右される大企業の株主という立場とは矛盾する」

「政府は長期的な展望をもっていると政府の支持者は主張する。それは巧言にすぎない。この三〇年間に政府が（株主として）介入したいくつかの企業を見てみるといい。フランスでは、結果を予想もしないで大原則ばかりを主張する観念論者を相手にしなくてはならない。私は実践主義者だから、国が介入すれば必ず悲惨な結果になると断言するよ」。航空機の開発製造会社〈エアバス〉はヨーロッパのコンソーシアムで、必ず反例として挙げられるが、エアバスと張り合う企業はない。エアバスというひとつの例外が規範となっているのだ。

「ルノーの取締役会では、ＡＰＥの代表者は単なる代弁者として行動する。彼らが自らの意思で投票すると思ってはいけない。彼らは頻繁に会議の中断を要請して、電話をかけに行く。彼らの発言や投票は電話で指示されるんだ。取締役会の仕事に対する彼らの貢献はたいていは取るに足りないことだ。討議する重要な議題については事前に彼らに知らされ、政府の指示を携えてやってくるのだから」

「国がどの程度まで介入するかは大統領府の主《ぬし》によって違う」とカルロス・ゴーンは説明する。「ジャック・シラクのときは、政府は一定の中立性を守って取締役会をひっかき回すことはなかった。ニコラ・サルコジになると、少し積極的になった。だが、彼らは役人だ。方向性を指示するのは大統領。大臣がそれを実行に移す。さらに代理人が取締役会に伝達するんだ」

「彼らは戦略的なビジョンやアイデアや提案をもってくると考えるかもしれない。だが、そんなものは存在しない。なんとも嘆かわしいことだ。イデオロギー的立場については話せないが、四人の大統領の下で実際に見たことなら話すことができる。彼らが主張しているように、筆頭株主にはその企業に積極的に関与して貢献することを期待するのが当然といえるかもしれない。だが、政府の関与があれば、それはむしろマイナスだというのが私の考えだ」

ルノーとボルボの統合の失敗

ルノーは、フランス政府から何度も迷惑をこうむっている。一九九九年七月、ルイ・シュヴァイツァーはボルボとの統合計画の悲しい失敗のことを思い出す。その失敗こそルノーがパートナー探しの目をアジアに転じるきっかけになったのだ。「あれはぞっとするような不快な思い出で、ひとつの試練だった。最終的に失敗した責任の九五パーセントはフランス政府にあると思うね。政府は我々をさんざん待たせたあげく、ボルボの連中を考えられないようなやり方で侮辱したんだから」と、シュヴァイツァーは打ち明ける。

財務省、次いで首相官邸でローラン・ファビウスの官房長を務めたことのあるシュヴァイツァーは、日本、それも三菱自動車あるいは日産が視野に入りはじめるとすぐ、自分と同じ社会・民主主義的な立場の友人が何人もいる政府内のひとりに慎重にこの計画を知らせた。リオネル・ジョスパン首相がこの話を聞いたのは一九九八年の夏だった。その後、クリスチャン・ピエレ産業大臣とドミニク・ストロス＝カーン経済・財務・産業大臣に伝わる。「政権レベルの感触は上々だった」

ところが、危うく台なしになるところだった。「合意が最終段階に入ったとき、取締役会で財務省と産業局を代表する役人たちが、ボルボのエピソードを思い起こすような乱暴な口出しをしてきたんだ。これは本当によい合意でしょうか？　こんなふうに、あるいはあんなふうにしたほうがよかったということはないですか？　もたもたしていたら、交渉は没になると私にはわかっていた」

「金曜の夜の二〇時から二二時三〇分まで、週末のラフな格好のまま財務省の役人の部屋で警察の取り調べのような質問攻めにあっていたことを思い出すよ。それでも私は我々のパートナーや投資銀行に役人が接触することをきっぱり断った。礼儀を尊重しつつも、彼らにきっかけを与えなかったんだ。

少し緊張は走ったものの、私には政治家に知り合いがいるからハッピー・エンドで終わった。彼らが意見を変えて計画に賛成するよう政権に助けを求めたんだ」

二〇一九年一月のビヤンクールに話を戻そう。二〇一八年一一月一九日以来、ルノーグループは小菅に勾留されている会長の帰りを待っていた。カルロス・ゴーンの部屋は、クリップひとつ位置が変わっていない。ルノーは〝暫定的な〟ガバナンスを定め、任期満了間際の〝筆頭〟取締役フィリップ・ラガイエットが、重大な危機のなかでひっきりなしに開かれる取締役会の議長に任命された。一九八三年にミッテランが断行した〝緊縮経済への転換期〟における経済・財政大臣、ジャック・ドロールの官房長を務めたこの財務監督官もまた国家の生粋の特権階級のひとりだ。年齢と金銭欲から取締役会に身を移して取締役の任期を重ねている。

現場レベルで見ると、会社はこれまでどおりの経営が進められ、決定が下され、目標が確認された。ティエリー・ボロレは（カルロス・ゴーンとの）共同社長に任命された。カルロス・ゴーン逮捕による危機を切り抜けるため、「私はすぐに調査チームを立ち上げました。メンバーはおもに小さな投資銀行アルディア・パートナーズの社員で、ゴーン氏と多くの取引をしていたゴールドマン・サックスのOBたちです。会長に続いて、ルノー自体が攻撃の標的にされないように先手を打つ必要がありました。ソシエテ・ジェネラルの銀行員や危機管理のスペシャリスト、クロディーヌ・ポンにも大いに支えられました。彼女は二〇一一年の偽スパイ事件以来、当社のために尽力してくれていました。そしてもちろん、当社の弁護士たちの力も借りました」と、ティエリー・ボロレは語る。

日産の恐喝者たち

対する日産の古参幹部たちは恐喝戦略を取った。つまり、カルロス・ゴーンが会長の職にとどまっている限りは、情報提供も連絡もいっさいしないというものだ。このアライアンス〝内部〟の圧力は、小菅の勾留者に対するバッシング・キャンペーンを盛り上げる絶え間のない〝新事実〟の波によって外部からも強められた。ビヤンクールでは次第に緊張が高まるなかで何度も会合が開かれたが、そうした会合の合間に、ルノーの取締役会で日産を代表する山内康裕がルノーは勾留中の会長を支援しているとティエリー・ボロレを非難していたことだろう。

二〇一九年一月、ルノーの取締役たちは、カルロス・ゴーンの勾留がいつまで続くかわからないなかで、その処遇を取締役会で決議しないまでも何らかの形でカルロス・ゴーンにアプローチする必要があるという結論に達した。「基本的な方針は、保釈が明らかにならない限りは、会社のためには取締役会の議長の職を断念するのが望ましいとカルロス・ゴーンに理解させるべきだということでした。しかし、誰が東京まで行くかが問題になったとき、その役を買って出る者はティエリー・ボロレを除いて誰もいませんでした。でも日本側の反応を考えると彼を行かせるわけにはいかなかったんです」と、クロディーヌ・ポンは語る。

結局、会社のことをよく知り、社外取締役でもあるクロディーヌ・ポンが使節役を引き受けることになった。「私はみんなの依頼を得て、カルロス・ゴーンへのきわめて異例な個人的メッセージの配達人として出発しました。しかし、ルノーの公式なメッセージとして携えたのは、ひとりの取締役とひとりの経営陣による書簡だけです。それだけでした。正式な委任状はもたないで東京に行きましたが、何の指示も受けずに戻りました」

ゴーンとのかしこまったやり取りののち、誤った情報を得た新聞社がカルロス・ゴーンの〝辞任〟を報じたが、小菅の勾留者は退職手当の権利を主張しただけだったのだ。これは同じことではない。フランス政府はどうかといえば、推定無罪を無視して、ルノーの会長を〝長期にわたって職務を遂行できない状態にある〟として退任の動きを急がせた。一月二四日、ルノーの取締役たちは満場一致でカルロス・ゴーンの退任を承認し、フランスの自動車メーカーを率いるにふさわしいと考えるふたり組を任命した。そのひとり、ジャン＝ドミニク・スナールは取締役会の議長を務め、もうひとり、ティエリー・ボロレは社長の座に就くことになった。ほんの数週間前にカルロス・ゴーンは、このティエリー・ボロレに当グループの執行責任者のバトンを渡すことを決めていた。

横浜では、西川廣人と日産の古参幹部たちが勝利の旗を掲げていた。「私たちは古くからの私たちのパートナー企業が新しいページを開くことを心待ちにしていました」と日産の社長はきっぱりと言った。パリでゲームのルールを定めたのは、ブリュノ・ル・メール経済・財務大臣だった。「次の会長の役割はアライアンスを強化すること、いまや世界一の自動車メーカーとなったこの巨大な企業グループを強化することです。さらに、ルノーの事業の運営があります。それは社長の役割です」

水先案内役の経済・財務省

日本とフランスで同じような表明がされたなかで重要なことは、ルノーの意向は経済・財務省によって発せられ、それがこの数カ月のルノーの状況をよく表しているということだ。これはルノー公団の時代に戻ったのではなく、さらに悪い状況だった。

経済・財務大臣は、カルロス・ゴーンの退職金の支払い条件に関する政府の基本的な方針を他の〝独立〟取締役たちに押しつけた。「政府は、取締役会が決める退任条件について、筆頭株主として非常に慎重にならざるをえないことを伝えておきます」と。

経済・財務省がこんな根回しをしたのは、一月九日に中道左派の日刊紙『リベラシオン』が、カルロス・ゴーンは二〇一二年以降、税務上居住地をフランスではなくオランダに置いていると書きたてたからだ。オランダには、ルノーと日産の統括会社〈ルノー・日産有限責任会社（RNBV）〉があり、アライアンスの本拠地は当初から（ルイ・シュヴァイツァーによって）この組織内に置かれ、カルロス・ゴーンはそこを正真正銘の監視塔にしたのだ。同紙は、ルノーの会長はフランスで得た所得についてはフランスに納税していると伝えているが、詳しいことは『リベラシオン』のたび重なる〝スクープ〟に紛れ込んでしまったようだ。内容は見出しほど重要ではない。なぜなら、いまやフランスでは、二〇一八年一一月一九日に日産が始めたバッシング・キャンペーンに尾ひれがついて飛び交っているのだから。その尾ひれはそのまま伝わるのではなく、コミュニケーターたち（日産が雇ったパリの三つのエージェント）のちょっとした武器によって増幅されていた。

二〇一八年一一月二三日、つまりカルロス・ゴーン逮捕の四日後からルノーのコンプライアンス室は、日産による告訴内容と照らし合わせて、さまざまな送金や、小菅に勾留中の会長および当グループのエグゼクティブ・コミッティの役員全員の報酬に関する情報の合法性について調査を始めた。二〇一〇年から二〇一八年までについては、不審な点はいっさい見つからなかった。

二〇一九年一月一四日、ルノー側の説明から察せられるように、東京でカルロス・ゴーンの検察官らが仕組む数々のリークにいらだちを覚えたコンプライアンス室は、一連の支出や取引を監査することにした。その結果、ヴェルサイユ宮殿へのルノーのメセナに関連する〝プレゼント〟五万ユーロが浮かび上がった【訳注：ルノーは、ヴェルサイユ宮殿との間で文化財保護協定を結び、寄付の見返りとして、寄付額の二五パーセントに相当するサービスの提供ないし宮殿の利用という特典を享受する権利を得ていた。ゴーン氏はこれを私的に流用した疑いをもたれた】。三月一一日、この監査業務は〝ルノーと中東を拠点とする輸入業者との間の資金の流れ〟にまで広げられた。ルノーは、いくつかの〝事実と契約〟に関心を寄せたフランスの司法当局に、これらの事実は当グループの現行の〝倫理規定に違反している可能性がある〟と話すことだろう。

また二月四日、二〇〇一年以降、ルノーと日産の折半出資で設立された、アライアンスを統括するＲＮＢＶの事業について、ルノーと日産による〝特別〟監査が始まった。機密保持の原則があるにもかかわらず、この監査はフランスおよびヨーロッパの監査法人のリーダー格であるフランスのマザー監査法人に委託されたことがたちまち知れわたる。二〇一九年四月、暫定的な報告が――ルノーはその報告書の法律上の所有者ではないが――フランスのある新聞にリークされた。監査人たちは七月の最終報告書を引き渡す前日になってようやく主たる当事者を聴取したのだが、〝正当性が証明されない〟一一〇〇万ユーロの支出が見つかった。その大部分は日産が所有するプライベートジェットの利用に関するものだ。わかったことは、無実と思われることを除いてすべてリークされた。二〇一四年三月九日にヴェルサイユ宮殿で開催されたアライアンスの一五周年記念パーティーへの招待者リストが、作成段階でカルロス・ゴーンの六〇歳の誕生日の仮装パーティーと銘打って回された。だが、そのパーティーでのアライアンスの会長のスピーチには個人的な話はまったくなかったとされているが、それを確かめることはできない。

委託された監査対象はＲＮＢＶの事業や経費に限られていたが、明らかに筋違いな調査が行われた。アライアンスを統括する組織の責任者という理由で聴取されたＲＮＢＶのある幹部は、以前の勤務地でのカルロス・ゴーンの住居についての質問に驚いたという。まったく的外れだ。彼の抗議を受けて監査人は質問を取り下げたものの、その幹部に面談の記録が見せられることは決してなかった。

ルノー取締役会では、マザー監査法人はもっぱら〝宥和主義者たち〟に報告書を見せて、日産古参幹部の攻撃に抵抗しようとする者たちを排除しようとした。報告書のなかで狙い撃ちされているのはムナ・セペリだった。彼女は、ルノーの弁護士とタッグを組んで、ＲＡＭＡⅡ合意を盾に、（ＲＮＢ

Ｖからの支出について）強力な法的反論を正当化する主張を展開したことが特に問題視されていた。
フィリップ・ラガイエットは、監査人たちがカルロス・ゴーンのこの側近を個人的にやり玉に挙げることのできる材料探しにいまだ成功していないことにいらだっていたと、ある証人は語っている。またその証人は、この監査業務のなかで〝ハラスメント〟があったことにも言及した。この不正を洗い出す作業のなかで、ラガイエットは日産を〝なだめる〟ためにルノーの日産への出資比率を四〇パーセント未満に下げると表明し、〝特権階級〟のもうひとりの社外取締役、ピエール・フルーリォもこれを後押しした。現在、財務監督官のひとりで、民間銀行出身の元証券取引委員会（ＣＯＢ）事務局長のフルーリォは、二〇二〇年二月、ラガイエットのあとをついでルノーの〝筆頭〟取締役になり、日産の〝刷新された〟取締役会に加わっている。

外交手腕

譲歩路線を維持するため、フランス政府は論理的に考えて〝外交手腕に長けた人物〟を選ぶことにした。そういうわけで、ジャン＝ドミニク・スナールが名乗りを上げることになった。スナールを少しでも知っている者は、彼の人生において父親の影響が大きいことを知っているはずだ。彼の父親のジャック・スナールは外交官としてのキャリアを重ね、最後にローマのファルネーゼ宮殿（イタリアのフランス大使館）に短期間赴任した。しかし、一九八一年、フランソワ・ミッテランの前代未聞の大勝利による政権交代によって、その権限を、格調高い、あるいは戦略的な大使館事務局の〝仲間〟（この場合にはジャーナリストのジル・マルティネ）に譲ることになる。

カルロス・ゴーン、ティエリー・ボロレと同様に、ジャン＝ドミニク・スナールはミシュラン出身だ。しかし彼はいくつかのフランス企業（石油大手のトタル、建築資材大手のサンゴバン、金属素材大手のペシネー）の財務部門でキャリアを重ねたのち、最終ステップとして少し遅れてミシュランにやってきた。特に、〝エンジニア〟部門は経験していないが、オプス・デイの薫陶を受けている。ということは、〝製造業〟の十分な知識があるということだ【訳注：ミシュラン一家はオプス・デイの信者。オプス・デイはローマ・カトリック教会の組織のひとつ「属人区」といわれる組織で、世俗社会での自らの職業を通して自己完成と聖性を追求することを目的とする組織】。スナールは二〇〇五年、エドゥアール・ミシュランに財務部長として引き抜かれた。新参者の人柄は、すぐ、フランソワ・ミシュラン（エドゥアールの父）〝監督〟の厳しい目を惹きつけた。しかし「フランソワにとっては、どんなに気に入られても、それだけで社長の資格があるとはいえない」と親しい者たちは語っていた。ところが、二〇〇六年五月、エドゥアールが四二歳の若さで事故死したことで、状況が変わる。

　思いがけずエドゥアールのあとを継いだミシェル・ロリエはミシュラン・グループとは〝別の家族〟の人間だった。ロリエの一家はミシュラン家に庇護されて生活してきた。彼の父親のフランソワは〝ムッシュー・フランソワ〟の実の従弟で、資金を出し合って工場を運営してきた共同経営者だった。社長になったミシェル・ロリエは古臭いガバナンスを改革し、たとえ創業者の姓をもつ社長候補者がいても、世界ナンバーツーのタイヤ・メーカーのトップにミシュラン家の人間が就くことをほぼ不可能にした。

　これはおそらく、ミシェル・ロリエが引き立てるジャン＝ドミニク・スナールを経営陣に引き込む策略の一つだろう。しかし、フランソワ・ミシュランはこれに反対して、同社の研究活動を主導するエンジニア、ディディエ・ミラトンを共同社長に任命した。しかし、ディディエ・ミラトンはふたりの財務のプロに長く逆らうことはできなかった。二〇一一年、ディディエはあからさまに追放され、スナールが合資会社の社長に就き、ミシュラン家とつながりのない社長が初めて誕生する。ミシェル・ロリエは同グループの取締役会長になった。

カルロス・ゴーンと正反対のスナール

ジャン＝ドミニク・スナールの人柄に関心をもつにはそれだけの理由がある。このふたりをよく知り、共に仕事をしたミシュランの元社員たちによれば、スナールはいろいろな点で〝カルロス・ゴーンと正反対〟だからだ。カルロス・ゴーンがブラジルのアマゾン川沿いのポルト・ヴェーリョで生まれたのに対し、スナールはパリ郊外の最も高級な住宅街で育った貴族（母方がプロバンスのサン・レミの城主）の出だ。レバノン出身の若きエンジニアがミシュランで出世街道を猛スピードで駆け抜けたのはゴーン自身の功績によるものだが、スナールはそれを継承したにすぎない。カルロス・ゴーンはパリの社交界から距離を置いていたが、スナールは社交界の常連だ。カルロス・ゴーンは政権を軽視していたが、スナールは政権との関わりに興味をもっていた（彼は一時期、フランスの主な企業経営者の団体であるＭＥＤＥＦの会長の地位を狙っていた）。司法事件が引き金となり、〝感情的になりやすい〟とか〝自己中心的〟だと評されるカルロス・ゴーンのあとを引き継いでルノーの会長職に就いたスナールは、まずは〝理性的で実践的である〟と受け止められた。

ミシュランでは、〝ムッシュー・フランソワ〟による四七年間の統治に終止符が打たれたのち、エドゥアールがぜひとも必要だと判断したガバナンスの近代化と合理化に着手し、ミシェル・ロリエが継承したが、ジャン＝ドミニク・スナールはこれを続けたにすぎない。スナールをほとんど評価しない者たちは、彼は勇気がないわけではないがイマジネーションに欠けると言う。インド市場への進出という〝仕事〟はいまだ手つかずだ。フランソワ・ミシュランが始めた中国市場の拡大を進めるという試みも実を結んでいない。フランス流の生産方式を採用するには、おそらく心意気が足りなかったのだろう。

「スナールは〝根回し〟がどういう意味かをわかっていない」。ある日、ルノーの取締役会のあるメンバーがこう打ち明けた。日本では、〝根回し〟は単なる言葉ではなく、ひとつのコンセプト、生きる方法、いわゆる〝日本流コンセンサス〟を得る道（日産はそこに戻っている）である。だが、ジャン＝ドミニク・スナールは横浜の陰謀者たちとの関係を築くアプローチ方法としてこれを採用しようとしている。日本企業では、根回しはたったひとりの考えをすべての人に押しつけるために最もよく用いられる方法だ。これは、方針が明瞭で意思が強固なほどうまく機能する。さもなければ、保守主義とことなかれ主義を擁護することにしかならない。

二〇一九年三月一二日、横浜でのアライアンスの記者会見で、西川廣人と三菱自動車会長の益子修《ますこおさむ》に挟まれて座ったジャン＝ドミニク・スナールは、アライアンスの〝再構築〟〝新たな出発〟を、そして〝それぞれの会社の文化やブランドを全面的に尊重〟しながら〝新たなオペレーションを推進する〟ことを発表した。西川廣人にとっては、〝新しいアライアンス〟は三社がそれぞれ〝コンセンサスにもとづくウィン・ウィン・ウィンのアプローチ〟にしたがって〝平等な土台の上に立つ真のパートナーシップ〟である。このコンセンサスについて西川は、「つまり、何かをすること、あるいはしないことを各社が合意しているということです」と非常に明瞭な説明をした。さらに、このメッセージをもっとわかりやすくするために、「近年、特にこの三年間は、さまざまなプロジェクトを犠牲にして結集することに力を入れすぎたきらいがある」と付け加えた。

結集から抜け出し、二〇一二年以来カルロス・ゴーンが推進してきた三社提携は新たなステップを踏み出した。〝新しいアライアンス〟には三つの提携企業のそれぞれのナンバーワン、つまり、ティエリー・ボロレ、益子修、西川廣人が参加し、ジャン＝ドミニク・スナールが議長を務める会議によって舵取りされることになる。日産の多数株主としてのルノーはすべてを譲歩する。「スナールさんは日産の新しいガバナンスを尊重する心づもりです」と西川は説明した。

そのガバナンスは経済産業省の〈行政指導〉の黄金時代への回帰を思わせるプロセスで構築されはしたが、多数株主はのけ者扱いにされた。ルノーは日産の取締役会の議長職を断念し、ジャン＝ドミニク・スナールは取締役会の副議長職に甘んじることを受け入れる。そして、多少の逡巡や調整はあったものの、結局、ＪＸＴＧホールディングスの元会長で世界の石油業界ナンバーツーの実業家、さらには日本のおもな大手企業のトップが集まる組織〈経団連〉の元副会長でもある木村康が筆頭〝独立〟取締役に選ばれた。また特に、日産内の経済産業省のお目付け役、豊田正和〝独立〟取締役が序列の三位になった。このカルロス・ゴーン排除の重要な立役者が人事を牛耳ることになるのだろう。

仕上げを飾る花は、ベルナール・デルマスが日産の取締役になったことだ。カルロス・ゴーンに対するほとんど本能的な個人的反感が役員選任の基準であったとしたら、ジャン＝ドミニク・スナールは、長年、東京の在日フランス商工会議所の会頭を務めてきた日本ミシュランのこの元会長をおいて他にふさわしい人材を見つけることはできなかっただろう。

いまや、パリ、とりわけベルシー（経済・財務省）での合言葉は「カルロス・ゴーンのページをめくろう」だ。商業面・財政面の結果についていえば、アライアンスの三社の業績は急低下している。

現状を修復し、将来に備えるために日産とルノーの間で交わされた話し合いの結果、興味深い決定がなされた。ティエリー・ボロレによると「日産にロスチャイルド&カンパニー・フランス銀行をコンサルタントにするよう提案したのはフランス政府です。この銀行とフランス大統領との古くからの関係と、この事件へのフランス政府の介入を考えると、これは驚くべきこと」だという。しかし、この投資銀行の共同経営者であるグレゴワール・ユーゼは、二〇一七年の大統領選の際に右派の予備選挙で負けたブリュノ・ル・メールの選挙戦を積極的に応援していた。

宥和策に対する抵抗

　この間、表面上は意思の統一がされているように見えながら、実は〝フランス〟陣営には深い亀裂が入っていた。一方は、政府の都合とアライアンスがばらばらになりはしないかというパニック的な恐怖心から進められる〝宥和策〟の支持者たち。もう一方は、日産内でのルノーの特権を尊重させて日産を再編し、アライアンス事業を整理統合したいとして宥和策に抵抗する弁護士たちの一団だ。

　宥和派がまずは目の前のことを処理しようとするのに対し、抵抗派はあるプロジェクトを温めていた。それは、カルロス・ゴーンが熱心に進めていたアライアンスを統括する持ち株会社をつくるというプロジェクトで、ティエリー・ボロレの指揮の下、アルディア・パートナーズのクリストファー・コールを中心とする小さなチームがルノーの弁護士たちの協力を得て策定したものだ。抵抗派はこのプロジェクトの大綱を引き継ごうとしていた。日本では、ルノーのコンサルタント業務はＳＭＢＣ日興証券株式会社が担っているが、同社の副会長、鈴木則義をティエリー・ボロレに紹介したのはクロディーヌ・ポンだ。このプロジェクトの有効性を徹底的に調査した結果、アライアンス内でのルノーと日産の資本配分がほぼ完全に対等になることが明らかになった。そのため、さまざまな日本人の交渉相手との話し合いのなかで、このプロジェクトは〈五〇／五〇〉と命名された。

「私たちは、ルノーの利益を守るため、また、まだ何も知らされていない事件についての説明を求めるために一一月から一二月にかけて私が西川に送ったメールの概要について弁護士たちと検討しました」とティエリー・ボロレは語る。「西川を中心とする日産の経営陣はふたつの点で義務を怠っています。ひとつは日産を争いに巻き込んだこと、そして、会計処理の適合性に関する問題を事件化しないで処理できなかったことです。そんな経営陣は締め出す必要がありました」

「どうすれば、ＲＡＭＡⅡの規定に縛られることなく、そんなことができるでしょう？　ふたつの可能性がありました。ひとつは臨時総会を開くことです。私は総会の開催を要求しましたが、ＲＡＭＡのせいで強制することはできませんでした。もうひとつは、決算報告のあとの年次定期総会の開催まで待つことです。当時の経営陣はよくありませんでした。むしろ最悪でした。経営陣が交代すれば完全によくなるでしょう。私たちの弁護士は、定期総会で五〇パーセントの株主が賛成に投じればうまくいくだろうと断言しました。そこで、私はドイツ・ダイムラーの会長、ディーター・ツェッチェにこの行動に加わってくれるように頼みました」

　ダイムラーは、二〇一〇年に締結した戦略的提携契約によってアライアンスの控えめなパートナーとなり、ダイムラーがルノーと日産の株式の各三・一パーセントを、ルノーと日産がダイムラーの株式の一・五パーセントをそれぞれ保有することに合意していたことは忘れられがちだ。西川とその側近たちは二〇一八年一一月一九日以降、この少数株主ながら権威ある株主に対しても、ルノーと同様に軽視して情報を提供せず、事件の詳細を明らかにすることを拒否してきた。ルノーとダイムラーが、定期総会で彼らの考えに賛同させることのできる株主を数パーセント確保することはそれほど難しいことではなさそうだった。

　ティエリー・ボロレは次のように続けた。「私たちの考えというのは、総会で、新しい取締役会の全メンバーと、すぐに仕事が始められるエグゼクティブ・コミッティを提案することです。現在の経営陣に不満であることを明言し、総会の場で、新しい取締役の選任と新しいエグゼクティブ・コミッティのメンバーの任命について株主に投票させるよう発言することにしました。リスクがないわけではありませんが、法にかなった行動です。私はこの選択肢をルノーの取締役会で、一月と、スナールが会長になったあとと、二度にわたって提案しました」

駆け引きに長けた〝宥和主義者たち〟

しかし、〝宥和主義者たち〟は、事態を別の角度から見ていた。「スナールは駆け引きに長けた者として、真珠湾攻撃のような行動を取った者たちの心のもちようを変えさせて仲間意識をもたせようと考えたのです。私は強硬手段に賛成でした。なぜなら、カルロス・ゴーンのことを心底嫌っている者たちと、彼が抱いていたような野心をもってアライアンスを発展させることはできませんから。ところが、ルノーの取締役会は奇妙なことに決断力がなく、ラガイエットもスナールも、そのことについて話し合おうとしなかったのです。私の提案するアプローチはアグレッシブすぎて、日本人に対してそのような態度を取るのは不可能だと判断されました。APEにも大臣にも私の考えを話しましたが、いずれも日本政府がどんな反応をするか心配していました。そこで、私は『日本政府は一枚岩ではありませんよ』と答えました」

「ナショナリストの部類に入る日本の政治家たちのなかにも、唯一の取締役会と唯一の経営陣をもつ持ち株会社〈五〇／五〇〉プロジェクトに関心をもつ人がいました。やり取りした資料やメールを見ればそのことがわかります。私たちは安倍晋三と直接つながりのある人たちと面と向かって話し合いました。彼らは常に誠実で、経済産業省のトップの交代を含め、約束したことはすべて実行する人たちでした」。二〇一九年九月、カルロス・ゴーンを標的にしたクーデターが準備され、実行に移された時期に経済産業省の大臣だった世耕弘成は、明白な理由もなく菅原一秀《いっしゅう》にその地位を奪われた。

その九月末、西川廣人の日産の社長職の解任と取締役の退任とともに、新たに第三の、そして最後の好機が訪れた。このことは、多数株主のフランス政府がカードを切り直すチャンスとなった。「一〇月に入るとすぐ、東京でSMBC日興証券の人たちと日興証券退職後すぐコンサルタント会社を興した鈴木さんを交えて、長い話し合いの時間をもちました。鈴木さんは安倍首相の幼なじみです。また、首相の仕事を助ける内閣官房特命担当参与、飯島勲とも非常に近しい友人です。彼らの言葉ははっきりしていました。『やるべきです。強く打って出なければいけません』。会合のあとで、鈴木さんが私に言いました。『首相は、アシュワニ・グプタが日産のトップに指名されたら、あなたをスナールさんといっしょに夕食に招待したいと言っています。そして、あなたとゴルフをしたいと言っています』」

　ホセ・ムニョスが遠ざけられたいま、カルロス・ゴーンが三菱自動車を立て直すために自分の側近として呼んできたアシュワニ・グプタこそが、西川が率いていた日産を旧弊から抜け出させるための最善の候補者であることは明らかだった。「二〇一九年一〇月九日の日産の取締役会ではクリスティーナ・ムレイの調査によって判明したカルロス・ゴーンの不正に関わった疑いのある日産のすべての責任者のリストを公表することが経営陣に要請されたが、同時に、日産の経営陣を一掃するチャンスでもありました」とティエリー・ボロレは説明する。「一〇月末の臨時取締役会では、新しい経営陣の候補者たちが決定し、アシュワニ・グプタを経営陣に加えることができそうでした。私は、退けられる予定のメンバーに代わるルノーの一〇名の役員についてアシュワニと合意していました。そのあとすぐに、アライアンスを統括する持ち株会社を設立する手続きに着手しました。これらのことはすべて、ジャン＝ドミニク・スナールの合意を得て決定されたのです」

　ところが、〝外交手腕〟に長けたスナールは違う決定をする。「私が正しく理解しているとしたら、臨時取締役会の会合の前の指名委員会で、今日まで日産の陰で糸を引きつづけている者たちとの間でトロイカ体制で行くという決着が合意されていたのです」とティエリー・ボロレは言葉を継ぐ。「つまり、グプタの上にＣＥＯに任命された内田誠が立ち、副ＣＯＯの関潤が横に並びます。会合を終えると、スナールは勝ち誇ったような視線を私に向けて言いました。『勝ったよ』と。彼が勝ったということは、アシュワニをルノーと日産の変わらない力関係の担保にするという妥協のあとで、私が退場するということです。以来スナールは、持ち株会社の設立も含めた戦略を表面上は受け入れながらも、その実施を妨害しつつ、きわめて残忍な敵対者たちと手を結ぶという二枚舌を使ってきました。この裏切りの代償は、私の退場です。そして私が問題にされたのは、いうまでもなくカルロス・ゴーンの戦略を継承しようとしたからです」

実際にパリではいがみ合いが続き、この日の日産の重要な取締役会は、さらに今後の流れを変える可能性があるとはいえ、ティエリー・ボロレのルノーの社長としての最後の場となった。

揺らぐ民主主義

この物語はまだ終わっていない。また、アライアンスについてもルノーについても、そしてもちろん日産についても〝宥和策〟を総括するには時期尚早だ。しかし、確かなことがひとつだけある。ジャン＝ドミニク・スナールの〝外交手腕〟をもってしても、ルノーとフィアット・クライスラー・オートモービルズ（ＦＣＡ）との〝対等〟合併の交渉が失敗に終わったことで、アニェッリ帝国（フィアット）の経営者ジョン・エルカーンをプジョー・シトロエンの会長カルロス・タバレスの腕のなかに送ることになった、という既成事実を目の当たりにした日産の経営陣は態度を硬化させるだろうということだ。このエピソードにおいて、エルカーンはルノーの決定プロセスにフランス政府が大きな影響力をもっていることに嫌気がさしたのだろう。確かに、逃げるほうがいい。

「この件についてショックだったのは、他の株主たちが沈黙を守り、独立取締役たちが消極的だったことです」とティエリー・ボロレは指摘する。「彼らは、フランスでは誰が何を決めるかを知っており、すべてのことに決断を下す政府と大統領に反対できないことがわかっているから身動きが取れないのです。言論はもはや自由ではありません。これは、ルノーとアライアンスだけの問題に限ったことではないのです」

二〇一八年一二月にエマニュエル・ムランのもとを訪ねたルイ・シュヴァイツァーは現実離れしたことを考えていた。「民主主義国家なら、政府がこのようなやり方をすれば政権はつぶれるだろう。いずれにしても混乱を招くはずだ」。確かに日本の民主主義は不完全だが、フランスで行われている民主主義も揺らいでいる。議会はもはや発議権のない大統領君主制政権のようだ。ルノーという五万人の従業員を抱えるフランス最大の企業のひとつの運命がやり玉に挙がっていたとき、国民議会および元老院の両院議員は〝ベナラ事件〟に忙殺されていた【訳注：二〇一八年五月に、当時マクロン大統領の警備員をしていたアレクサンドル・ベナラがメーデーの参加者に暴行を加えたことがスキャンダルになった事件】。取るに足りない三面記事的事件だが、一部の人間が政府の問題にすり替えようとしていた。議会のふたつの調査委員会がこの重大なテーマに取り組んでいる。では、〝再日本化〟した日産が起こしたみごとな政治・司法事件はどうだったのだろう？　経済・財務・産業省による聞き取りさえ行われていない。

第6章　アライアンスのふたつのビジョン

二〇〇一年三月二七日、アライアンスの誕生から二年が経っていた。この記念日を祝うため、ルノー財団は異なる文化の出会いについてのシンポジウムを東京で開催した。かつてなく、他に例を見ないユニークな挑戦のなかで結ばれた企業内の文化、そしてふたつの国のそれぞれの文化についての討論である。当時のルノー会長、ルイ・シュヴァイツァーの希望で、当財団は毎年、数千人のヨーロッパの学生を一年間、ＥＵ内の他の国に留学させる有名なエラスムス・プログラムを真似た小規模な日仏交換留学プログラムの資金を支出している。一九八五年から一九九五年まで欧州委員会委員長だったジャック・ドロールによって創設されたエラスムス・プログラムは、ＥＵの設立が実を結んだ例としてよく挙げられる。

そのシンポジウムでのスピーチでシュヴァイツァーは、アライアンスは「統合でも買収でもなく、ふたつの企業のそれぞれの文化と両国のアイデンティティを尊重しつつ、収益の向上を目指すという共通の戦略を掲げる日仏二国籍グループの設立です」と断言した。そして、明治時代の初期から、産業部門も含み、フランスと日本の間で紡がれてきた絆に言及した。ルノーの創設者ルイ・ルノーが一九〇八年に日本に支店を設置したことを強調し、ポール・クローデルの予言的なテキストを引用するのを忘れなかった。外交官でもあり劇作家でもあり、在日フランス大使も務めたことのあるクローデルは、一九二六年に執筆したテキストのなかで、〝ルノーと日本の一企業との提携〟を願っていると記していた。シュヴァイツァーはまた、ルノーと日野ディーゼル（のちにトヨタ帝国に統合されてトラックのメーカーになる）との協定によって一九五三年から一九五七年にかけて、およそ五万台の4CVをはじめ、ルノーのその他のモデルが組み立てられたことにも触れた。

「二国籍グループの設立を成功させるためには、文化の真のアライアンス（結びつき）を実現する必要があります」とルノーの会長は断言する。「つまり、日本文化とフランス文化というふたつの力強い文化を熟知し、十分に理解したうえでのアライアンスです」「日産を〝フランス化〟するのでもルノーを〝日本化〟するのでもなく、〝フランスの価値と日本の価値を互いに理解して尊重する共通のプラットフォーム〟をつくることです」「オリジナリティを維持しつつも長期間にわたってアライアンスを断固として発展させるために、私たちのプロジェクトは、二企業間、二国間で懸命に紡ぎ出す緊密な絆に常に支えられている必要があります」。ルノーで長く勤めたのちに公的活動に戻った元高級官僚のシュヴァイツァーにとって、この企業プロジェクトは政治的な意味合いもあった。要するに、フォルクスワーゲンやトヨタのような純血の自動車メーカーが〝多国籍〟になったように、グローバル化を視野に入れたひとつの日仏企業グループ、とはいえ、やはり少しフランス寄りの企業グループをつくり上げることが目標なのだ。〝グローバル・モーターズ〟は一味違ったものを目指していた。

シュヴァイツァーとゴーンの対立

「アライアンスにはふたつのコンセプトがあった。そのひとつはシュヴァイツァー流ともいえるコンセプトで、フランス政府がフランスの国益の責任者として振る舞い、法律上も事実上もルノーがアライアンスを支配するというものだ」とカルロス・ゴーンは説明する。フランス政府が国益の責任者として振る舞うという点について、ルイ・シュヴァイツァーは決して考えを曲げなかった。二〇一七年の春、シュヴァイツァーは内閣官房の入る多少色あせてはいるものの輝きを放つオテル・ド・カッシーニで投資担当庁の総監督を務めていた。そのころ、彼はフィリップ・リエスに「フランス政府がルノーから資本を引き揚げれば、日本はすぐにアライアンスを支配するだろう」と語っていた。二〇〇二年一〇月三一日にも、彼は東京で同じ相手に同じことを繰り返した。「政府が手を引いたら、ルノーはどうやって生き残ることができるんだ？　じっくり考えるべきテーマだ」。さらに、「フランスでも他の国でも、話題に上っていることは、第三者が経営を掌握することなどではなく、アライアンスのバランスをひっくり返すことばかりだ」と付け加えた。だが、ルノーが日産の資本の三六・八パーセントを取得した当初の合意が二〇〇二年三月に四四・四パーセントに引き上げられた（のちに四三・四パーセントに引き下げ）ことで「アライアンスのバランスをひっくり返すことなんて到底できないと思うよ」と語る。

　さらにカルロス・ゴーンはこう続ける。「私はシュヴァイツァーの考えには反対だった。彼の構想では現実にはうまくいかない。がたがたになるに決まっている。アライアンスはまず存続できないだろう。アライアンスが前進できる唯一の方法は、いうまでもなくグローバル化であることははっきりしている。もちろん、フランスと日本が互いに影響し合い、そのなかでそれぞれの立場をわきまえて協力し合う必要がある。力関係ではなく、一方が他方を支配するということでもない。そうやってきたからこそ、最初の六年間でアライアンスは危機を切り抜けることができたんだ。株式持ち合いの比率に差はあるが、不平や不満は決して聞かれなかった。ルノーには日産の行動に口出しさせないし、その反対もしかりだ。両社はそれぞれ自主性を保っていた。実績がその証拠だ」

「アライアンスは、なにより全体としてシナジー（相乗効果）を促すためのもので、ひとつの中立的な事業主体だ。フランス企業でも日本企業でもない。ルノーのようなフランス企業、日産自動車や三菱自動車のような日本企業、またアフトヴァースのようなロシア企業あるいは東風汽車集団のような中国企業といったさまざまな構成企業を成長させることができるものだ。ウィン・ウィンの関係だよ。この方針を維持している限り、軋轢は生じないだろう。フランス人が支配しようとすれば、事実上、日本人を二流市民に格下げすることになる。それは、日産が苦境にあるときでさえ受け入れがたいことだ。ましてや、日産がアライアンスのなかで最も高い収益を上げるようになった以上、とても容認できるものではない。わかりきったことさ」

　さらにカルロス・ゴーンは続ける。「フランス政府は、明らかに世論を味方につけたい一心で旗を振りかざして愛国心をむき出しにしようとした」。実際、一九九九年、もうひとりの典型的な高級官僚、当時国庫局長だったジャン・ルミエールは「我々は国のためにやったのです」と打ち明けている。カルロス・ゴーンはさらに続ける。「私は彼らに『そんなことをすれば、アライアンスが台なしになる。日本人は自分たちの主権の一部をフランスの一企業に譲ることになるような状況を決して受け入れない。決して』と言ったんだが」

「アライアンスのコンセプトは、実際のところ非常にシンプルだ。つまり、複数の国の企業体がそれぞれの特徴や、さらにいえば、それぞれの国の誇りを維持しつつ、強力に結びついた事業体だ。アライアンスは、構成企業が互いに協力しやすくし、各企業が強固になるようなシナジーを促すためにある。それぞれの文化的遺産や歴史、国に対する強い愛着を維持した複数の企業全体を統括するためのものだ。アライアンスのこの大きなビジョンは、ルイ・シュヴァイツァーには共有されていない。フランス政府にはなおさら理解されていない。だから、程度の差はあれ、私がフランスの利益を守ろうとしていないと、みんなが公然と批判するんだ。そうじゃない。このビジョンを尊重しなければ、アライアンスは壁に突き当たると確信していたからなんだ。そうなったら、フランスの利益どころじゃないだろう？」

一九九九年の賭け

一九九九年三月にアライアンスが誕生したときの状況はかなりよく知られている（また、『カルロス・ゴーン　経営を語る』でも詳しく述べられている）ので、ざっと触れるだけにしておこう。一九九八年一一月、ドイツのダイムラーと米国自動車業界のビッグ・スリーのなかでは最も規模が小さいクライスラーの〝対等合併〟の発表は、世界の自動車業界に衝撃を与えた。ベルリンの壁が崩壊してからちょうど一〇年を経たこのころ、グローバル化の波は無視できない勢いで広がり、大規模生産の競争が有無を言わせぬ至上命令となっていた（当時、年間四〇〇万台以上の車が組み立てられていた）。

一九九九年七月、ルイ・シュヴァイツァーはこう指摘していた。「ダイムラー・クライスラーの件が役に立った。ルノーのすべての経営陣がこのプロジェクトに賛成するためには、ふたつの考えをまとめる必要があったからね。そのひとつは、何もしなければ何も解決しないという思いだ。日産とのプロジェクトが成功すれば、ルノーの将来は保証された。失敗に終わっていれば、ルノーはダイムラー・クライスラーの子会社になっていただろう。もうひとつは、何もしなかったら、いつの日かフランス政府がルノーの資本のうちの四四パーセントの持ち分を売却して、ルノーはダイムラー・クライスラーの子会社になるだろうという考えだ」

思い出してみると、皮肉なことにドイツと米国の新しい巨大メーカーは、シュヴァイツァーに言わせれば〝より規模が小さく資金力もないが、感じのいい〟ルノーグループを競技場に残して、日産に救援の手を差し伸べる競争から身を引いたのだ。「フォード・グループかダイムラー・クライスラーに吸収されるほうが、ルノーに救援されるよりずっとましだ」と日産は言うかもしれない。だが〝ルノー〟は〝日産〟に言うだろう。「ダイムラーが地域の植民地になることを提案するなら、ルノーは未来を提供する」と。「新聞には、ルノーのほうがダイムラーほど厳しくないようだと、まったく見当違いの解説が載った。実際は、我々は資金が潤沢でないから、当然、再建計画にはより厳しい態度で臨んだんだ」

ふたつ目のチャンスは株式相場の情勢だ。投機操作によって膨らんだ巨大なバブルがはじけ、日本が〝失われた一〇年〟に陥ってから一〇年の年月が経っているとはいえ、東京証券取引所の投資尺度はフランス企業に比べて日本企業に有利な状況が続いていた。しかし、「日産の株価は一九九八年三月から一九九九年三月まではルノーの株価を下回っていた」とルイ・シュヴァイツァーは強調する。

「だからこそ、ルノーは一年間は日産に資金を提供できたんだ。それより一カ月たりとも長くはなかったがね」

そして三つ目の要因は人的側面だ。まずは社内全体の雰囲気。「ルノーの多くの社員は、ボルボとの提携交渉に失敗した悔しさが拭い切れず、新たな挑戦に取り組みたいと思っていた。金を稼ぐことと大きなプロジェクトに挑むことはまったく別のことだからね。日産との提携、それは明らかに大きなプロジェクトだった」。そして何といっても、個人的な側面があった。「率直に言うと、もしカルロス・ゴーンがいなければこの提携は行われなかっただろうね」と一九九七年七月にルイ・シュヴァイツァーは打ち明けていた。一九九八年九月、アライアンスの一環としてルノーが日産に最高執行責任者のポストを要求することが問題になったとき、シュヴァイツァーはカルロス・ゴーンにこう言った。「ふたつにひとつだ。君が日本に発つか、さもなければ、この交渉を頓挫させるための何らかの口実を見つけるかだ」「分析したところ、日産は経営に問題があった。基本的に健全な企業だが、経営手法がよくない。しかし、企業を外から立て直すことはできない。並外れた能力があり、同時に日産の社員を指導できるマネージャーが必要なんだ。ヘッドハンターの手を借りて、我々は運よく第一級の人物を引き当てた」

提携のスタートライン、つまり一九九九年三月時点での日産とルノーの生産量および売上高の差はそれほど大きくなかった。日産が倒産寸前の状態のとき、ルノーは黒字だった。それでも、日産は北米市場では業界で最も高い利益を上げて存在感を示し、生産プロセスや製品の品質、工場のオートメーション化で世界をリードする日本の自動車産業の質の高さを活かしていた。一方、ルノーはクリエイティビティに秀で、最も大型のエスパスから最も小型のトゥインゴまで、〝モノスペース〟というコンセプトのバラエティーに富んだプラットフォームをヨーロッパに導入させていた。

日産には第一級の技術力がある。特にエンジンバリエーションに優れているが、数年前から、日本の自動車業界のリーダーであるトヨタの後追いに疲れ果てていた。モデルもプラットフォームもエンジンも多すぎる。さらには、サプライヤーもディーラーも多すぎる。日本の自動車業界ナンバーツーが一九九九年にクライアントに提供した四二モデルのうち三九モデルは赤字を出していた。日本市場のシェアは二六年以上も前から下降線をたどりつづけていた。直近一二年間で、日産の赤字は一一倍に膨らんでいた。二兆円（当時のドル換算で一八〇億ドルに相当）を超える負債の重みに崩れそうだった。

馬鹿な奴らだ、フランス人は

一九九九年三月二七日、東京でアライアンスの結成が発表されたときには懐疑的な見方が大勢を占めていた。米国のビジネス界のバイブルともいわれる週刊誌『ビジネス・ウィーク』は、ルノーは投資の見返りを手にするまでに、少なくとも一〇年は要するだろうと評価した。多くのフランスの新聞も、産業界のアステリクスの挑戦に愛国心がくすぐられはしても、同じように論評する【訳注：アステリクスはフランスの人気漫画の主人公。古代ローマ時代のガリアの小さな村で繰り広げられる物語。小柄だが賢く機転が利くアステリクスと相棒のオベリクスがローマ兵をやっつけるコメディ】。フランス紙の見解はほとんど同じで、「二頭のラバがいっしょになっても一頭の馬にも値しない」といったものだったとカルロス・ゴーンは振り返る。デトロイトの口達者といわれ、当時ゼネラルモーターズの副会長だったボブ・ラッツは、ルノーは日産に投資する五〇億ドルをコンテナに詰め込んで大西洋のど真ん中に放り込んだようなものだと豪語した。

ところが驚いたことに、二〇〇一年には、米国のニュース雑誌『タイム』がカルロス・ゴーンを世界で最も優れた社長であると称え、国際的な自動車業界紙『オートモーティブ・ニュース』は、経営者・オブ・ザ・イヤーに選んでいる。ボブ・ラッツは、あのとき縁起の悪い予想をしたのは、カルロス・ゴーンのことは頭になかったからだと過ちを認めた。その後のことは、慣用的な言い方をすれば、歴史が物語っている。歴史をたどろう。日産リバイバル・プランの驚くべき成功の影響はどんなものだったのだろう？

まずは日本での影響だ。日本の新聞数紙がカルロス・ゴーンに対する個人崇拝を生み出したことからは、当時、経済が元気のなかった国での彼の偉業の影響を測り知ることができる。ちなみに、その同じ新聞が二〇年後には、小菅に勾留されたカルロス・ゴーンを標的にしたゴシップネタの争奪戦に参加しているのは、もっと興味深い。ともあれ、フランス人が固執するアライアンス内での力関係よりも、日本では、オピニオンリーダーを通して、日産の状況が思いがけないスピードで好転した事実から政府や日本企業がどんな教訓を得ることができるかということに関心が向けられたようだ。海外の新聞が驚嘆の目を注いでいる漫画より、日本では、このユニークな経験を読み解く経営本が数十冊も出版されることのほうが重要な意味をもつ。その結果、日本のビジネス界では、カルロス・ゴーンが日産で断行した慣行の撤廃を見習う企業が現れた。たとえば〝系列〟が解体され、会社を守るどころか重荷になっている株式持ち合いが廃止され、戦略的に意味のないビジネス関係が解消された。

「一九九九年に私が日本にやってきたとき、日本はむしろ世界に門戸を開こうとしていた。当時の小泉首相は心底日本を変えたいと考えていたんだ」とカルロス・ゴーンは振り返る。政治が世襲の職業になっていると揶揄される国で、父から息子、息子から孫へと国会議員を引き継いだ小泉純一郎は、いかにも革命家然としていたわけではなかった。ところが二〇〇一年、総裁選への立候補を初めて要請され、自由民主党本部の支持を得て政権に就いたときのスローガン「議員派閥の支配を打ち砕く」は「自民党を変える。日本を変える」ということに他ならなかった。小泉は「自民党が私の改革を邪魔しようとするなら、自民党をぶっ壊す」とまで豪語した。

要するに、高い人気があり、少し風変わりな髪型から〝ライオンハート〟というあだ名で呼ばれていた小泉は、自民党を壊すことこそしなかったが、その改革精神ゆえに保守派の政治を動かす既得権益者たちと衝突することになった。しかも、学問の世界から政界に乗り込んできた経済財政政策担当大臣、竹中平蔵とタッグを組んで、金融・不動産バブルが崩壊した一〇年後、停滞した日本経済が遅々として回復しない原因となっている銀行システムの整理を断行したのだ。

日本に与えられた手本

二〇〇一年四月、自民党総裁選、つまりは総理大臣になるための選挙運動の最中に、小泉はジャーナリストたちに向かって「ゴーン氏が日産でやったことを見てごらん」と言い放った。そして首相になると、日産の会長カルロス・ゴーンに、彼が得意とする〝構造改革〟促進担当暫定委員会への参加を要請した。これは、ゴーンがこれまで決して引き受けなかった政治的任務だった。

「私はいつも、物事を普遍化しないように気をつけているんだ。フランス的なものはひとつだけだとは思わない。いろいろなフランスがある。日本的というのもひとつではなく、いくつもある」とカルロス・ゴーンは言う。「フランスでは、城壁のなかでぬくぬくと過ごしていたい人々のことをナショナリストとは言わずに、公然と保護主義者だという風潮がある。だが、グローバル化した社会に居心地のよさを感じているフランス人もたくさんいる。それは日本でも同じだ。世界に目を向ける日本人もいれば、極端なナショナリストも少数だが存在する。それに、いろいろな風潮がある。ただ、フランスと日本で明らかに違う点がひとつある。フランスはヨーロッパという大陸の一部であり、そのために、三四半世紀前から平穏で協調的な環境が与えられてきた。それに対し、日本は島国で地理的環境が厳しく過酷でさえある。そうした環境のせいで過去には日本人が敵対的になっていたんだろう」

「日本人がアライアンスに惚れ込んでいるとは思わないが、多くのメリットがあることは認めていた。特に、アライアンスには互いに支配関係がなく、階級の差もなく、規模の経済【訳注：規模を大きくすることでコストが減少し、収益率が向上すること】を生かすためにパフォーマンスと相互扶助の上に成り立っている。アライアンスは非常に合理的で理性的な提携なんだ。私のアライアンスのコンセプトは理に適っている」

「もちろん、ナショナリズムとは何ら関係ない。グローバリゼーションは何かしら合理的なもので、ナショナリズムは感情に支配される。人間の頭のなかには、互いに対立するふたつの考えがある。ひとつは、自分の国家・村落・民族・倫理観・宗教などを大切にしたいという気持ち。もうひとつは、いまや世界市場が存在し、そこでは協力なしには何も達成できないという認識だ。それだけのことだ。私はいつも合理性というカードを切っている。感情というカードは決して切らない。勝者と敗者、上級市民と下級市民がいる状況になってはだめだからね。おのおのが自分の企業のなかで、それぞれのブランドを担っている。だが、ともに力を合わせて働けば、より強力になる。単純なことだよ。この法則を無視して一線を越えてしまえば、いずれはまずいことになるとわかっていた。二〇一八年の春から起こっていることがまさにその状況なんだ」

「私が逮捕された晩、西川がアライアンス締結以前の昔の経営陣に敬意を表したとき、彼は、日本人幹部が常に表には出さなくとも心の底に抱いていたに違いない考えを表明した。『私たちにはもはや外国からやってきた人たちは必要ない』と。だが、日産を災難に導いたのはその経営陣じゃないか。彼が発したメッセージは、業績など重要ではない、というものだ。彼らにとってなによりも重要なのは、日本人が経営するということなのだ。我々が日本に来たのは、一九九九年に日産の状況が手の施しようがなく、日本人の誇りを押しつぶしてでもルノーに助けを求めたからなんだ。みごとに再建事業を終えたとたんに、やはり自分たちだけでやるほうがよいという考えがむくむくと頭をもたげてくるんだ。馬鹿げているよ。トヨタは反対に、社内に外国人幹部を迎えようとしている。ディディエ・ルロワだけじゃない。ルロワはルノー出身のフランス人で、いまではトヨタのナンバーツーだよ。孤立主義に陥れば必ず後退する。西川の会見から、一部の日本政府要人の働きかけが改めてはっきりした。これは企業だけで起こした行動ではないんだ」

〝日本の企業〟

一八年間、日産内やビジネス界、日本の政界における愛国主義的な圧力をコントロールできたとしたら、それはひとえに成果を上げたからだ。長州藩士の子孫、鮎川義介《よしすけ》によって設立された日産グループが〝ダットサン〟ブランドで自動車製造を始めたのは一九三〇年代になってからのことだが、明治維新以前の日本を思い出させる最も格調高い〝財閥〟（複合企業）のひとつとして、いくつかの一族とつながりがある。

しかし鮎川は日本の工業化に新しい目を向け、日本ではまったく白紙状態から始まった新しい産業である自動車製造業に果敢に乗り出した。自動車産業における日米競争について書かれたデイビッド・ハルバースタムの名著『覇者の驕り―自動車・男たちの産業史』（日本放送出版協会、一九八七年）には、鮎川について「ヘンリー・フォードとアルフレッド・Ｐ・スローンを足して二で割ったような人物で、商才に長け、時代が提供するあらゆる可能性を見ぬく力があった」と書かれている。フォードの創業者とゼネラルモーターズの創業者と対比されるとは、これ以上の賞賛があるだろうか。

鮎川は、実業家として、また政治家として、戦後の荒廃した日本の復興に尽力した人物のひとりである。米占領軍の草案に基づいて制定された日本国憲法が定める二院制議会の上院に当たる参議院議員に選出され、岸信介内閣（一九五七〜一九六〇年）で〝経済最高顧問〟のポストに就く。岸信介は安倍晋三の母方の祖父である。安倍晋三は、二〇一二年に政権に返り咲いて以来、祖父が果たせなかった憲法改正に執念を燃やしていた。現行の憲法は日本の国粋主義者たちの間ではあまりに平和主義的であると考えられているのだ。

しかし、日産は、一九六〇年に日米安全保障条約の改定を強要した岸首相と満州国ですでに関わりがあった。満州国は、日本軍政府に占領された満州の傀儡《かいらい》国家で、まだ若かった岸はこの地の産業開発を担う民事行政官として鮎川から仕事上の助力を得ていた。文字どおり〝日本の産業〟を担う日産は、実際に、満州で〝満州重工業開発会社〟の推進力となった。東條英機〝将軍〟の政権で大臣職にあった岸は、戦後、米進駐軍にＡ級戦犯のレッテルを貼られ、東京の中心にある巣鴨拘置所に収容される。この拘置所はのちに小菅に移転された。一方、鮎川は二一カ月間拘置所で過ごした末に無罪放免されたものの、一九五一年までどんな公職にも就くことを禁止された。

産業遺産、そして歴史的重要性という観点に立つと、日本人にとっての日産は、フランス人にとってのルノーと同じだといえるだろう。〝労働者の砦〟（ルノー）が旧〝財閥〟（日産）の支配下に置かれたら、フランス人がどんな反応をするか容易に想像がつくだろう。なにしろフランスは、ダノン・グループに外国資本による買収圧力がかかっているときに、ヨーグルトを戦略的部門に仕立て上げた国だ。だが、フランス政府の特権階級にはそういう省察《せいさつ》を少しでもしてみようという気はまったくないようだった。

最良のバランスの追求

とはいえ、アライアンスの結成当初から、日本の花形企業である日産が、フランス政府が多数株主で〝筆頭株主〟となっているルノーに支配されることはないことははっきりしていた。なぜなら、当初の合意では、財政状況的に可能になれば、日産はただちにルノーに資本参加することが決められていたからだ。「シュヴァイツァーと当時の日産会長、塙《はなわ》（義一《よしかず》）との間で〈紳士協定〉が結ばれていました」と、ドミニク・トルマンは強調する。積極的な事業展開をしているルノーグループの金融会社、ルノー・クレジット・インターナショナル（ＲＣＩ）出身のドミニク・トルマンは、一九九九年にカルロス・ゴーンが日産再建のミッションのために選んだ〝ルノー〟組に加わり、二〇〇九年にルノーに戻るまで、日本・米国・ヨーロッパ各地を巡りながら、二一世紀最初の一〇年間、日産再建に心血を注いだ。その後、二〇一〇年に当初の〝コマンド部隊〟のひとり、ティエリー・ムロンゲのあとを継いでルノーの最高財務責任者になった。

実際、二〇〇二年の春に、ルノーがワラント債の権利を行使して日産への出資比率を四四・四パーセントまで引き上げたとき、日産はルノーの資本の一五パーセントを二回に分けて取得した。日産は目覚ましい勢いで急速に復興し、アライアンスの締結時に四〇〇〇円だった株価は八〇〇〇円前後まで上昇した。投資家も少数株主も、一九九九年三月時点の株価で日産におけるルノーの権利を強化することが認められているワラント債のオプションを行使するようルノーに迫った。

しかし、逆の場合（つまり日産がルノーの株を買う場合）、このオペレーションはフランスの証券当局の承認を得なければならなかった。「パリでもブリュッセルの欧州委員会でも、日産はルノーの子会社とみなされていました」とドミニク・トルマンは振り返る。「日本でも、八〇パーセント以上の株主が総会に出席あるいは代理出席することはきわめてまれですから、ルノーの日産への出資比率が四〇パーセント以上であれば、事実上、ルノーは日産の株主総会をコントロールできるという論法です。そこで、フランス証券取引委員会（二〇〇三年に金融市場庁になった）は、日産がルノーの資本に参加したことによって親会社と子会社の間で自主コントロールのループができあがったと結論づけました」

フランス証券取引委員会が下した判定は、日産が保有するルノーの株式には議決権がないというものだった。「この判決は遅れて日産に伝えられましたが、東京ではこのニュースはとても受け入れられるものではありませんでした」とトルマンは説明する。投資家も金融アナリストも納得できなかった。彼らは、日産が見返りのないこのような出資の正当性をどうやって説明できるかまったくわからなかったのだ。「日産は私たちの態度が矛盾していると非難しました。一方では、実のない数百社の持ち合い株式を売却して日産の〝系列〟の解体を進めましたが――それについては日産は非常に喜びました――その一方で、ルノー内に日産というひとつの系列会社をつくったことになるからです。日産はそのことがまったく気に入らなかったのです。しかし、一九九九年に締結した契約を遵守する必要がありましたし、なにより、日産復興の日を迎える必要があったのです」

フランス政府、あるいは、どうやって厄介な問題を片づけるか

アライアンスの構築をスムーズにするためのもうひとつの〈紳士協定〉は、ルノーの資本におけるフランス政府の存在感を低下させることだった。一九九九年三月にルノーと日産の提携が発表されたとき、フランス政府はまだ旧ルノー公団の資本のおよそ四四・四パーセントを保有する株主だった。これは、ルノーの日産への出資比率を上回っている。一九四五年、ルノー工場株式会社（ＳＡＵＲ）は、ナチス占領軍に協力した創業者のルイ・ルノーを処罰するという名目で、一〇〇パーセント国有化された。一九九〇年、ルノー公団（ＲＮＵＲ）は公的資本の株式会社になるために会社定款を変更した。それにより、スウェーデンの自動車メーカー、ボルボがルノーの資本の二〇パーセントを取得することが可能になった。

一九九四年、エドゥアール・バラデュール内閣は、ヴィシー政権の崩壊によってフランス国土が解放されたときに国営化された、あるいは一九八一年に左派が政権に就いたときに国営化された企業および金融機関を民営化するという壮大な政策を駆け足で実施した。ところが、ルノーが完全民営化されるかもしれないこのきわめて象徴的な動きに対して、一部で反対運動が起こった。結局、ルノーへの政府の出資比率が七九・二パーセントから五一パーセントに引き下げられた。

当時、フィリップ・リエスが『ウォール・ストリート・ジャーナル』に書いていたように、「労働者の砦は株主の楽園に変わった」のだ。フランス国内のルノーグループの従業員、およそ七万五〇〇〇人のうちの七〇パーセントが優先的な条件で発行された株式を引き受けて、その持ち分で民営化に賛成票を投じた。フランス共産党やルノーで大きな存在感を示す労働組合、労働総同盟（ＣＧＴ）の支援を受けて民営化反対を表明するため、労働者の反対闘争の場所として有名なナシオン広場に集ま

ったのは数百人にすぎなかった。
一九九五年、政府はルノーの資本の六パーセント弱を売却し、ついに、政府の資本持ち分は五〇パーセントを下回る。二〇〇二年には、産業界出身の経済・財務・産業大臣、フランシス・メールが新たな出資引き下げのステップを踏み、政府の持ち分は二五パーセントに引き下げられたが、三〇・四八パーセントの議決権と議決の採択を阻止できる少数株主の権利がついていた。二〇〇三年には、政府の出資比率は一五パーセントまで低下したが、それ以上は動かなかった。「約束は守られました」とドミニク・トルマンは指摘する。「問題は、フランス政府がなぜ、それ以上持ち分を減らさずに、ルノーから完全に手を引こうとしなかったかです」

ところが、フランス政府がいつまでもルノーに居座りつづけて邪魔な存在になっていることが、アライアンスの資本関係の運命に重くのしかかることになり、二〇〇五年以降、少しずつ対立の危機が芽生えはじめる。「危機の芽生えを警告したことは間違いではありませんでした」とドミニク・トルマンは回想する。そして、数年間、危機回避のための逃げ道を探りつづけた。二〇〇七年、最終的に、証券取引委員会が主張する自主コントロールについての異議を撤回させ、日産の保有するルノー株に通常なら付与されるはずの議決権を取りもどすことができるよう、ルノーの日産への出資比率を四〇パーセント以下に引き下げる試みがなされた。ところが、フランス金融市場庁（ＡＭＦ）は納得せず、その後、二〇〇八年九月にリーマン・ブラザーズの破綻によって決定的となった大金融危機の煽《あお》りを受けて、この計画は無期延期という憂き目にあう。

資本構成の問題は些細なことではなく、実のところ、アライアンスにとって重大な問題だった。長期的に見れば、アライアンスの創設者であり、アライアンスの存続を保証する人物でもあったカルロス・ゴーンが、いずれ世界の自動車業界から去らざるをえなくなる日に備えるために。また、継続的に事業拡大の好機を容易につかむためにも、きわめて重要な問題なのだ。

〝コーティス博士〟

二〇〇〇年代の初め、リセ・フランコ・ジャポネ・ド・東京（現在は、東京国際フランス学園）が飯田橋にあったころ（北区滝野川に移転する前）、その近くに、日本人シェフが経営する〈ラ・ターシュ〉という名のフレンチ・レストランがあった。ラ・ターシュというのは、世界で最も格の高いワイン畑、ロマネ・コンティの一角にあるブルゴーニュワイン用のブドウ畑の名前だ。日産のエグゼクティブ・コミッティのメンバーで最高財務責任者のティエリー・ムロンゲとケネス・コーティスの初対面の場として用意されたのは、この控えめながら素晴らしいレストランでの会食だった。

英語圏カナダ人の〝コーティス博士〟は、四十数年前からアジアではよく知られた人物で、INSEADを経て、パリ政治学院で博士号を取得したのち、日本経済がみごとな飛躍を遂げていた一九八〇年代初めに東京にやってきた。日本経済が世界の覇者になるという夢は、一九九〇年の経済史上最も大きな投機的バブル経済の崩壊とともに泡と消えた。アジア地域のドイツ銀行チーフ・エコノミストになったコーティスは、香港の〝スーパーマン〟こと李《り》嘉《か》誠《せい》の右腕になっていた有名な外国人部隊の元兵士、サイモン・マレーが、アジアに初めて設立されたドイツ銀行のためにアジアの大企業を買収するプロジェクトの補佐役を務めた。一九九七年から一九九八年にかけてのアジアの金融危機のために、一〇年後の世界金融危機によってドイツ銀行がウォール・ストリートの巨人になるという野望が打ち砕かれたように、その買収プロジェクトもお預けになった。夢への支払いはいまだに清算されていない。

しかし、ドイツ銀行はなによりもまず、ドイツ産業のための銀行、とりわけ世界で最も強大なドイツ自動車産業のための銀行である。長く、ダイムラー・クライスラー・AG（株式会社）の国際諮問委員会のメンバーだったケネス・コーティスは、〝産業の中の産業〟である自動車業界やその立役者たち、さらには同産業の詳しい情報をこの銀行にもたらした。一九九八年、ダイムラーの野心的な会長、ユルゲン・シュレンプがクライスラーのアメリカ人〝パートナーたち〟の反対にあって、日産買収の断念に追い込まれた。その後、三菱自動車に白羽の矢を立てたが、このとき、シュレンプの目を日本に向けさせたのが、このケネス・コーティスだった。

　世界が二一世紀に入る準備をしているころの一九九九年一〇月、ケネス・コーティスは、世界の嫌われ者の〝証券会社〟ゴールドマン・サックスにマネージング・ディレクターおよびアジア・パシフィック地域の副会長として迎えられる。コーティスは世界で最もダイナミックなこの地域、とりわけ中国、そしてもちろん日本の経済に関する深い知識や、クオリティの高い公開プロフィール、そして膨大な名簿をこの会社にもたらした。その名簿にはカルロス・ゴーンの名前が目につく場所に載っていた。ともに日本を愛し、ダボスの年次フォーラムの中心人物であり、フランス文化に安らぎを覚えるゴーンとコーティスは、すぐに意気投合した。

「二〇〇三年から、定期的にカルロスと仕事の話をするようになりました」とコーティスは振り返る。

「当時、ゴールドマンのなかでも最も頭の切れるさまざまな国籍の人材を集めたチームをつくって、定期的に、少なくとも三カ月に一度は世界の自動車産業の戦略的考察についてブレインストーミングの会合を開いていました。これは目立たないようにごく内々に進める必要がありました。カルロスは夕暮れ時にホテルオークラの地下駐車場まで車で来ます。会合はサウスウイング一二階の〈ラ・ベル・エポック〉というレストランのそばの個室です。いつもお忍び用の同じ名前で予約しました」。

このゴールドマンのチームには、クリストファー・コールという若い男性がいたが、彼については後述するが、「その男は非常に頭が切れるので、このチームに私が誘ったのです」とコーティスは話す。

討論では、二〇〇三年当初から、アライアンスの資本構成がよくテーマに取り上げられた。まだ、カルロス・ゴーンがルイ・シュヴァイツァーのあとを継いでルノーの会長になることは話題に上っていなかった。しかし、日産はどんどん力をつけて収益も上がりつづけ、米国に多額の投資をし、中国市場にも進出した。一方で、日産の多数株主であるルノーは、苦境にはないものの、自社の海外事業で利益を出すには至っていなかった。資本構成のアンバランスは株式市場での評価に表れる。つまり、ルノーは日産への出資比率に見合った業績をもはやほとんどあげていない、ときには下回ってさえいる。言い換えれば、株価だけを見ると、ルノー、ダチア、ルノーサムスン自動車などはほとんど評価されていない。さらに言えば、取るに足りない価格だった。

敵対的株式公開買付け（敵対的ＴＯＢ）のリスク

「株式の通常の基準価格の状況は、日産がルノーを上回っていた」と、シュヴァイツァーは二〇〇二年にフィリップ・リエスに打ち明けた。だが、その格差が広がれば、面倒なことになりかねない。〝敵対的ＴＯＢ〟に言及しながらも、シュヴァイツァーはさまざまなシナリオを退けた。「資本家にとって、それは非常にリスクの高いオペレーションだ」。さらに「もう一方の自動車メーカーにとっては、現状の株式時価総額に見合う価値を生み出せるかどうか見極めるという問題があるだろう」。そして、近年自動車業界で行われた合併はいずれも〝失敗〟だったことを思い出すべきだ。

「この独特なバランスのなかで非常にうまく機能している企業グループに対して、経営権を握り、日産ともルノーとも対峙してアライアンスの精神を徹底的に見直そうとするのは、賢明な策とはいえないでしょう」。しかし、「シュヴァイツァーはルノーの株を買ってすべてを束ねることができる敵対的

TOBをとても恐れていました」とドミニク・トルマンは振り返る。二〇〇五年、現在は欧州委員で、当時経済・財務・産業大臣だったティエリー・ブルトンは、すべての攻撃的投資家に対し、ルノーにTOBを仕掛けるのであれば、ルノーが三三パーセント以上の資本持ち分を保有する国内外のあらゆる上場子会社に対してもTOBを行わねばならないことを課す法律の条項を採択させたほどだ。当時、ルノーの株式時価総額は日産の半分ほどで、日産の約四〇〇億ユーロに対して約二一〇億五〇〇〇万ユーロだった。しかし、このような法的攻撃手段に訴えるのはルノーが弱っている証拠に他ならない。そのうえ、少数株主団体は〝脅迫〟だとまで言って憤慨した。

　解決すべき方程式は簡単だった。すなわち、投資家はアライアンスの株式を買うことはできなかったし、アライアンスには目の前にある外部成長という好機をつかむための取引材料になる証券がなかった。したがって、ルノーがロシアの自動車メーカー、アフトヴァースの株主になったものの、三菱自動車の資本に参加したのは日産だけだった。そのうえ、提携企業二社の累積資本総額は、アライアンスが全世界でトヨタより多くの車両を製造した二〇一七年および二〇一八年でさえ、トヨタに比べると常に低かった。結局は、資金こそが戦いの原動力なのだ。

「二〇〇四年に、私たちはカルロス・ゴーンと、二年以上前からルノーで話題になっている持ち株会社の計画について討論しました」とケネス・コーティスは話す。「カルロスはそれについてはっきりと反対していました。そんなことをすればすべてが台なしだと確信していたのです。それでも、私は彼に『いまのままでは、特に米国市場でつかむべきチャンスが訪れても、取引材料がないんだから』と言いました。すると、米国やヨーロッパ出身のゴールドマンの私の同僚たちは、完全統合にすべきだと主張しました。彼らはアライアンスのハイブリッドな特徴を理解していなかったのですが、それはもちろん、統合の手続きによって期待される手数料という甘い汁を狙ってのことでした。カルロスは、そんなオペレーションは失敗するに決まっていると、彼らに何度も説明していました」

ルイ・シュヴァイツァーは、法律家、ギィ・カルカソンヌとダロワ弁護士事務所の力を借りて〝ＭＥＴＩＳ〟と名づけたプランを構想していたが、そのプランではすでに、トップに立つ持ち株会社の設立が想定されていた。日産との提携交渉の際に重要な役割を果たしたジョルジュ・ドゥアンがこのプロジェクトの策定を担当した。ルノーの日産への出資については、一九九九年に、日産の莫大な金融債務のルノーへの連結を回避できるレベルまでと定められていた。しかし、カルロス・ゴーンは予想外のスピードで、この障壁を乗り越えてしまった。持ち株会社の所有権は日産とルノーの株主たちで分け合うことになっていた。

当時、フランス政府が保有するルノーの株式はまだ、財務局の一部署によっていわば〝管理〟されていた。二〇〇四年に当時の経済・財務・産業大臣フランシス・メールが国庫局の付属機関としてフランス政府保有株式監督庁（ＡＰＥ）を創設してからは、ＡＰＥが管理することになった。そして国庫局は持ち株会社の条件、つまり、ルノーが明らかに優位なポジションにつくことを定めている。「日産は、すでに乗り気というわけでもなかったため、その条件に意気を削がれたようでした」と、プラン構想の話し合いの参加者は振り返る。駆け引きの結果、持ち株会社はＲＮＢＶという名称の子会社としてオランダに設置された。オランダに置かれたのは、これまでさんざん書き立てられてきたような税金逃れのためではなく、オランダの法制度が非常に柔軟であったためだ。資本金の持ち分はルノーと日産で折半されるが、取締役会での議決票が賛否同数となった場合、ルノーが決定権をもつことになった。もっともこれまでにこの権利が行使されたことはない。

唯一の選択肢、持ち株会社

しかし、アライアンスがいつの日か、ひとりの人間だけに頼るのではなく、ひとつの組織に基礎を置くことになるとしたら、選択肢は限られていた。統合は不可能で有害でさえあると判断され、持ち株会社の案が残った。そういうわけで、二〇〇四年にコーティスとそのチームはアライアンスの構成企業を統括する金融持ち株会社の概要を策定した。この構想は、立ち消えになっては一定の期間を経て何度も浮上し、修正が加えられてきた。やがて、この構想にはやや奇妙なコードネームがつけられるようになった。たとえば、二〇一三年には〈キャタピラー〉プロジェクト、二〇一七年には〈オランジュ（オレンジ）〉プロジェクト、二〇一九年には（アライアンスにフィアット・クライスラーを迎えることを想定した）〈フレーズ（イチゴ）〉プロジェクトと命名され、さらには〈オレンジ〉と〈イチゴ〉が結びついて〈フルーツ・サラダ〉プロジェクトとなり、最終的に、カルロス・ゴーンの逮捕後は文書中に日本語で〈五〇／五〇〉と記された。「衣装はいつも同じで、変わるのはアクセサリーだけです。ネクタイの色とか、シャツの色とかね」とケネス・コーティスは要約する。

「いずれにしても、三つの要件を満たす必要がありました。それは、アライアンスの戦略的な経営を改善すること、特に資本金の配分、必要に応じ外部成長のためのオペレーションを含む最も負担の重い投資の決定などを改善すること。資金を受け取り、それにより投資を行うための単一の金融手段となる〝共通通貨〟をつくること。アライアンスに新しいパートナーを迎えるための交渉手段をつくることです」とコーティスは説明する。「一番目の要件が何よりも重要でした。自動車産業にかつてない技術革新が期待されるなかで、それはさらに重要なものになりました」

しかし、この構想はいかなる具体的な出口も見いだせないまま、一〇年という年月が過ぎていった。

とにかく〝構造的な〟行き詰まりが続いていた。つまり、フランス政府をどうすれば追い出すことができるかという問題だ。スケジュール上の問題もあった。二〇〇五年にはルイ・シュヴァイツァーの要請で、カルロス・ゴーンが日産の会長の地位を維持したままルノーに戻ってきた。〈フォーチュン五〇〇〉【訳注：米国のビジネス誌『フォーチュン』が年一回発表する全米上位五〇〇社のリスト】に含まれるふたつの企業が同じひとりの人物によって経営されるのは史上初のことだった。二〇〇六年にはこの構想と戦略的行動はゼネラルモーターズとの提携の試みに飲み込まれてしまう。二〇〇八年九月のリーマン・ブラザーズの経営破綻をきっかけに金融システムが崩壊した世界金融危機は、実際には二〇〇七年夏には始まっていた。さらに、二〇一一年には、ルノーでいわゆる〝偽スパイ〟事件が起こり、ルノーグループとその経営者を深刻に揺るがした。アライアンスが新たな大きな一歩を踏み出したのは二〇一二年になってからのことだ。そして、資本構成が再び問題にされるようになる。

その間にも、アライアンスの事業は拡大しつづけ、どんどん多様化していった。「私たちが構想に着手したときには、アライアンスの構成企業はルノー、ダチア、ルノーサムスン、そして日産の四つだけでした」とコーティスは語る。「その後、日産が中国の東風汽車集団、タイのサイアム・モータース、そして最終的に日本の三菱自動車に出資し、ルノーはロシアのアフトヴァースの経営権を段階的に取得しました」

コーティスは、二〇〇六年、のちにジョージ・ブッシュ・ジュニア政権で財務長官を務めるハンク・ポールソン会長と対立し、ゴールドマン・サックスを去る。同じ理由で同社を去る者はコーティスの前にも後にもたくさんいた。ゴールドマンでは、カルロス・ゴーンの担当はクリストファー・コールに引き継がれた。「カルロス・ゴーンは完全な守秘義務を要求しましたから、話し合いはゴールドマン社内で共有することはできませんでした。クリストファーはカルロス・ゴーンとの話は決してパリのオフィスを通さず、直接、個人的な関係を築きました。それがゴールドマンの仕組みを利用するための彼のやり方でした」とゴールドマン・サックスの合併・買収部門の重鎮、ロバート・ファルゾンは説明する。

二〇一三年に〈キャタピラー〉と命名されたプロジェクトを策定したのはゴールドマンのこの小さなチームだ。それは、徹底的に合理化された産業ツールを統括する持ち株会社をつくるという案で、パリと東京で上場し、どちらの拠点でもないロンドンに世界本社を置くという案だ。ところが、この案では政治的・社会的な数々の障害が克服できないと判断された。エマニュエル・マクロンが〈フロランジュ法〉の名目でアライアンスの微妙なバランスに介入してきたことに端を発する二〇一五年のエピソードがそのことを裏づけている。

ゴールドマン・サックスのOBたちと

二〇一六年、クリストファー・コールはゴールドマン・サックスを去り、アルディア・パートナーズという自身の〝Ｍ＆Ａ〟（合併および買収）会社をロンドンに設立した。そして自身の最も親しい同僚で、ゴールドマンでヨーロッパの産業オペレーション責任者だったロバート・ファルゾンとウォール・ストリートの大会社で海外オペレーションを担当していたジェームス・デル・ファヴェロを誘い込んだ。

カルロス・ゴーンとルノーはヨーロッパのアルディアの最初のクライアントとなり、アライアンスの発展プロジェクトがこの会社が扱う最初の案件となった。ルノーとアルディア・パートナーズというごく小さなチームはアライアンスの会長を中心に作業に着手する。

「このプロジェクトでは、パリと東京に上場する持ち株会社を想定していた」とカルロス・ゴーンは説明する。「この持ち株会社は証券市場に上場する唯一の企業体で、単独の取締役会をもつ。取締役会は九人で構成され、ルノーの取締役会から三人、日産の取締役会から三人が選ばれ、残りの三人は独立取締役で、総意にもとづいて選ばれる。当初、ことを煩雑にしないために三菱自動車は日産の子会社のままにしておいた。これは統合ではない。各企業は、そしてもちろんそれぞれのブランドもそのままで事業の運営を続けるのだから。従業員は、それぞれの企業との契約の下、その企業と、その文化環境に属したままだ。しかし、アライアンスは確実に不可逆的なものになる。ばらばらにすることは不可能だからだ」

「現状のままでは危なっかしいと感じていたんだ。誰が私のあとを継ぐのかわからないからね」とカルロス・ゴーンは強調する。「重大な対立が起こるリスクがあった。というのは、私はすべての企業で会長を務めているが、後継者は必ずしもそうとは限らないからだ。私は三つの企業の会長であると同時に、持ち株会社の会長になるはずだった。執行機関はアライアンスの組織だが、持ち株会社がその上に置かれる。そしてアライアンスがばらばらにならないように、この持ち株会社に財務機関を設ける。購買は共同で行い、テクノロジーも共同で開発し、工場も共有するが、それぞれの企業の自主性は維持される。私が退任したあとに逆戻りしないための唯一の方法、それが共通の株式、共通の資本をつくることだった」

「持ち株会社は、この企業が必要とする巨額の資本を集めることができるだけでなく、さらに、とてつもなく高く再評価されるためのプロセスを始動させることができた。新しい株価は各社の古い株を合わせた価額に対して一五〜二〇パーセント高くなるはずだ。フランス政府も含め、株主にとっては利益になる。私が逮捕された二〇一八年一一月一九日には、ルノーと日産の二社の株式総額は六七四億ドルだった。持ち株会社では非常に低く見積もっても一〇パーセントは高くなるだろう。実際に計算してみたら、七五〇億ドルになった。クリストファー・コールとアルディア・パートナーズがスキームを練っていた」

今日までカルロス・ゴーンと親しい関係を保ち、アライアンスを観察しつづけているケネス・コーティスによると、新しい仕組みが生み出す株式の市場での再評価額は四〇パーセントのアップとなり、アライアンス全体で一〇〇〇億ドル近い資産価値になることだろう。日産の株価は概して市場で過小評価され、ルノーはさらにひどいが、持ち株会社の株式の帳簿価額に対する市場価格との比率は一で安定していれば十分だった。

「私たちの仕事は主に、スタート時の状況を簡素化することでした」と、ロバート・ファルゾンは語る。「数学的に考えれば、持ち株会社への各社の出資額のバランスを取るのは、実のところ、かなり簡単に解決できます。日産の株式時価総額はルノーの二倍でしたが、ルノーは日産の資本の四三・四パーセントを出資し、日産のルノーの資本持ち分は一五パーセントにすぎません。二〇一七年の初めには私たちは準備ができていました」

「ただし私は、フランス政府が資本を引き揚げるという条件をつけたんだ」とカルロス・ゴーンは言葉を継ぐ。「フランス政府がルノーの資本持ち分を取り決められた評価額で持ち株会社の株式と交換すれば、フランス政府は日産の直接的な株主になってしまう。日本人はそんな話を聞きたくないはずだ。この構想はずっと前から検討されていたのだが、いわゆる準備作業に入ったのは、二〇一八年の初めだった。私がルノーの会長に再任されたのは、アライアンスを不可逆的なものにするためだったからね。そこで、計画を精査しながら協議作業に入ったんだ。フランス政府はいうまでもなく、将来、アライアンスから資本を引き揚げることにあまり乗り気ではなかった。私の交渉相手はＡＰＥ長官のマルタン・ヴィアルだったが、決定するのは彼ではなく、大統領だということは誰もがわかっていた。経済・財務省でもなくね」

「この計画についてのフランス政府の立場は、各行政機関がどんなふうに口出ししてくるかによって変わる可能性があった。各省庁はただちに〝ノー〟とは言わなかった。条件を検討したいと言ってきたんだ。彼らに代替案があるとは思わないが、あるとすれば、政府が株主としてとどまるという条件をつけた政府に都合のいいものに違いない。政府が保有する一五パーセントのルノーの資本持ち分は持ち株会社では六～七パーセントになるだろう。だが、私はそれを拒否した。経済産業省に支えられている日産の経営陣にとって、それ（フランス政府が株主としてとどまること）は考えられないことだ。西川と川口とこの件について話し合ったときにその内容が直接、経済産業省に上がっていることはわかっていた」

「私は、フランス政府をアライアンスから抜けさせるよい機会だと確信していた。ところが、日本人のなかには、私を排除してフランス人を厄介払いするのによい機会だと考えた者たちがいたようだ。彼らは、日産にフランス政府の影響が及ぶのを終わらせるためには私を追い払う必要があると、日本政府内の理解者に納得させる必要があったんだ。そして、日産にはもうルノーは必要ない、日産だけでやっていけると断言する必要があった。結果はご覧のとおりだ」

〈五〇／五〇〉プロジェクト

カルロス・ゴーンが小菅に〝勾留〟され、プロジェクトの策定を続けられなくなったため、二〇一九年にティエリー・ボロレが引き継いだ〝カルロスなしのゴーン〟プロジェクトは、アルディアのチームによって修正が加えられた。持ち株会社の傘下にはやはりふたつの企業を置き、それぞれ対等

（五〇／五〇）の議決権をもち、それぞれの最高経営機関とエグゼクティブ・コミッティを備え、パリと東京のふたつの株式市場に上場するというものだ。「ガバナンスと執行機関に関しては、持ち株会社のレベルで単一の機関を設置することになっていました」とロバート・ファルゾンは説明する。「購買、計画―製品、研究―開発などの戦略的な業務が確実に遂行できるように、四ないし五つのチームを設け、持ち株会社の取締役が募る総勢二〇〇人ほどの能力の高いオペレーターを配分し、取締役会のために直接的な仕事をしてもらう仕組みをつくります」。また、「フランス政府がまだ株主としてアライアンスに居つづける場合は、政府代表の取締役はひとりに限り、しかも一時的な取締役とします。これは、フランス政府は最終的に、新しい事業主体が生み出した企業価値に納得し、比較的早い時期に手元に残っている影響力をもたない株式を売却するということを想定していました」

　ゴールドマンのケネス・コーティスのチームとともに二〇〇三年に着手した構想には、産業的にも財政的にも完璧な理論があった。「この件は信じられないほど慎重に管理されてきました」とロバート・ファルゾンは語る。「自動車業界における整理・統合は避けられないことで、アライアンスもその心づもりがありました。数年もすれば、カルロス・ゴーンが私たちに準備するように頼んだことは当たり前のこととみなされるでしょう。そして、一九九九年に屈辱だと感じていたことを決して我慢できなかった若干のナショナリストたちを別にすれば、日本にも、この国には友人が必要だということをわかっている、好意的な人々が大勢いるのです」

　二〇二〇年二月一七日、いまやルノーにとって好ましくない人物となったクロディーヌ・ポンは、東京に戻ってきた。小菅の勾留者は世界で最も有名な逃亡者になったが、二〇一一年以来、そのゴーンのそばで働いてきたクロディーヌは、日本の首相官邸に歓迎された。ふたつのテーブルに八人が座る小さな会食で、クロディーヌは、内閣官房参与と並んで座っている安倍晋三のテーブルについた。

暗黙のメッセージは明らかだった。店を出るとき、参事官はクロディーヌにはっきりと言った。「事件がこんな風に扱われたことは本当に残念です」

第7章　龍と舞い、熊と踊る

「これまで日産を観察していて、ボディはとても素晴らしいと思っていたが、顔が気に入らなかった」。時は二〇〇〇年代に入ったばかり、場所は北京、いま、ケネス・コーティスが話を聞いている相手、隠喩的な表現で語る男、それは中国の国務院総理、朱鎔基だ。「ゴーン氏が日産のトップになってからは、ボディも顔もとても気に入ってる。彼は中国で同じ経験をする覚悟があると思うかね？」と朱鎔基はそう続けた。

一九八九年、上海市長だった朱鎔基は中国を襲った興奮をみごとな機転で切り抜けた。バンド（外灘）では学生の虐殺は起こらず、騒動は抑え込まれ、その後は、一見穏やかな顔をした強大な権力によって平常の秩序に戻された。その後の一〇年間、さらには一九九八年に北京の中央政府のトップに就任してからも、朱鎔基は、一九八九年六月三日夜から四日未明にかけて天安門広場で繰り広げられた武力弾圧ののち、中国共産党本部が決定した選択を具体化していく。つまり、学生たちの民主化への熱望を鎮圧しても、鄧小平が一〇年前に始めた経済改革を終わらせるべきではないし、終わらせることはできないのだ。

英語を完璧にこなし、経済問題に精通し（一時期、中国人民銀行の総裁を務めた）、中国の指導者のなかでも希少な存在であると鄧小平が認めた朱鎔基は、天安門事件後の中国の経済改革派の顔となり、基本路線を推し進めていく。中央政府に身を置くとすぐに、〝保守派〟のリーダーで〝天安門の虐殺者〟としてもよく知られている李鵬首相に対抗して、鄧小平の支援を得て首相の地位を勝ちとった。

朱鎔基の改革計画の数ある優先事項のなかには、もともと生産性が低いうえに数が多すぎて中国経済を圧迫している国有企業の構造改革があった。その方法として、外国企業との条件つき提携が選択されるケースが多く、提携によって技術やノウハウだけでなく経営手法の移転も期待された。これは、朱鎔基の首相在任中の最高の手柄である二〇〇一年の世界貿易機関（ＷＴＯ）加盟を促すひとつのプロセスでもあった。中国のＷＴＯ加盟は、中国の人材や資金を狙う米国の大銀行、とりわけゴールドマン・サックスにとって魅力的な展望だった。

中国から見た、日産の復興

中国でも、日産の目覚ましい復興は見過ごされてはいなかった。二〇世紀の悲劇を引きずった根深い恨みや深刻な訴訟が山積しているにもかかわらず、北東アジアのふたつの大国は絶えず互いを注意深く観察しつづけている。中国は、貿易外交から通貨管理までさまざまな分野で現代の非白人系最強国家である日本が国際舞台で認められるために欧米諸国との関係を築いてきた手法から、成功であれ、失敗であれ、学べる教訓がないかと注意深く見ているのだ。

「二〇〇〇年代のごく初期には、中国の自動車市場はまだ非常にささやかな規模だったが、日産は進出するのが当然のように思えた」とカルロス・ゴーンは振り返る。日産は、米国市場で攻勢に転じた直後、隣国の中国市場に大きな期待をかける方向に傾きはじめたところだった。日産はすでにピックアップ・トラックを製造するため、中国のパートナー、鄭州《ていしゅう》軽型汽車製造と共同で一九九三年に設立した合弁会社を介して、控えめに中国市場に進出していた。また、一九九七年からは別の中国企業〈広州京安雲豹汽車有限公司〉と技術支援契約を結び、中国で日産のブルーバード・モデルを製造・

販売されるようになった。二〇〇一年にはこのモデルが二万三一五三台売れた。

しかし、カルロス・ゴーンが北京を訪れたとき、朱鎔基内閣の改革派大臣たちはまったく違うアプローチを念頭に置いていた。「国有企業担当大臣の李栄融と中国の産業全体を統括する呉《ご》邦国《ほうこく》国務院副総理が私を出迎えてくれた。彼らのメッセージははっきりしていた。『私たちは、ありふれた合弁会社を設立することは望んでいない。中国で日産車を製造するライセンスを与えたい。だが、東風汽車で製造することが条件だ』。当時、東風汽車はトラック製造では中国でナンバーワンの国有企業だった。

国有企業の改革

国家経済貿易委員会主任だった李栄融は、ライフワークとして国有企業の改革と再編に取り組んでいた。彼は、二〇〇三年に国有資産の監督と管理を担う国務院国有資産監督管理委員会（ＳＡＳＡＣ）の主任になり、改革と再編を進めていた。一方、国務院副総理（副総理は数人いる）の呉邦国は、大企業中央委員会の主任を務めていたが、二〇〇三年には中国共産党の最高意思決定機関である中国共産党中央政治局常務委員になった。

「彼らの言い分は筋が通っていた。彼らはこう言ったんだ。『産業部門に新しい血を注入する必要がある。日産には、日産ディーゼルという子会社があるが、日産にとってトラックはあまり重要でないことはよくわかっている。私たちが望んでいるのは、東風汽車のトラック事業に出資していただき、この事業を国際基準に引き上げる支援をしていただくことだ』。彼らは私に決断を迫った。つまり、東風汽車のトラック業務を立て直す支援をすれば、中国市場に堂々と参入できるというわけだ」

中国語で〝東の風〟という意味の東風汽車は他の国有企業とはまったく違う企業だ。東風汽車は、一九六九年に毛沢東が自ら号令して武漢に設立させた企業だ。武漢はいまや、新型コロナウイルス感染症が最初に広がった地として悲しくも世界的に有名になってしまったが、湖北省の内陸部に位置するため、沿岸地方と違って外敵が侵入するリスクがないという戦略的な理由からこの地が選ばれた。

「中国がこういう大規模な事業に日産を選んだ理由は単純だよ」とカルロス・ゴーンは説明する。

「李栄融はこう言ったんだ。『他の候補もあったんだが、私たちは日産と契約するつもりだ。なぜなら、あなたは異なるアイデンティティを尊重できることを証明しているからだ』。確かに、私たちは日産で日本の大企業のアイデンティティを尊重できることを立証したからね。『あなたはフランス人だが、日本のアイデンティティを尊重した。日産の自主性を尊重している。東風汽車でも同じようにしてほしい。他のメーカーではそんなことは不可能だろう』。もうひとつ、たとえその重要性を推し量るのが難しくても無視できない理由が他にもあった。中国人にとって歴史は非常に重要だ。一九二五年に若き鄧小平は、数週間ルノーで工員として働いたことがあったことを李栄融は知っていたんだ」。そして一九七八年、中国の高官として、日中平和友好条約の批准書交換という特別な役割を帯びて日本に滞在した鄧小平は、世界で最も近代設備の整った座間の日産工場も訪れている。

日産内での抵抗

「当然、私は承諾したが、日産内で強い抵抗にあった。しかし、実際のところ、これは私が主導権を発揮したあらゆるケースで起きていた反応だ。彼らは三年、五年、あるいは一〇年先のことを見越すことができなかった。私が日本人の逃げ腰な態度を覆して、戦略を押し通せたのは、最初の数年間の成功があったからだ。中国に進出すべきだと確信していたし、なによりも、社内には個人的に私を応援してくれる仲間がいた。日産の人間は、共産主義の国だからとか、東風汽車もトラックもなんの値打ちもないとか言っていた。海外進出プログラムに中国を優先する必要が本当にあるのかということも抵抗の理由のひとつだった。この種の決定はそれ自体は難しくないんだが、その決定によって何かを断念しなければならないということが決定を難しくしている。つまり、中国への進出を優先した瞬間から、他の投資が犠牲になったり遅れたりするということだ」

　ゴールドマン・サックスでさまざまなオペレーションの交渉を支援しているケネス・コーティスは、もっとストレートな言い方をする。「東京の交渉者の態度は妨害しているも同然で、こんな状況が続けばひたすら失敗に向かうだけで、中国に進出するのに二〇年はかかりますよとカルロスに何度も注意しなければなりませんでした。一週間後、ティエリー・ムロンゲの指示で交渉チームの編成が変えられ、強情な日本人たちはチームから外されました」

「私のパートナーは、事実上、李栄融だった。東風汽車は彼が監督する国有企業のひとつだから」とカルロス・ゴーンは続ける。「貧しい家庭の出であることと、技術者としての歩みに誇りをもっている素晴らしい人物だった。彼はこう言った。『私は、本当ならこんなところにはいないはずなんだ。貧しい家の出で成り上がり者だよ』。彼は、経営のことを熱心に訊いてきた。心底、近代化を推進したいと思っているようだった。国有企業をできるだけ効率的で収益性の高いものにしたいと言っていた。だから私たちが話し合った主要テーマは企業の成果や効率についてだった」

「中国の指導者たちと渡り合うには、誠実に、さらには親しみを込めてつき合う必要がある。だが、仕事外での個人的な関係には限界がある。また、政界であれ産業界であれ、外国人の訪問者との関わり方にはしきたりがあって、訪問者はそのしきたりに従わなければならない。オペレーションに多少とも関わりのある高官たちや提携先の関係者ら十数人が集まる大晩餐会では、料理の皿が次々と運ばれ、ホステスの一団が丁寧に飲み物をつぎ、給仕してくれる。そういう機会に、北京の中心部にあるすべての省庁が集まる敷地内に入れるんだ。私はこのプロジェクトの進捗状況を報告するために北京を訪問するたびに李栄融と食事をした。彼はその時々の気がかりなことを話してくる。非常に長い間、緊密な関係が続いたが、計画が始動してからは交流の頻度は減っていった。中国の指導者たちは一定期間が過ぎると担当部門が変わるからね」

二〇〇二年九月一九日、日産と東風汽車は〝大規模な戦略的提携関係〟を発表する。これは、東風汽車グループの自動車事業の大半を、東風汽車有限公司（ＤＦＬ）という、日産と折半で出資する合弁会社に移転することを想定したものだ。カルロス・ゴーンの手腕によって勢いを取りもどしたばかりの日産にとって、資本の五〇パーセントに当たる八五億五〇〇〇万元、すなわち一〇億ドル以上（当時の円換算で一二〇〇億円以上）を投資するのは大きな負担だった。日産は社長のポストを得る一方で、取締役会の議長には中国共産党の元書記で東風汽車集団の会長、苗圩《びょうう》が就く。苗圩はのちに工業情報大臣になった。

中国に最初に進出した日本の自動車メーカー

この提携の目標は、二〇〇六年には、二〇〇一年の東風汽車の売り上げの二倍以上に相当する五五万台の販売を達成するという思い切ったものだった。具体的には、東風汽車集団の昔ながらの商用車を三三万台、日産ブランドで販売される乗用車を二二万台販売する。また、二〇一二年に約九〇万台を製造するという目標を立てたが、これは目標を大きく上回る結果となった。二〇一〇年、東風汽車有限公司総裁の中村公泰は、二〇一二年に対する目標を大幅に引き上げて一五〇万台にすると宣言した。こうして日産は、ライバルのホンダとトヨタを大きく引き離して、世界で最も重要になりつつある市場に進出した最初の日本の自動車メーカーとなった。

ところが、ＤＦＬの工場が設置されたのは、東風汽車集団の発祥の地であり、フランスの自動車メーカーＰＳＡとの合弁会社で、のちにルノーとの合弁会社になる会社が置かれている武漢ではなかった。日産が中国で操業する最初の五工場は、珠江《しゅこう》のデルタ地帯にある大都市、広州市（元の広東市）の近くに建設された。「工場のある広州地区には日本企業が数多く集まっている」とカルロス・ゴーンは説明する。「だから、日本人学校や日本食レストランなど、在留日本人には好ましい社会環境が整っている。反対に、フランス人はＰＳＡのある武漢に行くしかなかった。だいぶ経ってからだが、日産とそのサプライヤーとの近さを活用するためにルノーの工場を広州に建てたいと申し出たんだが、中国当局に断られた。武漢に建てるか、さもなければ何も建てないかだと言われたよ」

「ＤＦＬの工場は、設計もつくりも組織も日本が持ち込んだもので日産の工場そのものだった」とカルロス・ゴーンは続ける。「しかも、二〇一八年には、中国の工場は日本にある日産工場より効率がよかった。その理由のひとつは、工場が新しいからだ。中国のルノー工場についても同じことが言える。だがなによりも、中国の労働者は訓練が行き届き、チームワークがよく、しっかり統率されているから、世界レベルのパフォーマンスを発揮できるんだ。それは、労働者の賃金の問題だけではない。中国には何が何でも成功しようという野心や意志がある。そうした意気込みは、今日の日本やフランスよりずっと高い。また中国では、工員から技術者まで、あらゆるレベルの労働者が十分な訓練を受ける機会が用意されている。ほとんどの中国人社員は現場で教育されるが、エンジニアや技術者はもちろん日本に来る」

資金よりも人材

「ちなみに、このような大規模のオペレーションでは、財政面が最も重要なわけではないことを理解する必要がある。本当に差がつくのは、エンジニアや技術者、そして計画を確実にスタートさせ、それを成功に導くことのできるマネージャーを送り出せるかどうかだ。つまり、人材と柔軟な決断力のある管理職だ。日本の文化では、社員はまずは会社の指示に従う。実際、中国に行く気持ちがあるかどうかは問われない。家族は日本に残ることもあるが、任命された社員は海外に赴任する」

「日本人の中国人に対する不信感が障害になる恐れもあったが、それは克服された。中国の工場内では、経営陣レベルにまで聞こえてくる重大な摩擦はまったくなかった。日本人幹部に対して目標を明確に定めると約束は必ず実行された。反対に、マネージメントのレベルでは、中国人と日本人の間の緊張をなだめるために私は何度も個人的に介入した。当初は、少なからず対立があったんだ」

「私は少なくとも年に四回は中国に行っていた。市場や日産の投資規模、また特に中国政府との良好な関係を維持することが重要だと考えてのことだ。中国側に、いま何が進行中なのかを説明したり、製品の品質や技術の移転について中国側から質問や不満があれば聞いたりする。このオペレーションは、白紙の状態から始めたのでなく、日産が中国政府のパートナーとなって既存の資産をもとにして始められたのだから、より重要だった。しかも、中国では企業の経営者たちは国家と強く結びついている。中国共産党はあらゆる企業で存在感を示し、事実上、人材や組合など特定の分野を管理している。そのうえ、合弁会社では経営責任も分担している」

二〇一八年一二月、日産の古参幹部たちは、カルロス・ゴーンを小菅の単独室に送ってから一カ月もしないうちに、東風汽車の金庫から流動資産の一一億ドル（約七五億元）を引き出して日本に戻そうとしていると報じられた。通常なら極秘扱いの情報が明るみに出て、日産は多数株主であるルノーとの対決に備える軍資金を用意していることを否認せざるをえなくなった。「日産は正規のステップを踏まない資金移転の準備もしていなければ、実行もしていません」と。

中国、とりわけ武漢にいまも頻繁に出入りしているケネス・コーティスが明かしたように、「一一億ドルは、DFLの資本の五〇パーセントを取得するために二〇〇五年にカルロス・ゴーンが中国に投資した額とほぼ同額」だ。カルロス・ゴーンが排除されたことについての東風汽車の反応を聞かれたケネス・コーティスは、次のように語った。「日産に有利なアンバランスな関係のなかで、DFLは日産の成長と収益のおもな源になっています」。しかも「中国に送られた日本の経営陣はどんなによく言っても〝平凡〟だった」にもかかわらずだ。

マネージメント：中国でのテストという試練

カルロス・ゴーンは、二〇〇三年、ちょうど『カルロス・ゴーン　経営を語る』を執筆しているころ、中国市場の制覇を（まだ着手したばかりだったが）、日産の有能な幹部が将来の社長になる素質を備えているかどうか確かめるための厳しい試練の場にするつもりだった、と打ち明けていた。一五年後、「日産の有能な幹部たちを試すために中国に送ったんだが、その実験は異論の余地のない結論を出せるようなものにはならなかった」と漏らした。「実際、中国は彼らの能力を発揮できる戦場だった。それに、中国に進出する日本企業には日本のナンバーワンが来るのが普通だ。中国人は、日本人でなくフランス人やブラジル人あるいはアメリカ人が送られてくればとても納得できないだろう」「中村は中国で申し分のない社長だったが、年齢が少し高すぎた。中国での中規模事業の責任者だった関潤は、私に言わせると、将来、社長になれるレベルを超えたとはいえない。中国で関のあとを引き継いだ内田誠は日産の社長に任命されたが、あのころは能力があるようには見えなかった」。奇妙にも、二〇一九年一〇月、日産の〝刷新された〟取締役会は西川廣人の経営陣に代わってトロイカ体制による役員を任命する決議をした。それまで、西川廣人を中心とする経営陣はカルロス・ゴーンを排除したのち、中国の不透明な部分を整理し、エレクトリック・モビリティへの投資を引き揚げるという〝戦略的な〟決定をしていたのだ。新しいトロイカ体制では、日本人ではない役員、ルノー出身で三菱自動車を経て日産のＣＯＯ（最高執行責任者）になったアシュワニ・グプタの上にはＣＥＯ（最高経営責任者）の内田誠が立ち、副ＣＯＯとして関潤が支えることになった。二〇二〇年二月、キャリアのすべてを日産で過ごしたただひとりの〈インサイダー〉である関は突然辞任し、小型電気モーターの世界的リーダー、日本電産（Ｎｉｄｅｃ）の社長になった。

BRICs、ひとつずつ積み上げる

二〇〇二年にカルロス・ゴーンがＡＦＰに語ったように、日産の中国市場への〝大々的な〟進出は日産社内の抵抗にあった。では、カルロス・ゴーンが二〇〇五年にルノーに戻ってから、ロシアの自動車市場で重要なポジションを手にしようとするルノーの意欲についてはどうだろう？　日産の再生には一円も賭けなかったＡＦＰが、この件に関して書いた批判記事を要約するとこうなる。「なんだって、そんな危ない橋を渡ろうとするのだろう？」

「二〇〇五年に私がルノーの最高経営責任者になったとき、新興国は今後ますます発展すると確信していた」とカルロス・ゴーンは力説する。「ＢＲＩＣＳ（ブラジル、ロシア、インド、中国、南アフリカ）は経済成長の波に乗っている。第一の優先課題は、ルノーのあとで日産もブラジルに進出できるように、ブラジル、特にクリチバでのルノーのキャパシティを高めて、アライアンスのポジションを強化することだった。独占権などない。誰でもどこにでも進出する資格があるが、長期的な計画を考慮したスケジュールを尊重する必要はある。まずはＢＲＩＣＳ、そのあとで、中東とアフリカだ。独占権はないが、優先順位はあるんだ」

「一方で、ルノーは長い間、机上では非常に大きな野望をもちつづけてきたが、ほとんど実現されていない。『カルロス・ゴーン　経営を語る』でこのことに言及したが、私はこの机上の野望を終わりにしたかったんだ。これからは、確実に実施できることしかしないと決めたのだ。だから、日産のためには中国への道をひらいたのに、ルノーのためには何もしていない、ルノーより日産を優遇していると、フランス人は私を非難するが、それはまったく根拠のないことだ。日産を中国に進出させる決心をしたとき、私は日産の経営しか担っていなかったんだから。確かに、ルノーは二〇一六年になってようやく中国に進出したが、その間に、ブラジルでの生産能力を高め、ロシアの自動車メーカー、アフトヴァースの経営権を取得し、モロッコのタンジールにルノー・ダチアの工場を建設した。この工場は、ブラジルに工場を建設して以来、久しぶりに海外に建設した工場だった。中国には準備が整ったときに進出した。だから、グッドタイミングだったんだ。アフトヴァースの経営権の取得と近代化は大きな賭けだった」

実際、アフトヴァースにはヴォルガ川沿いの広大な工場だけでなく、ロシア市場でトップの売り上げを誇るブランド〈ラーダ〉がある。このブランドは、一九八〇年代に素朴で頑強な車体のパイオニア、ＳＵＶの前身の小型のオフロード車、ニーヴァ・モデルが西欧諸国でもてはやされた栄光の時を経験している。アフトヴァースとは、つまり世界の自動車の歴史のひとつの側面でもある。

トリヤッチの桁外れの工場

一九六六年に建設されたヴァース（ヴォルガ自動車工場）は、レオニード・ブレジネフが最高指導者だった時代のソビエト連邦と、鉛の時代【訳注：イタリアで極左組織のテロが相次いだ一九七〇年代のこと】以前のイタリアとの協力で建設された自動車工場だ。鉛の時代には、イタリアのキリスト教民主党と鉄のカーテンの西側で最も強力な共産党との対立が激しく、放火・誘拐・殺人などのテロが頻発していたが、そうなる前のことだ。当時のイタリアは共和国でありながら、フィアットの創業家であるアニェッリ財閥という支配的な一族に財政を支えられ、国内総生産（GDP）の一〇パーセント以上はこの一族によるものだった。フィアットのさまざまな車種を製造するために、モスクワから一〇〇〇キロほど離れたトリヤッチの六〇〇〇ヘクタールを超える敷地に巨大な工場が建設された。トリヤッチは、元イタリア共産党書記長、パルミーロ・トリアッティの名前にちなんだ新しい都市だ。この工場でレーニン生誕一〇〇年の一九七〇年四月二二日に最初の車が製造された。

一九七五年には七〇万台以上の生産が可能となり、世界の主要な自動車工場の仲間入りをしたが、ヴォルガ自動車工場は、過剰な垂直統合（鉄鋼部分からタイヤまで製造する工場）、過剰雇用と生産性の低さ、さらには過少投資、技術の陳腐化、従業員の意欲の低下といったあらゆる悪に蝕まれ、計画経済を破綻させ、ひいてはソビエト連邦そのものを崩壊に至らしめた。その後、民主主義的ながらも混沌としたボリス・エリツィンの統治下で国家構造に亀裂が入り、無秩序な民営化によってマフィア的な潮流に組織も資産も飲み込まれていく。

ルノーは、一九九〇年代半ばにモスクワ市と結んだ産業協定によってロシアに〝アフトフラモス〟という生産拠点をもっていた。自動車（アフト）とフランスとモスクワという三つの言葉を縮めた社名のこの企業は、一九九八年に創設されたルノーとモスクワ市との合弁会社で、スターリン時代の過ぎ去りし栄光の名残であるモスクヴィッチ・ブランドを代理販売していた。アフトフラモスはモスクヴィッチの工場の一部を取得し、そこでダチアとルノーのさまざまな車種を生産したり組み立てたりすることで、ルノーは、いまだ手つかずのポテンシャルの大きい市場で控えめながらも真の存在感を示すようになった。

「ロシアは、日産にとってより、ルノーにとってずっと進出しやすい市場だった」とカルロス・ゴーンは説明する。「アフトヴァースは一〇〇パーセント、ロシア政府の手中にあったが、支援を必要としていた。ウラジミール・プーチンは同社の業績にも製品の品質にも不満を抱いていた。だから、資本の二〇パーセント相当を出資してくれる海外のパートナーを探していたんだ」

「ルノーの他にも、ゼネラルモーターズとフィアットが支援に名乗りを上げていた。私はおもにルーベン・バルダニヤンとセルゲイ・チェメゾフと交渉していた。バルダニヤンはアフトヴァース株式の二〇パーセントを譲渡する件を担当していた投資銀行家で、チェメゾフは、当初からアフトヴァースの部分的民営化を統括していた。彼はプーチンの友人のひとりで、ロシアの兵器製造企業の会長でもあり、プーチンはこの交渉を彼に任せていたんだ」

バルダニヤンは、ダボス会議の常連で、慈善家で、アルメニア問題擁護委員会の活動家でもあり、ロシア最大手の民間投資銀行、トロイカ・ダイアログを設立した。二〇一二年、トロイカ・ダイアログは、ロシア最大の国営銀行でロシア政府の財政を支えるズベルバンクの傘下に入った。セルゲイ・ヴィクトロヴィッチ・チェメゾフは、数々の博士号をもつエンジニアで、ポストソ連時代のノーメンクラトゥーラ（特権階級）のひとりである。ソ連国家保安委員会（ＫＧＢ）傘下の情報組織に勤めていたチェメゾフは赴任先の東ドイツのドレスデンでウラジミール・プーチンと知り合った。その後クレムリン宮殿の主となるプーチンは、当時ドレスデンでＫＧＢの任務に就いていたのだ。二〇〇七年に、チェメゾフはロシアテクノロジー・コーポレーションのＣＥＯとなる。この国営コングロマリットは二〇一二年にロステックと改称し、アフトヴァースのオペレーションにおいて、ルノーのパートナーとなる。

プーチンと差し向かいで

「二〇〇八年のある日、私はウラジミール・プーチンに会いにクレムリンまで来るようにと招待を受けた」とカルロス・ゴーンは続ける。「私を迎えたプーチンはこう言った。『ゴーンさん、アフトヴァースの資本の二〇パーセントはあなたの会社に割り当てましょう。どの企業のプロジェクトも優劣がないと思うが、あなたの会社を選んだのは、アフトヴァースのロシア企業としてのアイデンティティを尊重するというあなたの人間性を信頼するからだ。あなたはすでにフランスと日本でそのことを証明している』。そして彼は、二〇パーセントで満足してほしい、目下のところはそれ以上は問題外だと付け加えた」

「プーチンは英語で話しても理解できるだろうが、通訳をつけた。プーチンとはクレムリンで少なくとも二回は会ったが、モスクワ近郊の彼の別荘でも二、三回会った。会談中は、彼は熱弁をふるうわけでもなく冷淡でもなく、にこやかだった。彼の言葉は常に明晰で曖昧なところはまったくない。アフトヴァースへの資本参加についての交渉中は、有無を言わせなかった。あなたの会社は二〇パーセントを取得する。それ以上を要求しようとは思わないようにと。彼は冗談もクールだ」

「ずいぶんあとになって、アフトヴァースでのルノーの権利を強めることを検討していたころ、チェメゾフがルノーへのロシアの資本参加をもち出してきた。『フランス政府が同意するとは思えませんが、決定するのは株主ですから』と答えておいた。するとある日、当時フランスの首相だったフランソワ・フィヨンが電話してきたんだ。『カルロス、ルノーの株式の話とはいったい何のことだ？　プーチンが電話してきて、株式交換について君が同意するだろうと断言していたよ』。私は、『首相、それは驚きですね。いずれにしても、あなたは私の同意を得る必要はありません。私が決めることではありませんから』と答えた。もちろん、何も起こらなかった。だが、三カ月か四カ月後にクレムリンでアフトヴァースについて現状分析をするためにプーチンに会ったとき、プーチンは、『ところでルノーの株式についてだが、なぜフランス政府は私の申し出を拒絶するのかずっとわからなかったんだ。フランス政府は私のことを怖がっているのかと思っていたが、間違いだった。彼らはあなたを怖がっているんだ』と言って大笑いしていた」

「この投資が戦略的にも実質的にも非常に大きな賭けであることは十分自覚していた。金融危機の直前のことだったから、当時、私はそのことでずいぶんと非難された。今日までずっと非難されつづけている。金融危機ののち、業績が回復しはじめ、製品の改良や労働者のスキルアップに向けた大きな努力の成果が現れ、ロシア人管理職の地位が向上したことに満足したプーチンは、彼のほうからルノーの資本持ち分を二〇パーセント以上にアップすることを提案してきた。このオペレーションはすべて、よりよい実践方法への移行、アイデンティティの尊重、また、アフトヴァースとラーダ・ブランドが存続しつづけ、ロシアのトップレベルの自動車ブランドでありつづけるために我々が全力で取り組んできたという事実にもとづくものだった。我々は契約を守ったんだ」

「生産設備は非常に旧式で従業員は極端に多すぎた。市の当局や組合と協力しながら徐々に従業員を削減していった。この取り組みは非常に忍耐強く行われ、完了するまでに数年かかったよ。従業員を削減せず、また、生産設備への投資をしないで企業を変えることなどできなかった。ロシア人はいきなりショックを受けることを好まない。だから、一定の猶予期間を設ける必要があったんだ。我々の取り組みに反対することは決してなかったが、社会に受け入れやすくするために、スケジュールを調整してほしいと言われた。長期的な政策は全体としてはとてもうまくいった」

太った人をハイレベルのアスリートに変身させる

確かにこのロシアの自動車メーカーの改良キャンペーンは、ルノーにとって健康のためのウォーキング程度ではすまなかった。ロシア市場は非常に有望に思えたことから（長期的にはいまもそうだが）始めたものの、ルノーは、世界で最も広大な生産設備の徹底的な刷新と、ウラジミール・プーチンと西ヨーロッパとの間で増大する緊張感によるさまざまな課題に立ち向かわなければならなかった。

実際これは、肥満症や糖尿病や貧血を患っている企業を、数年かけて国際舞台で最高のパフォーマンスを披露するようなハイレベルのアスリートに変身させることだった。このとんでもない使命のために、カルロス・ゴーンはボー・アンダーソンをアフトヴァースのトップとして招聘した。アンダーソンは、スウェーデン陸軍アカデミーで学んだ、スカンディナビア王立陸軍の元将校だ。軟弱な人間にはとても務まらないこの工場に、〝タフ〟な人物がやってきたのだ。市民生活に戻ったアンダーソンは、現在は姿を消してしまったスウェーデンの自動車メーカー、サーブ・オートモービルに入社し、購買という重要な部門で華々しいビジネス・キャリアをスタートさせた。二〇〇六年、カルロス・ゴーンが（この件はまたのちほど触れるが）ルノー・日産アライアンスと苦境にあった米国最大手の自動車メーカーとの戦略的協定に向けて交渉していたとき、アンダーソンはゼネラルモーターズの上級幹部になっていた。

アフトヴァースにやってくる直前、アンダーソンは、軽商用車、バス、オフロード・トラックにおけるロシアのリーダー格、ＧＡＺのオーナーで政権と近しい関係にあるオリガルヒ【訳注：旧ソ連諸国の資本主義化の過程で形成された政治的影響力を有する新興財閥】のひとり、オレグ・デリパスカのために、ＧＡＺを五年で立て直したばかりだった。デリパスカは、二〇〇九年にアンダーソンに助けを求める以前、GAZをルノー・日産アライアンスに売却しようとしたが、希望価格が高すぎると判断したカルロス・ゴーンに拒絶されていた。アンダーソンはアフトヴァースで日産リバイバル・プランの基本方針を継承する。カルロス・ゴーンは伝統のあるハーバード大学での講演で、リバイバル・プランを一言で次のように表していた。「企業を失うことなく事業を救うプラン」

アフトヴァースの従業員は七万七〇〇〇人から四万四〇〇〇人に削減された。解雇されたのはブルーカラーよりホワイトカラーのほうが多かった。また、職務等級は九つから五つに整理され、赤字の子会社は清算され、サプライヤーのネットワークも見直された。その一方で、ヴォルガの広大な工場ではルノー・ダチア・日産の八モデルを製造するかたわら、ラーダ・ブランドでは新たに六つのモデルが打ち出された。

「現在のアフトヴァースはもはや昔のアフトヴァースではなくなった」とカルロス・ゴーンは語る。

「工場の効率ははるかに高まり、生産性もアライアンスの他の工場との差がどんどん縮小されてきている。まだ中国の工場のレベルではないものの、少しずつ近づいている。ロシアには不可能なことはない。時間をかけて十分な投資をすれば、非常にパフォーマンスの高い企業になるといまも確信している。あの工場には非常に大きな生産能力が潜んでいると思う」。ロシアの自動車市場では、アライアンスのさまざまなブランドがシェアの三分の一以上を占めている。その一方で、ドイツのフォルクスワーゲン、韓国の現代自動車や起亜《キア》自動車など他の重要なメーカーは一〇パーセント前後にすぎない。

「最大の課題は、ルノーの人間がアフトヴァースに大挙して押しかけなくても成果を出せるようにすることだった。トリヤッチにやってきたルノーの管理職は、一九九九年にルノーの幹部が日産にやってきたときと同じように三十数人に満たなかった。この課題を突破するには、アフトヴァース内で人選するか外部から招聘したロシア人を管理職に据えることが絶対に必要だった。その結果、アフトヴァースの経営はいまでもモスクヴィッチの経営から完全に独立している」

資本を数回投入し、出資比率も何度か変わった末に、ルノーは現在、ルノーとロステックの合弁会社、アライアンス・ロステック・オートＢＶの株式を六七パーセント以上保有し、アフトヴァースの経営権を取得している。二〇一六年、ボー・アンダーソンは、自らのポストを犠牲にしてその年のアフトヴァースの多額の損失の償いをすることになっただけでなく、地方のサプライヤーとの激しい対立に直面することになった。皮肉なことに、キャリアのすべてを自動車備品メーカーに立ち向かうことに捧げたアンダーソンは、その後、自動車のケーブルハーネスの世界的リーダーである日本の矢崎総業グループのヨーロッパおよび北米事業の経営に携わるため、これまでとは逆の立場に立つことになった。

ロシアそのものについての判断

アフトヴァースに投資する適切な時期を判断するのは、要するに、ロシアそのものについて判断することだ。しかし多くの場合、政治的な考察によって曖昧になる。確かに、ロシア経済はいまでも原油や天然ガスによる収入が大きな割合を占めているが、クリミア併合後の経済制裁や世界経済の変遷にもちこたえている。いまではいくつかの指標、なかでもソビエト連邦の崩壊後の一〇年間に悲惨なほどに減少した人口はプラスに転じている。しかも、ロシア市場は依然として独立国家共同体（ＣＩＳ）諸国の市場に進出する最善のルートで、旧ソビエト連邦の諸国が集まるこの独立国家の共同体には、合わせて約二億四〇〇〇万人が住んでいる。ただ、車の保有率はヨーロッパの平均にはとても届かない。

「この種の戦略的な決定は総意に諮るようなものではなく、共有するビジョンにもとづいて決然と選択すべきだ」とカルロス・ゴーンは断言する。「躊躇したりはっきりしない者たちの説得に努めるべきだが、そのあとはきっぱり決断しなければならない。ロシア市場については、総意が得られるのを待っていたら決して決断できなかっただろう。中国も同じことだ。電気自動車についても同じだ。ダチアやモロッコに新しい工場を設立することもだ。リーダーシップとは、他人の意見を無視する能力ではなく、事実を分析し、異なる意見を聞き、責任を引き受けたうえで、ビジョンを構築する能力のことだ。中期的あるいは長期的に考えて、会社の利益を左右することなら、私は迷わず行動する。たとえ躊躇する者や反対する者がいても」

ブラジル：〝危険だから注意して！〟

　エイケ・バティスタは、二〇一二年の時点で一二〇億ドル以上の資産を保有するブラジル一の資産家で、当時、世界で最も裕福なメキシコの資産家、カルロス・スリムを超えてみせると公言していた。彼の所有するコングロマリットは、親会社である持ち株会社、ＥＢＸをはじめ、すべての構成企業に〝成長〟を意味するXという文字で終わる略号がついている。バティスタは、巨大な鉱山開発企業、コンパニア・ヴァレ・ド・リオドセ（現在はヴァレ）の経営者であり、父親は軍事独裁政権で鉱山エネルギー大臣だったが、自身はブラジルの豊富な地下資源の取引で資産を築いた。だが、負債の上に築いたトランプの城は目のくらむような深海油田の終焉とともに崩れ落ちるものだ。

　しかし、二〇一〇年、カルロス・ゴーンが自分の故郷でアライアンスの存在感を高めるために、ブラジルに建設することを決めた日産工場の用地を探していたとき、エイケ・バティスタは助力を申し出て日産に歓迎された。「カルロス・ゴーンからこのプロジェクトの用地の調査を任されたハリ・ナダは大喜びでした。バティスタは素晴らしいと言っていました」と、このプロジェクトに密接に関わっていたある幹部は振り返る。「バティスタは、日産がアス港の沿岸に工場を建てればいいと思っていました」。しかし、このリオデジャネイロ北部の壮大な港湾建設プロジェクトはバティスタの破産の原因のひとつとなった。「この話に『注意して、危険だから』と警鐘を鳴らしたのは、カルロス・ゴーンの姉のクロディーヌ・ビシャラ・デ・オリベイラです。彼女はブラジルで弟カルロスのために鑑識眼と頭脳を働かせ、場合によっては日産が悲惨な結果を招きかねない過ちを犯さないよう気配りをしていたのです。というのも、ブラジルでは、日産のプロジェクトの交渉相手となるようなリオデジャネイロ州の元州知事、セルヒオ・カブラルをはじめとする多くの責任ある立場の人物が刑務所行きになっているからです。でも、日産は裁判沙汰には一度もなっていませんでした」

現実の世界では、生き残るために、やむをえずリスクを冒し、投資をし、市場のシェアを勝ち取り、政治的障壁を回避し、罠を避け、適切な仲介者やパートナーを選ぶ必要があるが、その際、〝カントリーリスク〟を分析することはきわめて重要で不可欠である。自動車産業においては、そのことに関わる費用は莫大で、達成までに数年を要するプロジェクトであれば、分析結果がポジティブであれネガティブであれ、数十年間は影響を受ける。

「ブラジルはＢＲＩＣＳのひとつだから、進出先の候補になっていた」とカルロス・ゴーンは語る。

「私が一九九六年にルノーに加わったとき、すでにクリチバ工場があったので、ブラジルに新たな工場を設けるのはルノーのほうにメリットがあった。だが、クリチバ工場はパフォーマンスが非常に悪かった。ルノーで広く行われていた残念なやり方のせいだ。つまり、あるプロジェクトを立ち上げ、それを実施すると、あとは現地の人間に何とかやるようにと任せてパリに戻ってしまう。中枢部では、ブラジルに新工場を建設するという計画は、ほとんど、いやまったく考慮されていない。ブラジルでは何年も前からとてつもない損失が出ていたからね。確かに、ブラジルは周期的に危機に見舞われる非常に困難な市場だが、この種の市場はいずれもうまくいきさえすれば非常に収益性が高いんだ」

「アルゼンチンにもルノーの工場があった。つまり、大規模な生産設備はすでにあった。それをもっと効率よく稼働させ、ルノー全体でもっとうまく統合し、本社からもっと優れた管理をしさえすればよかったのだ。クリチバで我々はそういうことをやったんだ。効果はすぐに現れた。生産能力をさらに追加する必要があったほどだ。クリチバ工場の生産能力は二倍になった。自動車工場の一区画の生産台数が、年間、一五万台から二〇万台になった。クリチバ工場とアルゼンチンのサンタ・イザベル工場の作業分担も改善された」

一〇億ドルの投資

「そしてついに、二〇一一年、リオデジャネイロに工場を建設する決定をして、ブラジルに日産を進出させたんだ。だが、この件でもやはり社内の強い抵抗にあった。いつものことだ」。これは野心的なプロジェクトで、毎年二〇万台の車両とエンジンを製造できる（自動車生産のすべての工程を完備した）〝完全な工場〟だった。日産は一〇億ドルを投資し、四〇〇〇人以上の雇用を創出し、日本のサプライヤー六社が敷地内に工場を構えた。「ブラジル市場では当時、年間生産台数が三五〇万台から四〇〇〇万台の間を前後していましたが、数年後には六〇〇万台に達すると予想されました。実現すれば、ブラジルは中国、米国についで世界で三番目の市場になります」とこのプロジェクトの主要な担当者のひとりは強調する。

「リオデジャネイロ州の知事、セルヒオ・カブラルと日産進出の取り決めについて交渉した。彼はとても魅力的な条件を提示してくれた」とカルロス・ゴーンは続ける。「工場の用地はサンパウロ州との境界にあるレゼンデにした。サプライヤーについては、リオデジャネイロにはすでにプジョーの工場があるし、いずれにしても、レゼンデはサンパウロに非常に近い。ちょうど、リオデジャネイロ政府はオフショア油田開発による利益を受け取りはじめ、投資が可能になったころだった。サンパウロにはすでに大企業が数多く進出していた。ミナスジェライス州がもうひとつの選択肢だったが、リオデジャネイロのほうがより積極的で、連邦政府の支援もあった」

プラナルト宮殿を訪問

五歳のときに健康上の理由で離れはしたが、ブラジルで生まれたカルロス・ゴーンは、この国と密接な関係を保ちつづけている。家族の一部がずっとブラジルで生活しているだけでなく、ブラジルでのミシュランの事業の立て直しが彼の最初の海外赴任経験であったし、リスクの高いその事業の成功が製造業界での目覚ましい出世を決定づけた。ブラジル連邦共和国の大統領府でもあるプラナルト宮殿を訪れたかつてのポルト・ヴェーリョの少年は、他の人たちのような観光客ではなかった。

「プラナルト宮殿は、外国人がこの国に抱くイメージとはまったく違って、いつ来てもある種の厳粛な雰囲気に満ちていた」とカルロス・ゴーンは振り返る。「いたるところに制服姿の衛兵がいた。すべてが儀礼的だ。控えの間では、非の打ちどころのない仰々しくさえある服装の人たちが待っている。非常に格式ばっていた。だが、ルーラが大統領になるとがらっと様子が変わった。私がプラナルトに到着すると、少年たちがあちこちで走りまわっていた。課外授業の一団が訪れていた。ボールで遊ぶ子ども、ポップコーンやアイスクリームを食べている子どももいる。ポルトガル語で〝ボンズィーニョ（感じがよい）〟というような親しみやすい雰囲気だった。ルーラの執務室に入ると、彼はこちらに近づいてきて私の肩を叩き、『君はポルト・ヴェーリョの出身らしいね』と言うので、『はい、大統領』と答えた。すると大統領はブラジルの大きな地図の前に私を導いてこう言ったんだ。『見てごらん。私の次の大きなプロジェクトは、ポルト・ヴェーリョとサンパウロを結ぶ道路を開通させ、国のあちこちにつながる幹線道路をつくることなんだ』。それから、腰を下ろして、『さて、今度は君の話を聞く番だ。何を話したいんだね？』と言った。とても愛想がよくて、まったくくつろいだ感じだった。これまでの大統領とはまったく違う。一度、大統領を訪問したときに、今日はネルソン・ピケ・ジュニアといっしょに来ましたと言ったことがあるんだ。彼は当時ルノーのテスト・ドライバーをしていた。すると大統領は立ち上がって、『よし、じゃあ彼に会おう』と言ったんだ。そこで、我々はガレージまで下りていった。感心したのは、ルーラは、相手が外国の首長だろうと一介の労働者だろうと、相手をリラックスさせることのできる誠実な人間だということだ。外交儀礼にはまったく無関心だった」

ルーラからジルマへ

ルーラの後継者、ジルマ・ルセフが大統領になると、空気が一変した。「私は、ごく当然の手続きとして、レゼンデのプロジェクトを説明するために大統領に会いに行った。だが、彼女は学校の先生のようだった。数人の大臣、リオデジャネイロ州の代表者など関係者全員がずらっと並んでいた。どんな話題であろうと、誰も口を挟もうとしなかった。話すのは彼女だけだ。高級官僚出身の彼女は、電気自動車について私に、あれはうまくいかないと持論を展開するんだ。こっちはそこに四〇億ドルを投資している最中だというのに。私は彼女の話を遮って、私どもは電気自動車を売りに来たわけではなく、ブラジルにとって非常によいニュースを知らせに来たのだと言ってやった。この国に新しい工場を建てる予定だと。だが、レゼンデの工場が完成したとき、彼女はセレモニーに来なかった。リオデジャネイロ州知事は私に小声でこうつぶやいたよ。『まったくわけがわからん。自分の支持率を気にかける必要があるのに。これは国にとって重要なイベントなんだ。大きな投資に自分の名前を結びつけることができるのに来ないなんて、どういうわけだ』」

二〇一一年、（ジョルジュ・クレマンソーが言ったとされる冗談を借用すれば）〝未来の国、そしていつまでもそのままの国〟ブラジルへのアライアンスの投資を日産を介して二倍にするとカルロス・ゴーンが決断したときには、二〇一四年から始まるルセフの二期目の政権が、大統領の解任とこの国の経済の突然の低迷によって終わりを告げるとは予想もできなかった。「二〇一一年はブラジルの年でした」とこの挑戦を担当した中心的人物のひとりは強調する。「カルロス・ゴーンは二〇一六年のオリンピックに照準を合わせていたのです。日産はオリンピックまでに主要なスポンサーとして資金を準備する必要があり、リオデジャネイロ州が同意した工場建設とオリンピックの準備資金に関する協定にしたがって、二億三〇〇〇万ドルを拠出したのです。しかし、それによって日産ブランドが獲得した名声と市場シェアから得られる利益は、普通なら獲得するのに一〇年、あるいはもっとかかるほどのものでした。これがカルロス・ゴーンの経営手法なのです」

第8章　アメリカン・ドリーム

二〇二〇年三月、テネシー州のラマー・アレクサンダーと他のふたりの米国上院議員が、グレッグ・ケリーの置かれた境遇がその典型的な例だとして、日本の〝人質司法〟を公に告発するために筆を執った。この三人の上院議員は、三〇年間忠実に日産に仕えたケリーに、陰謀家たちに唆《そそのか》された日本の司法当局が二〇一八年一一月一九日に与えた差別的な待遇に対して米国政府が何もしないのにしびれを切らせて、ついに沈黙を破ったのだ。弁護士であったケリーは、一九八八年にナッシュビル近郊にある北米日産に入社し、二〇〇八年に日本に移るまでそこで働いていた。その後、健康上の理由で半ば引退状態となり、テネシーとフロリダを行ったり来たりする生活を送っていた。

日産で取締役となった最初のアメリカ人であるケリーは、カルロス・ゴーンと同日に逮捕された。そのころ、彼は頸部の慢性的な痛みに苦しんでいて、二週間後に脊柱の外科手術を受けることになっていた。だがその代わりにケリーは、〝友人〟でお気に入りのハリ・ナダが仕掛けた罠にはまり、アライアンスの会長ゴーンとともに小菅にある東京拘置所に身柄を拘束され、そこに五週間拘置されることになる。米国の上院議員たちや外交官が裏で圧力をかけたおかげでケリーはクリスマスに保釈されたものの、日本を離れることは禁じられた。手術は日本で行われることになったが、結果は期待できないと妻のディーは言った。

この本が日本で出版されたいまも、二〇二〇年九月にはじまったグレッグ・ケリーの公判は週に二回のゆっくりとしたペースで続いており、〝人質司法〟と恐れられるとおりの状況だ。告訴した側が法廷での発言を牛耳り、証人尋問（特にハリ・ナダ出廷の場面）は明らかに検察とともに事前に準備されている。報道の量は抑えられ、検察側に都合のいいように歪められている。グレッグ・ケリーは、個人としてはいまや唯一の被告人となっている。ゴーンとケリーに非がある横領事件に巻き込まれていた西川廣人と日産の日本人経営幹部たちは、まったくの安全圏にいて、罪に問われていないのだから。まるで猿芝居のような裁判をみれば、カルロス・ゴーンが凍てついた小菅の独房で人生を棒に振る以外の選択をしたことに心からうなずける。カルロス・ゴーンには、裏切り者が列をなして次々と現れる訴訟事件において、グレッグ・ケリーが、その誠実さや忠誠心や勇気のために高い代償を払っているのはよくわかっている。「私の運命を決した状況については大きく報道されたが、グレッグに課せられた苦難を忘れてはいけない。立派な人物で、良き夫であり、良き父であるグレッグは、家族から強引に引き離されたのだ」と、ゴーンはベイルートで語った。

スマーナ——日本企業による米国で最初の〝現地工場〟

一九八〇年代初頭に、日産が米国内に最初の日本の自動車工場を建設するための場所を探していたとき、テネシー州の若き知事であるラマー・アレクサンダーは、同州のスマーナに対する当時の金額で五億ドルという前例のない規模の産業投資を引き込むために、多くの魅力的な条件を提示した。とりわけアレクサンダーは、日産社長の石原俊《いしはらたかし》から本件を任されていた、流暢な英語を話す後藤光弥《ごとうみつや》という幹部の信頼を得ることに成功し、やがて彼と親交を結ぶようになった。

デイビッド・ハルバースタムによると、米国に〝現地工場〟をつくるという決定は、日産の内部で激しい論争の的となった。当時の日産では、恐るべき日産労組会長の塩路一郎《しおじいちろう》が、経営にまでかなりの影響力を行使していた。ピエール・ドレフュスとその後継者たちが率いるルノー公団と共通点があり、ルノー公団でも（ジョルジュ・ベスによって解消されるまでは）共産党系の労働総同盟の承認なしには重要なことは何ひとつできなかった。米国の州同士の競争は激しくなり、イリノイ州とオハイオ州がこのチャンスを奪い取ろうとテネシー州と張り合った。

二〇一五年四月、連邦先任上院議員となっていたラマー・アレクサンダーは、数え切れないほど多く訪問したことのあるスマーナ工場を再度訪れた。スマーナ工場は、北米で最も重要な自動車生産設備となっていた。「三〇年以上前に日産がテネシー州に進出してきたときは、州内には自動車産業に関連した雇用はほとんどありませんでした。それが三〇年後のいまは、産業雇用の約三分の一が自動車関連で、八〇の地区にサプライヤーが設立され、家計の所得レベルは大幅に上昇しました」

だがスマーナ工場の設立が変えたのは、テネシー州の経済だけではなかった。北米における〝産業の中の産業〟の業界地図を塗り替えたのだ。一九八一年二月にスマーナに礎石が据えられるまで、自動車産業はデトロイトを中心に、米国とカナダの国境を挟んだ五大湖地域に集中していた。

日産の〝現地生産〟を皮切りに、他の日本企業とドイツや韓国の企業があとに続き、製造業の仕事が北部から南部へと大規模な移動を始めた。かつてアフリカ系アメリカ人労働者が『風と共に去りぬ』に出てくるような奴隷制を支持する大農園主のもとから北軍のいる工業地帯へ向かったのとは逆向きの大移動だった。米国南部の法律が組合へ加入しない工場の設立を認めたことで、全米自動車労働組合（ＵＡＷ）の労組独占が終わりを告げる歴史的な転換となった。

デトロイトのビッグ・スリーに、この流れに続くよう促したのは、またもやラマー・アレクサンダーだった。ゼネラルモーターズの〈サターン・プロジェクト〉は、スプリングフィールド周辺に二万七〇〇〇人の直接および間接の雇用創出を想定した大規模な投資となった。一九七八年に最初に知事に選出されてから四〇年以上経った二〇二〇年になってもなお、ラマー・アレクサンダーがテネシー州で最も影響力のある政治家でいるのもうなずける。

「ひとつの工場――それはふたりの上院議員に匹敵する」

歴史の皮肉というべきか、米国での現地生産のような未知の世界への大きな飛躍は、日産にとっては決して自発的な取り組みではなかった。一九八〇年代初頭、ワシントンと東京の間で貿易に関する緊張が高まり、米国で保護貿易主義の大きなうねりが起こるのではないかという恐れが、日本の経営者たちを悩ませていた。日本は超大国になるのを夢見ていて、エズラ・ヴォーゲルはすでに日本が〝ナンバーワン〟だと見ていた。米国の権力の中枢では、一九四五年の敗者によるこの復活劇を経済的かつ実存的な脅威と感じていた。四〇年経ったいま、同じような「黄禍《イエローペリル》」恐怖症が中国に対して起こっている。

デトロイトでは、UAWの組合活動家たちがテレビカメラを招いて、〝メイド・イン・ジャパン〟の車をハンマーで叩きこわしてみせた。収益性の高い米国市場が閉ざされてしまわないように、日本メーカーは通商産業省（MITI）の指導にしたがって、米国向けの輸出割り当てを進んで自らに課した。そして関税障壁に対する最善の防衛手段は、顧客のいる場所に行って生産することだと悟ったのだ。そうすれば味方を増やすこともできる。

「ひとつの工場、それはふたりの上院議員に匹敵する」。日本という島国の重商主義者たちにとって、国際化は情熱ではなく計算によるものだった。意思よりも必要性が優先されたのだ。

水を得た魚のように

カルロス・ゴーンと米国の関係はそれとは性質が違う。合理的ではあるが、それだけではない。ミシュランの一員として米国で過ごした日々は、ゴーンにとって仕事面でも家庭面でも非常に重要なものとなる。

「アメリカ人の経営手法を実用主義に結びつけて考えるならば、米国において私がその点で多くを学んだのは確かだ。私は経営の定量的アプローチも高く評価している。フランスには、理論づけや議論を重視するという厄介な傾向がある。フランスからやってくると、アメリカ人の実用主義と定量化への関心を目の当たりにして、驚きを――それも心地よい驚きを――感じる。事業環境に関してもうひとつ重要なのは、お金に対して遠慮しなくていいことだ。お金はあればあるほどいい。それが成功の基準なのだ。利益は、健全経営や企業の健康状態を示す主要な指標となっている。競争原理が働く世界では当然のことだ。こうした実用主義や遠慮のなさや定量的データの重視は、私にはどれもがとても好ましく感じられた。そして私は米国での経験を通して、自分の経営手腕を大いに磨いた。観念的な議論があまりにも支配的なフランス本来の文化環境から来た者にとって、それは非常に快適なことだった」

一九八九年九月、ミシュランはいつものように控え目に、北米第二のタイヤメーカーであるユニロイヤル・グッドリッチの買収を発表した。この一五億ドルの取引によって、クレルモン＝フェランに本社をもつミシュランは、米国のグッドイヤーを抜いて世界のトップに躍り出た。だがミシュランはすでに米国に重要な生産拠点をもっていたので、うまく統合できるかどうかがこの試みの成否を決めることになる。一足す一は二以上でなければならない。フランソワ・ミシュランは、カルロス・ゴーンにその経営を託すことにした。まだ三五歳の若さだったが、ブラジルという厄介な市場において二年間で劇的な再建を成し遂げた男だ。

「統合の場合、それが意味をもつには、生産性の向上が必要だ」と、カルロス・ゴーンは明白な事実であるかのように断言した。「つまり、より少ない資源でより多くのものをつくるということだ。この面では、アメリカ人は正々堂々とやっている。反対にヨーロッパ人は、遠回しの手段を用いたり、先延ばししたり、ごまかしたり、希望的観測を抱いたりする傾向が強すぎる。確かに米国では、より容赦がない。だが、より透明性がある」

「北米ミシュランとユニロイヤル・グッドリッチのようなふたつの企業を統合する場合、そこには明らかに重複がある。そのため重複をなくそうとすると、雇用の削減が必要となる。だがそれは必ずしも人員整理を意味してはいない。冷酷な解雇を避けるために利用できる方策はいろいろあって、新規採用を一時的に凍結しながら、早期退職を募って総労働時間を削減することも可能だ」

「北米ミシュランの本社はサウスカロライナ州のグリーンビルにあり、ユニロイヤル・グッドリッチの本社は世界のゴムの都であるオハイオ州アクロンにあった。それぞれ、南部と中西部の工業都市だ。国は同じであっても気質はかなり違う。そしてふたつの企業の本社はそのまま残されることになった。ユニロイヤル・グッドリッチのブランドに関する決定は、いままでどおりアクロンでなされた。共通する機能は、ふたつの本社の間で振り分けられた。我々はプロフィット・センターで区別することにした。大型トラックのタイヤと新車用のタイヤはグリーンビルの管轄とし、交換用タイヤと小型商用車用のタイヤはアクロンの管轄としたのだ」

〝アメリカ、アメリカ〟

カルロス・ゴーンが北米でミシュランのために考え出して磨きをかけた多くの基本的な方針は、〈日産リバイバル・プラン（ＮＲＰ）〉や、それに先立つルノーの〈二〇〇億フラン削減計画〉にヒントを与えた。装備品サプライヤーとしてうまくできたことが、なぜその上流にいるメーカーではできないのだろうか？　実際、米国でアライアンスを引き起こすことが、二〇年近くゴーンの頭から離れなかった。理由は簡単だ。

「今日でもなお、米国市場は収益性の面で世界一だと思っている。なぜなら米国で販売されているいわゆるラインアップは最も充実していて、市場はヨーロッパよりも均一だからだ。米国では高級車、ブランド車、スポーツ用多目的車（ＳＵＶ）、ピックアップトラックがよく売れる。二〇〇〇年代には、従来のセダンがまだ市場で最も重要なセグメントだったが、今日では小型トラックのプラットフォームで製造される車――つまりＳＵＶ、四輪駆動車（４ＷＤ）、ピックアップトラック――が中心となっている。我々はひとつの転換を目の当たりにしたのだ。従来のセダンに関していえば、米国での競争の激化を考えると、いまでは中国市場のほうが米国市場よりも収益性が高くなった。逆に全体的な収益性は、充実したラインアップをもつ米国のほうがおそらくまだ高い。だが中国は販売台数を伸ばしている。中国市場は、自家用車と小型商用車を合わせると、年間販売台数が三〇〇〇万台近くになっている。一方、米国市場は小型ピックアップトラックを含めて一七〇〇万台程度で推移している」

目標一〇パーセント

「一九九九年に我々が乗り込んだとき、北米における日産のマーケットシェアは三・五パーセント程度だった」とカルロス・ゴーンは強調する。「スマーナとメキシコ工場での現地生産と日本からの輸入を合わせてだ。私はすぐに、日産リバイバル・プラン（ＮＲＰ）のなかで米国市場における収益性目標を設定し、それを達成した。ふたつ目の目標は、拡大に関するものだった。私は、中期でマーケットシェアを一〇パーセントに引き上げることが可能だと考えていた。理由は簡単で、トヨタがそれに近いシェアをもっていて、日産が北米市場でトヨタと同程度にできないはずがないと思ったのだ。私が日産に行ったとき、その差は歴然としていた。トヨタはホンダとともに、収益性の低い日産をリードしていた」

「大幅な値引き、ディーラーに対する高いマージン、あまり効果のない販促キャンペーンなどのため、日産の事業経営は効率的ではなかった。それから装備や安全性に関して、製品が米国の顧客の要望にきちんと応えてはいなかった。収益性というのは、製品の市場への適合度と相関している。日産はアメリカ人の需要に製品を適合させるうえで大きな問題を抱えていた。最初のころ、現地と東京本社の意思の疎通が概して不十分で、かなり奇妙な決定がなされていたのだ」

「いまだに米国での販売が、多くの場合、複数ブランドを扱っている〝ディーラー〟に牛耳られているのは確かだ。だが、ディーラーたちの要求はばらばらだ。そのため、中心となる製品計画がしっかり定義されていないと、セールス担当者との間で混乱が生じてしまう。トヨタやホンダの製品が、よりターゲットを定めたものであったのは間違いない」

「この時期、私はずっと現地にいた。私が多くの時間を米国で過ごしたのは、当事者に代わって決断を下すためではなく、決断を下すべき者たちがきちんと手段を講じているかどうかを確かめるためだった。なによりもまず、彼らにやる気を取りもどさせる必要があった。そして特に、基準としていたトヨタとの比較が必要だった」

「米国における日産の技術センターはデトロイトにある。なぜか？　それは、ビッグ・スリーが常にデトロイトにいるからだ。サプライヤーも多く集まっているし、自動車産業のための研究所もたくさん設立されていた。この技術センターは、米国市場向けの製品に特化したものだ。全世界向けの自動車であるためには、まず米国の消費者に適合していなくてはならない。すなわち、グループのプラットフォームをもとに米国のために考案した車をつくる必要があったのだ」

「一九九〇年代には、日産の海外進出は実際にはまったく進展していなかった」とカルロス・ゴーンは振り返る。「以前に行われたことしかしていなかった。日産は動きの鈍い会社で、かなり前に採用された構想にいまだに取り組もうとしていた。さらに深刻なことに、そうした拡大構想のなかには、企業そのものを変化させるという計画はひとつも含まれていなかった。日産の本社機能に影響を与えることができるような、経験にもとづくフィードバックがなかったのだ。一九九九年に私が日産に行ったとき、理論のうえでは日産のほうがルノーよりも国際化が進んでいたといえるが、銀座にある日産本社の精神構造は、ビヤンクールにある私のよく知るルノー本社によく似ていた。日本で起きることにのみ注目し、日本市場を優先させ、米国やヨーロッパに関しては現地の日本領事に任せっきりだったのだ。そこにあったのは、うわべだけの国際化だった」

したがって、カルロス・ゴーンがすぐさま米国に莫大な投資をするという決定を下したのは、彼の戦略をあくまでコスト削減としか考えない者たち（二〇年経ってもいまだにそういうふうにしか考えない者たちもいるが）を否定するためだけではなかった。それはひとつの宣言であり、二年前に瀕死の状態にあった日産が復活するきっかけとなった。

キャントン工場の大幅な増強

「最初の新たな拡大は米国で実施された」とカルロス・ゴーンは語る。「ＮＲＰの成功を確認するとすぐに、私はミシシッピ州に新工場を建設すると決めた。それは米国市場に対する攻撃開始の合図であり、日産のマーケットシェアを三パーセントから一〇パーセントへと三倍に増やすことを目論んだものだった。キャントン工場はミシシッピ州で最初の自動車工場となった。私は、当時上院で与党共和党のリーダーだったトレント・ロット上院議員から貴重な支援を受けた。そして、十分な優遇措置と助成金を得るために彼と交渉を重ねた」

トレント・ロットはラマー・アレクサンダーに倣って、日産がミシシッピ州の経済を〝革新〟するだろうと有権者に説いた。スマーナでそうだったように、この日本メーカーは、ミシシッピ州でも州都のジャクソン市のすぐそばに工場を設立する予定で、主要なサプライヤーがそれに続くので、三七〇〇人の直接雇用を含む六四〇〇人の雇用が創出されることになる。年間四五万台の自動車を生産する能力をもつキャントン工場には、一〇億ドル近い巨額の投資がなされ、カルロス・ゴーンのアメリカン・ドリームにふさわしいものだった。

『ニューヨーク・タイムズ』で自動車を担当する有名な記者、ミシェリーヌ・メイナードが著書『ジ・エンド・オブ・デトロイト』のなかで説明しているように、キャントンは〈タイタン〉というひとつのモデルのために建設された工場だった。日本メーカーとそれに続く韓国のライバル企業は大成功を収め、二〇年間でデトロイトのビッグ・スリーを従来の自家用セダンの市場から駆逐した。一方、高級車の分野では、メルセデス、ＢＭＷ、アウディといったドイツメーカーがビッグ・スリーを攻めたてた。

米国における自動車販売の分布図を見ると、デトロイトのビッグ・スリーは、東海岸と西海岸で大きく販売を落とし、五大湖地域から中西部へかけての広大な地域で海外からの侵略者に抵抗しているのがわかる。そのほとんどは、ひとまとめに「トラック」と呼ばれる、同じプラットフォームを使って製造された大型および超大型のピックアップトラックとＳＵＶの市場を支配しているおかげだった。

アメリカ人が自動車というと思い浮かべるのが、一九五〇年代と一九六〇年代に流行ったクロムめっきを施した大げさな装備の〝高燃費車〟に取って代わった、馬力の大きいフォード〈Ｆ－１５０〉

とその競合車種だ。米国政府は、この儲かる事業を死守しようと、トラックの輸入に対して二五パーセントの関税を課した。その結果二〇〇〇年代初頭に、ビッグ・スリーは年間約二三〇万台のピックアップトラックを販売した。

　だが保護貿易主義が生み出す障壁の回避は、自動車産業の国際化において現地化が進んだ唯一の理由でもなければ、おもだった理由ですらなかった。「米国で製造される自動車の中身のほとんどが、米国・カナダ・メキシコの三国間で締結されていた北米自由貿易協定（ＮＡＦＴＡ）の枠組みにおいて北米で生産されていた」とカルロス・ゴーンは説明する。「部品やコンポーネントの調達ルートが長くなりすぎるのを避けるために、コストと入手可能性を考慮した結果だ。だが同時に、為替の変動に対する保護の意味もあった。現地化の推進が業界の常識だった。日本の大手サプライヤーはすでに米国に進出していて、そのうちの何社かは日産についてキャントンに来た」

　日本第二の自動車メーカーである日産は、フルサイズ・ピックアップトラック〈タイタン〉で、米国ライバル企業の最後の砦を攻略しはじめた。〈タイタン〉は、日産のベテラン社員をさしおいてカルロス・ゴーンがいすゞ自動車から引き抜いてきたカー・デザイナーの中村史《し》郎《ろう》率いるデザイナーたちが手がけた大胆な外観をもち、日産の社長お気に入りのディーラーたちが、現地で何度も開かれた会議の場で要望していた車だった。

「キャントン工場は、生産能力を大幅に増大するために建てられ、小型商用車と、タイタンやパスファインダーといったフルサイズ・ピックアップトラックや大型４ＷＤを優先的に製造した。キャントン工場のプラットフォームはどちらかというと大型エンジン向けで、スマーナ工場のプラットフォームは一般大衆車向けだった。だが、柔軟性は大いに残していた」。日本では、日産は「インテリジェント車体組立システム（ＩＢＡＳ）」のパイオニアだった。これは、多目的の組み立てラインを使って、まったく異なる車種の組み立てを円滑にできるシステムだ。「スマーナは、現在でも南北アメリカで最大の自動車工場だ。だが、アライアンスがもつ工場のなかで世界の上位四分の一には入っていない。業界での競争力に関して日産で最上位を占めているのは、中国工場とメキシコ工場だ」

デトロイトは忘れない

カルロス・ゴーンは米国に注目するのを決してやめなかったが、その関心は一方通行ではなかった。これほど迅速で劇的な日産の再生が、ビッグ・スリーが歴史的な衰退期に入ったデトロイトで注目されずにすむはずがない。だがカルロス・ゴーンがアライアンスのために米国のパートナーを見つけたいと願っていたのに対し、米国企業の株主たちは倒産モデルの救済者をひたすら探し求めていたのだ。

それは、市場セグメント化の父でありゼネラルモーターズ（ＧＭ）の創設者であるアルフレッド・スローンのつくったモデルだ。おおまかにいうと、一般の自動車メーカーは、万人向け、もしくはそれに近いものでなくてはならない。世界金融危機直前のＧＭでは、それは八つの異なるブランド、何十もの車種（なかには月に数千台しか売れないものもある）、過剰な生産設備を意味していた。ビッグ・スリーが、ＧＭにとってのアクセプタンス・コーポレーション（ＧＭＣＡ）のような金融子会社を通して実施した施策は、西部劇のなかで進軍ラッパに合わせて危機を乗り切るようなものではなく、分別を欠いた危なげなやり方だった。西部劇を好んだ映画監督のジョン・フォードというより、アニメ監督のテックス・アヴェリーだ。デトロイト――なかでも自動車業界の大資産家がこれみよがしに瀟洒《しょうしゃ》な邸宅を構えるグロスポイント――は、現実から目を背けていた。いろいろな批判があったが、なかでもＧＭのホワイトカラーの行動をレオニード・ブレジネフ率いる退廃したソビエト社会主義共和国連邦の官僚主義と同一視したものが最も手厳しい、あるいは最も明快な批判だろう。

さらに、米国大企業の収支は、ＵＡＷが残した負の遺産〝レガシーコスト〟によって圧迫されていた。この国では労働者の年金や健康保険に対する権利は各企業の管轄だった。ＧＭの場合、この金銭的な負担が、販売する自動車一台に対して一五〇〇ドルから二〇〇〇ドルかかると算定された。ＧＭという企業は「年金と健康保険の金庫で、ついでに自動車もつくっているようなものだ」と言われた。「米国市場の過半数をＧＭが占めていた四〇年以上前にスローンによって発明されたこのモデルは、マーケットシェアが二〇パーセントに落ち込むと立ちゆかなくなった」と、フィリップ・リエスが二〇〇八年一二月に『メディアパール』に書いている。これは、内部関係者《インサイダー》にはどうやっても理解できないことだ。

二〇〇六年一〇月、ウィリアム・フォード（通称ビル）は、北京モーターショーの際にテレビ放映された対談のなかで、曾祖父のヘンリー・フォードが築いた一族がブルーオーバルのロゴをもつ自動車メーカーをコントロールしきれなくなるのではないかと司会者がほのめかしたのに対して憤慨した。「なぜそんなことが起こりうるのか、私にはわからない。企業経営の仕方に何らかの変化が必要だなどと考える理由はまったくないからだ」。フォード一族は、発行済み株式の三・七五パーセントを所有し、議決権の四〇パーセントを握っていた。

フォードとカルロス・ゴーンの交渉が非常に短期間で終わる運命にあったのはそのためだ。二〇〇五年八月、ビル・フォードはカルロス・ゴーンを雇ってフォードの社長にしようとした。だがゴーンは、同じ同族企業であるミシュランでの経験を繰り返す気にはなれず、これを辞退した。同族企業では家系と能力が必ずしも両立せず、たいていは家系が優先されるとわかっていたからだ。「当時ビル・フォードは、私を雇いたいとマスコミに語っていた」とカルロス・ゴーンは回想する。「私は彼と交渉したが、うまくはいかなかった。第一に、ミシュラン時代から私は同族企業に対して苦手意識があった。第二に、ビル・フォードは取締役会の会長にとどまるつもりだった。その点ＧＭでは、はっきりしている。社長になった者が指揮を執るからだ」

ＧＭの人員整理を望むカーク・カーコリアン

カルロス・ゴーンを獲得できなかったウィリアム・フォードは、五年以内にフォード一族が経営権を失うようなことがあった場合に一五四〇万ドルのゴールデンパラシュート【訳注：あらかじめ役員退職金を高額に設定しておく買収防衛策のひとつ】を開くことを条件に、ついにアラン・ムラーリーに白羽の矢を立ててボーイングから引き抜いた。ムラーリーの立てた計画は、東京からカルロス・ゴーンが展開した、成長をベースにした再建計画であるＮＲＰやその後の〈日産１８０〉とは似ても似つかないものだった。ムラーリーは、容赦ない事業縮小――北米にある一六の工場の閉鎖と、それにともなう四万人の雇用削減――に対処する資金を調達するために、銀行や債券所有者と二三四億ドルの融資枠を交渉することにしたのだ。それでも〝コスト・キラー〟といえるのだろうか？

フォードやクライスラー同様、ＧＭでも損失が蓄積し、二〇〇五年にはその額が一〇五億ドルに達して株主をいらだたせていた。なかでも乗っ取り屋《レイダー》――現在は〝物言う株主《アクティヴィスト》〟と呼ばれている――のひとり、カーク・カーコリアンは我慢の限界にきていた。ラスベガスで財を成した米国生まれのこの大富豪は、ＧＭ資本の一〇パーセント近くを所有していて、〈ルネサンス・センター〉という名にふさわしくない外観をもつ、七つの高層ビル群からなるデトロイトのＧＭ本社にたまった積年の腐敗を一掃しようと心に決めた。カルロス・ゴーンにとっては、北米市場にしっかり根をおろした三本目の柱をアライアンスに打ちたてるまたとないチャンスだった。

「なぜ、米国のパートナーが必要なのか？」とゴーンは問いかける。「それはこの重要な市場での我々の立場がまだ弱すぎるからだ。私は常々、アライアンスは互いに直接競合しないメーカー同士の協力関係のプラットフォームだと考えていた。つまり、グローバルな計画だ」

「ＧＭとの交渉は二〇〇五年に始まっていた。ＧＭの経営状態はよくなかった。ＧＭの経営方法にまったく満足していなかった大株主のカーク・カーコリアンが率先して動いたのだ」。無理もなかった。ＧＭには、ソビエト体制下を思わせる官僚主義しかなかったからだ。社会政策も同様だった。

一九八四年にはＵＡＷとビッグ・スリーの間で〝ジョブ・バンク〟の創設に関する取り決めがなされていた。これは、生産ラインの自動化によって余剰人員となったために仕事がなくなった自動車業界の労働者に給与を支払う仕組みだ。一部の労働者の失業はいつまで続くかわからない状態だった。二〇〇六年にはこの制度が〝頂点〟に達し、実際に仕事を失った約一万五〇〇〇人のビッグ・スリーの労働者が、給与の九〇パーセント以上と、将来の年金および健康保険の負担額を企業から受け取っている。企業の負担は膨大な額となり、この制度は労働者のやる気を奪ってしまった。

驚くべきことに、ジョブ・バンクの創設は労働組合の要求の結果ではなく、一九九九年にはアライアンスが成功するとは一ミリも思っていなかったボブ・ラッツ率いるＧＭ首脳陣からの提案によるものだった。この首脳陣はいつもながらの傲慢さで、この制度が実際に活用されることは決してないと確信していた。ＧＭは生産能力をフルに使いつづけるものと思い込んでいたのだ。

一九八〇年代の半ばに、ドキュメンタリー映画監督兼活動家であるマイケル・ムーアの映画『ロジャー&ミー』によってその名が不朽のものとなったＧＭの幹部たちは、もうひとつ天才的なアイデアを思いついた。それは、競争相手である日本のトヨタに、カリフォルニア州フリーモントにある米国で最悪の工場の近代化と運営を任せるというものだ。ＮＵＭＭＩ（ニュー・ユナイテッド・モーター・マニュファクチャリング・インク）という名の合弁会社が設立され、この工場では同じ生産ライン上で日本と米国のモデルが製造された。アメリカ人は、自動車、特に小型車の製造について学び直さなくてはならず、日本人は、ワシントンの国会議事堂にはびこる根強い保護貿易主義に対抗するために味方を見つける必要に迫られていた。

実際ＮＵＭＭＩは、あっという間に北米で最良のＧＭ工場となった。〈シボレー〉の名を冠した自動車も、実際はトヨタ製だったからだ。だがＧＭの経営陣がトヨタの持ち込んだ設備管理や特に人材管理のノウハウを、社内にうまく移し替えることができないのは明らかだった。工場を自分の領土のように考えていた無能なお偉方は、相変わらず「嫌なら出ていけ」という態度だったのだ。そして、世界金融危機が、このユニークな試みの前途を閉ざしてしまった。だが、フリーモント工場はそこで終わったわけではなく、ここにテスラの最初の生産ラインを設置したイーロン・マスクの庇護の下、さらに目覚ましい変革をとげることになる。

ゼネラルモーターズ　東京で盗まれた調査報告書

「私はカーク・カーコリアンとは面識がなかった」とカルロス・ゴーンは語る。「彼のほうから会いたいと言ってきた。『ＧＭはリーダーの地位を失いつつある』とカーコリアンは私に言った。彼はＧＭの社長であるリック・ワゴナーのことを、『優柔不断で、かなり傲慢』だと評していた。私は、アライアンスのなかでいっしょに何かをする可能性は実際にあると思うと答えた。ＧＭはＧＭのまま残るとしても、何らかのシナジー効果を生み出すことができると考えたのだ。調査が開始された。ＧＭとルノーと日産が人を出し合って調査チームが編成された」

「この調査は秘密裏に行われたが、大きなシナジー効果があることがわかった。だが、この調査報告書は、検察が東京の私のアパートメントに突然押しかけてきたときに盗まれてしまった。彼らは私の資料をすべて持ち去ったのだ。私は資料の返却を要求したが、いつまで経っても返事はなかった。彼らが持ち去らなかったのは、部屋にあった現金だけだった。彼らは盗みを働いたのだ。そうとしか言いようがない。捜査とは何の関係もない膨大な量の個人的資料を、勝手に持ち去ったからだ。インサイダー取引で告発される危険を避けるために配布を禁じられていたので、この調査報告書をもっていたのは私だけだった。それにＧＭの弁護士たちは厳格だった。メディアに漏洩することを恐れて、コピーはすべて破棄するよう要求してきたのだ」

「この調査チームには、ＧＭの購買部門の責任者だったボー・アンダーソンがいて、私は数年後、ロシアでアフトヴァースのＣＥＯとなった彼に再会することになる。また、ＧＭが国有化されたときに、リック・ワゴナーの後継者となったフリッツ・ヘンダーソンもいた。ワゴナーの側近たちは積極的に議論に参加していて、アライアンスに加わるという考えにはまったく反対していなかった。反対していたのはワゴナー本人だった。ワゴナーは、取締役会に要求されなければこの調査を認めることはなかったと、私にはっきりと言った」

「私も単刀直入に言った。『いいですか、リック。私は敵対する気はまったくありません。あなたが賛成でないなら、無理にとは言いません』。私はトップの承認が必要だとわかっていたので、その提案をＧＭの取締役会には一度も委ねなかった。カーコリアンにはこう言った。『もし先へ進めたいのならば、その気がある社長をＧＭのトップに据えなくてはだめです。賛成してくれる社長がいないのであれば、私は何もしません。敵対的な行為はできませんし、それがうまくいくとも思いません』。カーコリアンは、ワゴナーをくびにするために必要な過半数の議決権をもってはおらず、これは仕方のないことだった。ワゴナーはといえば、相変わらず私にこんなことを言っていた。『私には独自のＧＭ再建計画があるので、あなたを必要とはしていない』。結局ＧＭは倒産し、ワゴナーはくびになった」

「こうした作業を進めていたとき、フランスの経済・財務・産業大臣はティエリー・ブルトンだった。ブルトンはこの議論に加わりたがった。すべてを知りたかったのだ。私が逮捕されたあと、ブルトンは公に私を擁護してくれた唯一のフランス人閣僚だったが、この大臣との関係は御しやすいものではなかった。なんとも厄介な作業だった。ＧＭの経営陣が敵対的なところにもってきて、ルノーの株主であるフランス政府が介入したがるので、手に負えなくなってしまったのだ。私は手を引こうと決めた」

ＧＭのアライアンスへの参加　期待される「素晴らしい関係」

世界金融危機は、リック・ワゴナー率いるゼネラルモーターズに引導を渡すことになる。二〇〇九年六月一日、ＧＭはニューヨークの裁判所に連邦破産法の適用を申請した。資産が約八二〇億ドルであるのに対し、負債総額は約一七三〇億ドル。史上最大の企業倒産となった。財務畑出身のリック・ワゴナーがジャック・スミスによってＧＭの北米自動車事業のトップに据えられてから二〇〇九年に彼が失墜するまで、米トップ企業の米国市場におけるマーケットシェアは、三三パーセントから一八パーセントにまで落ち込んだ。ワゴナーが社長を務めた直近の四事業年度の間に、ＧＭは約八〇〇億ドルの損失を計上した。何十年もの間、世界の自動車業界のトップに君臨してきたグループが、その地位を自ら、米国市場でトップになりつつあった日本のトヨタに譲らざるをえなかった。ＧＭは自分たちにとっていちばんの市場となるはずの中国に対する大規模な投資しか頭になかった。だがヨーロッパ事業は毎年赤字を計上し、北米では独創性に欠け品質がアジアやヨーロッパの競合他社に比べて劣る製品ラインアップでは、もはや消費者に夢を与えることができなくなっていた。

「二〇〇六年の調査の過程で築いた関係によって、バラク・オバマの下で〝自動車業界の皇帝〟となったスティーヴン・ラトナーが、私にＧＭの社長にならないかと提案してきた」とカルロス・ゴーンは振り返る。「議論に参加した人たちが、私のことを、攻撃的ではないが自分のしたいことがわかっている人間だと判断し、適任だと考えたのだ。合意できるフィールドを見いだすのは可能に思えた」

「ラトナーが接触してきたとき、私は再び同じことを考えた。『ＧＭをアライアンスに参加させればいいじゃないか』。だが、ラトナーはアライアンスを信用していなかった。オバマ政権の幹部たちは、彼らにとってよくわからないアライアンスよりも、私の取り組み方に心を惹かれていた。アライアンスは複雑すぎると考えていたんだ」

「シナジー効果は、主として購買やプラットフォームの共有やエンジンから生まれるはずだった。その経済効果は甚大だ。ＧＭのフルサイズ・ピックアップトラックのエンジンを使い、その分野への投資を削減することができる。一方で、我々はＧＭの工場に業務計画を提供することができる。ウィン・ウィンの関係だ」

「つぎに、大きなポテンシャリティを秘めた現地での協力関係があった。ルノーとの連携が考えられるブラジル、ＧＭが絶えず困難な状況にあったヨーロッパ。中国や韓国での協力。韓国では、彼らが大宇《テウ》を、我々がサムスンをコントロールしていた。あらゆる面でシナジー効果が期待された。素晴らしい関係になると考えられた」

　ゼネラルモーターズでは、社会的費用が非常に大きな負担となり、バラク・オバマ政権が実施せざるをえなかった国有化の前後に、この米国ナンバーワンの自動車メーカーに対して約五〇〇億ドルの公的資金が注入されていた。リック・ワゴナーが社長になった二〇〇〇年以降、ＧＭは約一四万三〇〇〇人の人員削減を行い、総人員は約二四万三〇〇〇人となっていた。

ＧＭ倒産

ＧＭは一時的に連邦破産法第一一条の適用を受け、主として北米における生産能力と雇用の面で、新たな大型削減が認められることになる。銀行が破綻する場合と同じように、その過程でふたつの会社がつくられることになった。ひとつは、持続性があると判断された資産を受け継ぐ〝良性〟あるいは〝新生〟ＧＭで、もうひとつは、長い間米国産業界の至宝といわれた、いまは亡きゼネラルモーターズの負債や不良資産を受け継ぐ、その名も「モーターズ・リクイデーション・カンパニー（清算会社）」という〝悪性〟ＧＭだ。八つのブランドのうち四つが倒産とともに消滅し、二〇〇九年末の〝新生ＧＭ〟の総人員は約一六万八〇〇〇人だった。

ＧＭのヨーロッパ事業に関しては、様子見となった。二〇年の間、デトロイトは〈オペル〉や〈ヴォクソール〉という、それぞれ一九三一年と一九二六年から所有しているドイツと英国のブランドで利益を出すことができなかった。ヨーロッパは慢性的な損失の発生源となっていた。カナダの自動車部品大手メーカー、マグナへの売却に失敗したあと、二〇一七年八月に、欧州ＧＭはようやくフランスのプジョー・シトロエン（ＰＳＡ）に売却されることになる。当時ＰＳＡは、カルロス・タバレスの指揮下で再建を図っている最中だった。タバレスはカルロス・ゴーンのそばで学んだ手法を活用して、オペルとヴォクソールを数カ月で黒字事業に変えた。社会的な惨事は起こらなかった。

「シナジー効果の話になると、なぜすぐに雇用が〝血の海〟になると結論づける人たちがいるのだろうか？」とカルロス・ゴーンは疑問を口にする。「合併で血の海ができるのは、あまりにも重複が多いときだ。今回の場合、重複はほとんどなかった。シナジー効果の最も重要な部分は、排除ではなく共有から生まれる。パートナーが同じ目的で投資したものを利用することで、我々は多くの投資が節約できる。いつの日かルノーとプジョーを合併させることになったら、特にフランスでは、それこそ社会的な血の海を見ることになるだろう。なぜなら、いたるところに重複が見られるからだ。反対に、ルノーとダイムラー（メルセデス）が合併しても、補完し合う部分がとても多いので血の海は見られないだろう。ＧＭのアライアンスへの参加にも、同じことが言えたはずだ」

「その後起こったことはＧＭの倒産の結果であり、経営陣にその責任がある。ＧＭは何年も前から機能障害に苦しんでいるのが一目瞭然で、アライアンスに参加すれば、調整を施したりベストプラクティスを移転したりすることで軌道修正を図れるはずだった。ＧＭのそれほどの効率の悪さにもかかわらず、シナジー効果が期待できたのだ。そして当然ながら、それはすべて数値化されていた」

「もし二〇〇六年にアライアンスへの参加が成立していたら、ＧＭは取締役会を維持していただろう。我々は、相互出資を想定していたからだ。アライアンスの本部であるルノー・日産ＢＶ（ＲＮＢＶ）は、この新しいパートナーを受け入れるために順応していただろう。私はＧＭの取締役になるはずだった。社長にならなくてもよかった。なぜなら、経営はアライアンスのレベルで行われることになっていたからだ」

「世界一の自動車メーカーを、何も変えずにそのままアライアンスに加えるのが不可能なのは明らかだった。確実にシナジー効果を出すには、どんなふうにアライアンスを再編すればいいのだろうか？中央集権化した枠組みのなかで、日産とルノーだけで再編作業を進めるわけにはいかない。だが、徹底的に検討しつづけることはなかった。ワゴナーの反対を前に、私が断念してしまったからだ。アライアンスの推移に関しては、常に検討や憶測がなされていた。主たる問題はやはり、なぜ歩み寄りが必要なのかというものだった。この計画を正当化するだけのメリットが本当にあるのだろうか？　まずはイエスかノーかの答えを出す必要があった。実行に移すのはそれからだ」

〝人生最大の過ち〟

オバマ政権にとって、ビッグ・スリーのうちの二社に連邦破産法の適用を申請させたのは、厳密に実用的な施策であり、世界中に数十万人の従業員を抱える自動車産業帝国を完全に清算してしまうのを避けるための暫定的な手段だった。経営に厳しい条件を課したのは、ＧＭが持続性を取りもどして公権力の助けがなくてもやっていけるようになり次第、国ができるだけ早く手を引けるようにと考えてのことだった。〝進歩派〟とみなされていた米国の官公庁のどこも、国が自動車の製造に介入することは想定していなかった。そのため〝新生ＧＭ〟のトップには、国の速やかな撤退を請け負うことのできる男性もしくは女性を据える必要があった。

「私はラトナーから連絡をもらい、ニューヨークにある彼の自宅で会ったこともある」とカルロス・ゴーンは語る。「アメリカ人の場合、話はいつも単刀直入だ。『カルロス、できるだけ早く君に会いたい。大統領とも話をしたところだが、我々は君にＧＭの社長になってもらいたい』と言われたのだ」

米国の大手日刊紙『ニューヨーク・タイムズ』の、それもワシントン支局の元記者であるスティーヴン・ラトナーは、一九八〇年代初頭に、〝世界の大物〟についての記事を書くのをやめ、自分がそのひとりになろうと決めた。彼の投資銀行家としてのキャリアは、リーマン・ブラザーズに始まり、モルガン・スタンレーそしてラザード・フレール――パリの老舗投資銀行の米国部門――へと続いた。ラトナーは、ラザードのナンバーツーとしてＭ＆Ａを担当していた二〇〇八年に銀行を辞め、何人かの同僚とともに〝プライベート・エクイティ〟の世界に飛び込んだ。この資本投資は、金融経済の重要な一分野になるとみなされていて、収益性が最も高かった。バラク・オバマが大統領選で勝利を収めると、ウォール街の民主党エリートに属するラトナーは、財務長官のティモシー・ガイトナーの要請で、米国の自動車産業を立て直す役割を担う特別委員会《タスクフォース》をとりしきることになった。メディアはやがて、ラトナーに〝自動車業界の皇帝〟というあだ名をつける。

「最初にラトナーに会ったとき、私は改めてアライアンスを前面に押し出した」とカルロス・ゴーンは振り返る。「だが彼の答えはこうだった。『我々は君に興味があり、君に仕事のオファーをしているのだ』。単純明快な話だった。私は、危機のさなかにふたつの会社を辞めるのは難しいと答えた。だが、その後私が受けた仕打ちを思うと……。私はおそらく利己的になって自分の利益だけを考えるべきだった。そうすれば、こんなことにはならなかっただろう」。スティーヴン・ラトナーは、著書『オーバーホール』のなかでこのエピソードに触れ、米国の自動車産業を救うためにしたことだと書いているが、カルロス・ゴーンを雇うために提示した条件は明らかにしていない。その後、年間五四〇〇万ドルの報酬が提示されたという噂が流れたが、ゴーン本人もその数字についてははっきりそうだとは言っていない。

「二〇〇九年には、金融危機の嵐が吹き荒れた。ルノーと日産の業績は低迷しているので、私はこの船を下りてＧＭへ行くべきなのだろうか？　私は考える時間をもらったが、決心はつかなかった。だが私の四人の子どものうち三人は米国籍をもっている。このオファーを受けないのは、自分の生涯における仕事に関する最大の過ちだったのだろう」

「ましてや引き受ければ、楽しく、そして〝楽な仕事〟になるはずだった。なぜならＧＭの弱点は一目瞭然だったからだ。決断がなかなか下されず、ようやく下された決断も明瞭性に欠け、選択肢は他になく、矛盾がいたるところにあり、会社はお偉方の思うまま……。実行するのは難しいだろうが、私の好む仕事だった。変化を進め、それをどうやって受け入れさせるかだ。さらに、私が二〇〇六年に成し遂げた仕事はすべて、私が適任であることを示していた」

二度あることは三度ある

フォードもだめ、ゼネラルモーターズもだめ。頭をよぎったのは「二度あることは三度ある」という諺だ。残るはビッグ・スリーのなかで最も小さいクライスラーだ。波乱に富んだ経歴をもつメーカーで、過去すでに連邦政府の介入によって救済されたことがあった。クライスラーの〝改革〟は、リー・アイアコッカによって推進された。反りの合わなかったヘンリー・フォード二世によって、一九七八年にあっけなくフォードの社長を解任されたアイアコッカは、クライスラーを再建したことで、米国産業界の英雄として名を馳せた。

世界金融危機によって、デトロイトの自動車メーカーは土台が完全に崩れ、クライスラーはニューヨークのキャピタル・インベストメント・ファンド〈サーベラス・キャピタル・マネジメント〉の所有となった。サーベラスは二年前に、ドイツメーカーのダイムラーを、足かせとなっていた米国子会社から解放する権利を獲得していた。ユルゲン・シュレンプが自身の〝グローバル・モーターズ〟構想を実現するために望んだ〝対等合併〟は、メルセデスにとって高くついた屈辱的な結果に終わった。〈良い意味でも悪い意味でも〉伝説的な、いまは亡き投資銀行〈ドレクセル・バーナム・ランバート〉出身のスティーヴン・ファインバーグ率いるサーベラスには、自動車分野の専門知識がまったくなかった。だが、クライスラーの金融部門は金の卵を産む鶏で、そこから得られる利益は自動車部門の買収にともなうリスクに十分見合うものだという目算があった。問題は、ラインアップの少なさ、製造コストの高さ、新製品の供給不足のために、米国の顧客がどんどん離れていったことだ。顧客への融資がメーカーに利益をもたらすには、やはり顧客の存在が不可欠だ。クライスラーはすぐに憂慮すべきペースで現金を手放すようになり、サーベラスが支配権を得るためにクライスラーに負わせた一〇〇億ドルの負債――資本投資ではよくある方法だ――によって状況はさらに緊迫した。金融事業を安定させるには、大急ぎで自動車部門を立て直す必要があった。

「クライスラーの件で、サーベラスから私に電話があった」とカルロス・ゴーンは語る。「彼らはクライスラーをアライアンスに入れたがっていて、その交渉が実際に始まった。私はその話をアラン・ダサスとカルロス・タバレスに打ち明けた。ふたりともルノー出身だったが、そのときは日産の幹部の地位にあった。二〇〇八年の金融危機の直前のことだ。我々は議論をかなり進めていて、多くのシナジー効果をそこに見いだしていた。すべてを中断させたのは金融危機だった。私たちは金融危機ののち、合併よりももっと重要な問題を抱えていた。ダサスとタバレスは非常に乗り気だっただけに、合意に達しないと知って大いに落胆していた」

二〇〇九年四月三〇日、クライスラーは連邦破産法第一一条の適用を申請した。これにより、連邦国家の介入で、サーベラスは投資一ドルにつき一九セントを救済することになる。スティーヴン・ファインバーグが勧誘していた投機的な一〇のファンドの結果について恨みがましいことを言う者はいないはずだ。負債の再構築を拒む者は、バラク・オバマ政権から公然と非難を受けることになるからだ。

破産制度から生まれた〈新生クライスラー〉は、独特な資本構成をしていた。年金資金を通じてUAWが筆頭株主となったが、会社の運命は、短期間は米国の「愛国的な」サーベラスが握っているものの、その後再び海外メーカーの手に委ねられると誰もが知っていた。フィアットは当初の出資を二〇パーセントにすることで、目的に向かって第一歩を踏み出した。二〇一四年に、クライスラーはフィアットの一〇〇パーセント子会社になる。トリノを本拠とするフィアットは、総額四〇億ドルを出資して、米国第三の自動車メーカーを段階的にその支配下に置くことになるのだ。一九九八年にはダイムラーが三六〇億ドルでクライスラーを買収し、二〇〇七年にはサーベラスが約七〇億ドルでクライスラーの株式の八〇パーセントを取得した。アニェッリ一族は、二〇〇四年に同族企業の自動車部門のトップに就任させたイタリア系カナダ人実業家のセルジオ・マルキオンネに、大いに感謝すべきだっただろう。

「アニェッリ一族にとって、それは望外の頼みの綱となった」とカルロス・ゴーンは言う。「フィアットは不安定な状態にあったが、彼らはアメリカ人にクライスラーに出資してもらうことで、回復の波に乗ることができた。じつにうまくやったものだ」。実際、祖父のジャンニ・アニェッリから一族の将来を託されたジョン・エルカーンがリスクの大きい取引をしたいと思ったときには、ゴーンがしたような、フランス財務省にかけ合って株主である政府の承認を得る苦労はしなくてもよかった。

「市場にどんな可能性があるのか、私は一瞬たりとも注意を怠らなかった」とカルロス・ゴーンは語る。「だが一方で、我々の軸となる自力での成長を決して諦めることはなかった」。世界金融危機が過ぎると、日産とルノーの二〇〇九年度の業績は赤字となった。だが、カルロス・ゴーンの任期中に赤字となったのはこの年度だけで、再び事業は拡大しはじめた。

「北米での日産のマッケートシェアは、二〇一七年には一〇パーセントに近づいた」とカルロス・ゴーンは振り返る。「企業には撤退という戦略などありえない。そんなものは存在しないのだ。世界ナンバーワンのグローバル企業を目指すのであれば、重要な市場から逃げ出すことはできない。たとえそれが困難な市場で、あまり利益を得られない時期があるとしてもだ」

北米における日産　もうひとつの悪しき訴訟

カルロス・ゴーンの逮捕を仕組んだあと、日産の古参幹部がゴーンのイメージと評判を打ち砕くためにでっちあげた話のなかでもっともらしいのが、米国における成長戦略の失敗といわれるものだ。日産が動員した広報部隊から情報を得た国際メディアは、当事者に確認さえ取らずにこの話に飛びついた。『ニューヨーク・タイムズ』のように、事件に関する当事者の説明を完全に無視したのだ。

「二〇一七年まで、業績は非常によかった」とカルロス・ゴーンは指摘する。「それが急変したのは二〇一八年に、西川が現地幹部の経営に直接口を挟むようになったからだ。西川はリベートの引き下げを要求して状況を悪化させた。販売台数の低下がユニットコストを上昇させ、非常に危険なスパイラルへ突入してしまったのだ」

「日産にとって第一の市場は北米であり、ゴーン氏と私自身が強制的に会社を辞めさせられてからの状況は悲惨なものでした」とホセ・ムニョスは明かす。「私が北米事業をとりしきっていたときは、北米が日産の総利益の半分近くを稼ぎ出していました。他の日本メーカーではその比率が約三分の一でした」。実際、問題が起こりはじめたのは、西川廣人が日産の社長に就任してからだ。ホセ・ムニョスはもはや米国にはおらず、横浜で日産のチーフパフォーマンスオフィサー（ＣＰＯ）となっていた。

「西川は私の指示に異を唱えて、北米事業を直接経営したがりました。彼の狙いは、中国への圧力を減らして、北米への圧力を強めることにありました。北米市場については私に報告が来ることになっていました。ですが私が指示を出すと、西川はことごとくそれに反対したのです。そして北米日産の社長であるデニス・ル・ヴォットに直接働きかけました。ル・ヴォットはルノー出身で、ブランドのことも米国市場のことも知りませんでした。米国市場は競争がきわめて厳しく反応の速い市場です。今日決断したことは、すぐに結果となって現れます。二年前に下した判断に固執してなどいられません。ヨーロッパとは違って、米国では注文に応じて生産するのではなく在庫販売をしているのです」

ホセ・ムニョスは、古い日産の宣伝活動における事実操作の例として、レンタカー業者を対象としたフリート販売【訳注：レンタカー会社に買い戻し権つきで車を販売すること】を挙げた。「この時期、米国はふたつの凶暴なハリケーンによって打撃を受けていました。そのため、日産は他のメーカーと同じように、破壊されたり損傷を受けたりした膨大な数の車両の減損処理を行うことにしました。そして被害を受けた人たちは、現金ではなく現物の車で補償を受けたのです。こうした車がフリート販売には含まれていました。ですから販売台数はすぐに、通常のレベルに落ちてしまいました。二〇一九年には、西川の全面的な支配の下に記録的な割合で落ち込んだのです。それに関してはゴーン氏も私自身も責任を負うことはできません」

「私が思うに、西川はデニス・ル・ヴォットが不慣れなのをいいことに、時間をかけて米国事業をめちゃめちゃにしてしまったのです。私は取締役会のメンバーだったグレッグ・ケリーに、西川とル・ヴォットの間に入ってくれないかと頼んでもみました。『頼むから、西川に口だしするのをやめるよう言ってくれないか。彼は状況がわかっていないので、ろくな結果にならないよ。デニスには、私にだけ報告するようにと伝えてくれ』。私は、直接ル・ヴォットに連絡をしてこう警告しました。『西川が指示しているのだとしても、失敗したら君に責任を押しつける気だぞ。そういうやつだ』」

「確かにラインアップは古くなっていたし、無段変速機（ＣＶＴ）の品質問題もありました。米国では非常に重大な問題でした」。日産の技術者たちが誇りとする、ベルト式無段変速機技術を使ったオートマチック・トランスミッションが、米国では数多くの訴訟の原因となっていた。集団訴訟を専門とする弁護士事務所に煽られて、不満を抱えた顧客が次々と訴訟を起こしたのだ。「ジョン・マーティンと私自身が製造を管轄していたときは、品質問題は徐々に解消されていたのです」とホセ・ムニョスは語る。「それでも日産が訴訟を起こされたＣＶＴは、相変わらず弱点ではありました。ですが、値引きとフリート販売の比率を減らしたことで二〇一六年と二〇一七年の業績は好調でした」

　悪い状況が、どのようにしてさらに悲惨なものになったのだろうか？　カルロス・ゴーンやホセ・ムニョスをはじめとする大勢の人間を粛清すると、日産の古参幹部は主力の北米事業のトップにホセ・ルイス・ヴァルスを選任した。アルゼンチン人のヴァルスは、日産が重要な事業拠点を置くメキシコでムニョスの補佐役を経て後継者となった。ホセ・ムニョスの説明はこうだ。「褒美を与えたのです。なぜなら、南米の責任者だったヴァルスは、自発的にカルロス・ゴーンに対する内部調査に協力して、ブラジル、特にゴーン氏の姉であるクロディーヌ（・ビシャラ・デ・オリベイラ）に関する情報をハリ・ナダに提供したからです。ですがヴァルスには、北米市場の経験がまったくありませんでした」。一五カ月後の二〇二〇年五月、著しく弱体化した日産は、世界中の自動車産業がみなそうであるように、新型コロナウイルス感染症の大流行による破滅的な影響に直面し、ヴァルスもお払い箱となった。

フィアット・クライスラー　復活

　カルロス・ゴーンの机の上では、アライアンスの米国のパートナーに関するファイルが閉じられたことは一度もなかった。

「セルジオ・マルキオンネが二〇一八年に亡くなってから、私はジョン・エルカーンと定期的に連絡を取っていた。歩み寄りを呼びかけるためだった。万一メディアに漏れたときに慌てないように、ルノーの取締役の何人かにはこの交渉について知らせてあった」

「二〇一八年一一月一九日のクーデターのあととは背景がまったく違っていた。日産は強く、ルノーは過去最高の業績を達成していた。三菱は再建のさなかにあった。アライアンスは二年連続で世界トップとなった。我々にはプラットフォームと技術があり、有能な経営陣がいたんだ。反対にフィアット・クライスラーは、プラットフォームの欠如と技術不足に苦しみ、電気自動車では大きく後れを取り、世界最大の市場である中国ではこれといった実績がなかった。結局のところ、彼らのほうが我々を必要としていたのだ。彼らの強みは、アライアンスのなかでは日産だけが実質的な存在感をもつ米国市場だった。確かにその点はプラスではあった。フィアット・クライスラー・オートモービルズ（ＦＣＡ）は、〈ジープ〉のような世界的な可能性を秘めた開発中のブランドや、〈ダッジ〉ブランドで販売されていたフルサイズ・ピックアップトラック〈ラム〉といった米国での収益性が非常に高い事業を、アライアンスに提供することになった。それによって、〈ラム〉と日産の利益になるように、大型ピックアップトラックへの集中的な投資に合理性があると考えられた。シナジー効果はすぐに現れるはずだ。そのうえＦＣＡは〈アルファロメオ〉や〈マセラティ〉のような、アライアンスにはない高級ブランドをいくつかもっていた」

「さらに、私にとって重要な要素がひとつあった。それは、ジョン・エルカーンの若さだった」とカルロス・ゴーンは続ける。ジャンニ・アニェッリの孫であるエルカーンは当時四〇歳そこそこだった。「ものすごい強みだった。グループは財政的に十分健全で、フランス政府がもつルノーの株を買い取ることもできそうだった。ルノーと日産とＦＣＡが統合したあと、フランス政府が株主として残るのは論外だった。だがフランス政府から離れるには、ヨーロッパのそれなりの投資家を引っぱってくることがなんとしても必要だった。フランス政府にとって、フィアットのようなイタリア企業は、おそらく日本や非欧州圏のグループよりも株主として受け入れやすいはずだ。我々は交渉を始めたばかりで、さらに深く検討するために、二〇一九年一月一一日に会合をもつことにしていた」。だがその日、誰もが知っているように、カルロス・ゴーンは「出席できなく」なってしまったのだ。

第9章　なんとしてもグローバリゼーション

二〇一二年二月九日は、モロッコの歴史において重要な日となった。この日、できて間もないタンジール港の沿岸の工業地帯では、地中海南岸で最大規模を誇る自動車工場の落成式が行われていた。モロッコ国王モハメッド六世も、モロッコ王国政府の重鎮一同を引き連れて参列していた。一行を出迎えたのはカルロス・ゴーンだ。フランス政府の代表は……在モロッコ大使だった。

二〇一二年五月の大統領選挙運動において、フランスの政党すべて——極右から極左まで——が、この新たな「工場移転」の事例を前にとんでもなく憤激していた。実際のところ、ルノー・日産のタンジール工場は、基本的に〈ダチア〉ブランドで販売されている自動車の製造に特化することになっていた。ダチアのもともとの製造拠点は……ルーマニアだ。ルーマニアの人々からの抗議はなかった。今回は、生産能力の移転ではなく増強だ。ピテシュ工場の生産能力はフル稼働で年間四〇万台だった。

ルノーが生み出した自動車市場の新セグメントは、業界用語で〝ローコスト〟もしくは〝エントリー〟と呼ばれ、みごとな成功を収めた。ヨーロッパの中間所得層ともいえる東欧の新興国が顧客だったが、フランスのような先進国でいままで中古車で我慢していた消費者も販売の対象となった。モロッコのような新興国もそうだ。ジェイソン・ボーンを主人公にしたアクション映画の三作目『ボーン・アルティメイタム』のなかの度肝を抜くようなカーチェイスは、まさにこのタンジールで撮影された。その際モロッコ警察の車両として使われた〈ロガン〉は、ルノー製の〈ダチア〉のコンパクトカーだった。

「モロッコのドリス・ジェトゥー首相が、なんとしても工場を誘致しようとやってきたんだ」と、カルロス・ゴーンは振り返る。「ルノーが主として〈ダチア〉ブランドのために新しい工場を必要としているという噂がメディアに流れていた。正式な発表は何もしていなかった。私はただ、新たに車種が増えたために生産能力が不足していることを認めただけだ。シュヴァイツァーはローコスト車を売り出していたが、二〇〇五年に私がルノーに戻ったときには、ダチアには〈ロガン〉というモデルしかなかった。我々は、自家用セダンからＳＵＶさらにワンボックスカーと、フルレンジのモデルを開発した。市場はいまやルーマニアだけでなく、東欧諸国全体に広がっていた。ダチアはかなり広く普及していて、もはや需要を満たすことができなくなっていたのだ」

二〇〇五年の発売から一五年で、ダチアはヨーロッパで約六四〇万台を売り上げ、ルノーグループの主要なプロフィット・センターのひとつとなっている。実売価格は当初予定していた五〇〇〇ユーロという販売価格を大きく上回っていた。このブランドは、当初予測されていたよりはるかに多様な顧客をつかむことができたのだ。ヨーロッパの農村地帯や〝都市の周辺地区〟におけるＳＵＶ〈ダスター〉の売れ行きは、ルノーが八〇〇万台を売り上げた伝説の〈４Ｌ〉の成功を彷彿とさせた。そして、とりわけ同社の組合が表明していた不安に反して、ダチアは〈ルノー〉ブランドのシェアを食うことなく、別の市場で販売を伸ばしていったのだ。

モロッコでの有利な取引

「ある日、モロッコの首相がパリに来ていて私に会いたがっていると、アシスタントのアニヤ・ヴェルナスバッハが言った」と、カルロス・ゴーンは続けた。「そこで、オーケーした。翌日ドリス・ジエトゥー首相がひとりでやってきて、私にこう言った。『新工場の建設用地をお探しだと新聞で読みました。国王から承諾を得てお聞きするのですが、その工場をモロッコに建設していただくには、我々は何をすればいいでしょう？　特に深水港を建設しているタンジールに』」

ルノーは、小規模ながらすでにモロッコに進出していた。カサブランカにＳＯＭＡＣＡの工場があったのだ。独立したばかりのモロッコ王国とルノーの間で結ばれた協定にもとづいて一九五九年につくられたこの工場では、フランスから送られてくる部品やコンポーネントの組み立てを行っている。その生産能力は限られていて、設立されてから二〇一六年までに一本しかない製造ラインで生産された台数は合計五〇万台だ。

この新たなプロジェクトは規模が桁違いで、ダチアの製造能力を倍増させるものだった。ルーマニアもひとつの選択肢だった。ルノーがオヤック財閥と共同で最も重要かつ収益性の高い製造拠点のひとつをもっているトルコも、もうひとつの候補地となっていた。モロッコは検討対象には入っていなかった。「ダチアの製造に関しては、先進国への進出は問題外だった」とカルロス・ゴーンは指摘する。「賃金は競争力を決める唯一の要因というわけではないが、重要なのはいうまでもない。他にも、金融環境、エネルギー・コスト、インフラ、労働力の養成と質など、考慮すべき重要な要素はたくさんある」

「ドリス・ジェトゥーは私に言った。『実現可能性調査《フィージビリティ・スタディ》を始める準備ができているのなら、私が個人的に統率して産業大臣や財務大臣を本件に関わらせ、必要な資源をすべて提供しましょう』と言ったんだ。モロッコ側が非常に専門的なレベルの高いチームを組んでくれたので、我々は四カ月で検討を終えることができた。彼らは必要な条件をすべて整えてくれた」

タンジール工場は、二一世紀のモデル工場だ。港に隣接していて、海上航路で自動車を輸出するための専用埠頭がある。製造工程には、ルノー・日産アライアンスで蓄積された経験が活かされていた。

環境を汚染しない工場で、二酸化炭素の排出量は同等の生産能力をもつかつての工場と比べると九八パーセント削減されていた。そして、水の消費量も七〇パーセント削減され、廃水の投棄はゼロだった。水処理のフランス最大手であるヴェオリア・エンバイロメントが、その監視にあたった。

「国王には何度かお会いした」とカルロス・ゴーンは語る。「とても礼儀正しい方で、作業がうまくいくために政府が何をすべきかをいつも気にかけてくださった。この期間を通して、モロッコ当局との関係は非常に良好だった。タンジール工場の落成式には、国王とモロッコ政府の主要メンバーが当然ながら全員そろって参列した。イスラム教徒である新しい首相もそのなかにいた。だが、フランス政府は誰も送ってよこさなかった。駐モロッコ・フランス大使が目立たぬよう隅に控えていただけだ。一〇億ユーロを超える投資をして海外に工場を設立するのは、ルノーにとって本当に久しぶりのことだった。それなのにフランス政府を代表する者は誰もいなかった。それがすべてを物語っている」

日産のキャントン工場設立がミシシッピ州の経済状況を変えたように、ルノー・ダチアのタンジール工場設立はモロッコを新たな次元へと導いた。「彼らは素晴らしい仕事をした。生産した車の一〇パーセントは現地で販売され、残りはすべて輸出される。我々に続いてサプライヤーも集まってきた。その後フォードとＰＳＡが進出してきた」。実際二〇一五年五月、ディアボーンに本社を置くフォードは、タンジールに組立工場を建設すると発表した。ルノーが自社のためにつくった物質面および教育面の環境やインフラに頼りながらだ。二〇一九年には、ＰＳＡグループがタンジールからさほど離れていないケニトラで工場の落成式を行った。この工場では、同グループの四つのブランド（プジョー・シトロエン・オペル・ＤＳ）が製造され、その生産能力は二〇二一年に年間二〇万台へと増強される予定だ。

好循環が生まれた。二〇二〇年に国連の地域事務所がまとめた報告書のなかで、タンジールにルノー・ダチアの工場を誘致したモロッコが、新たな発展段階に入った国の例としてとり上げられたのだ。この報告書は、グローバルなバリュー・チェーン（価値連鎖）へのモロッコの参加と、社会および教育の分野で達成された進歩との間の強い関係を明確に示していた。

　モロッコの先には、アフリカがある。アフリカ大陸の人口増加率は、今日では群を抜いている。植民地独立後の政治体制が機能しないことがとても多いこの大陸では、非常に活動的な民間部門の台頭を抑えることができなかった。教育水準は目に見えて向上し、都会の中心では徐々に中産階級が出現してきている。このアフリカ大陸で、フランスのメーカーは、競合企業――おもに日本や韓国、近い将来には中国やインドも――を相手に勢力を挽回するために、保護された植民地市場をついに次の段階へと進めることができたのだ。

「あまり知られてはいないが、我々のアライアンスは、アフリカ市場ではナンバーワンだ」とカルロス・ゴーンは断言する。「ルノーはいまでも、アフリカ大陸で最もよく売れているブランドだ。アフリカの新車市場は、基本的には北アフリカ諸国と、南アフリカ共和国にある。市場の大きさでいうと、南アフリカ共和国・アルジェリア・モロッコ・エジプトの順になる。それだけで、アフリカ市場の約七〇パーセントを占めている。ナイジェリアの新車市場は全体でも五万台だ。我々はモロッコでナンバーワンであり、ルノーは独自のブランドでアフリカ大陸のナンバーワンとなっている。アライアンス三社を含めた全体で考えると、アフリカでは断然トップだ。トヨタや現代自動車を大きくリードしている。そしてアフリカ市場はさらに進化を続けている。ルノーは、この大陸の四大市場のうちのふたつを支配しているのだ」

フランスでのプラスの効果

地方の利益誘導主義をとるフランス人政治家は、選挙のことで頭がいっぱいで自己矛盾など歯牙にもかけない。多少なりともシニカルな態度で北アフリカの旧フランス植民地からの移民流入を規制したり妨げたりするのに躍起になっている政治家が、一方では、北アフリカで何万人もの雇用（直接雇用は六〇〇〇人以上）を生み出す投資に反対している。能力の有無にかかわらず構造的な失業に苦しめられているそうした国の若者に、地中海沿岸で将来を夢見る機会を与えるものだというのに。保守〝左派〟はすかさず、モロッコの一般賃金を優に上回るものだという事実には触れずに、モロッコの労働者に支払われる〝賃金の低さ〟を批判した。

当時カルロス・ゴーンの補佐役だったカルロス・タバレスが、この一〇億ユーロの投資がフランス全体、特にルノーにプラスの金融効果をもたらした裏づけの数字をいくら提示しても無駄だった。フランスの政治家、特に上層部の人間が、グローバル化に対するこの無理解に大いに関係していた。事業のことは何も知らず、大部分が国や政府のお偉方の家系や上級公務員という特権階級の出身なので、生産活動に従事したことがまったくないのだ。世界を知らず、技量も凡庸で、そのうえ英語がほとんど話せない。

その典型が、フランソワ・オランドだ。二〇一二年に大統領に就任したとき、高等商業専門学校（ＨＥＣ）で教育を受けてから、当然のようにフランス国立行政学院を卒業したこの元社会党第一書記は、従業員としてはおろか、インターンとしてでさえ、企業の敷居をまたいだことが一度もなかった。そして世界で最も勢いのあるアジア地域に足を踏み入れたのも、タイの海辺で数日間バカンスを過ごしたときだけだというのだ。

「ある企業が海外に新工場をつくるとき、できればすべきなのは、本国にどれだけの仕事量をもたらすかを測定することだ」とカルロス・ゴーンは言う。「たとえば私がモロッコに工場を建設するとしたら、フランスにはどんなプラスの影響があるだろうか？　エンジニアリング・フランスにおけるサポート機能・フランス人トレーナーにとって、どんな仕事が増えると想定できるだろうか？　フランスのサプライヤーには、どれだけの新規注文が入るだろうか？　それは測定可能であり、実際に測定されている」

「新工場の設立によって、本国の仕事が減るわけではない。むしろその逆だ。中国に工場を設立したとしても、フランスや日本の企業の活動にとってはプラスになるのだ。グローバル化は実際には一連の現地化を通して実現される。最初のうちは、たいていは周辺の地域という輸出先としての市場を攻撃することになる。そうだったとしても、すぐに現地進出を考慮せざるをえなくなる。それはいたるところで実証済みだ。新しい工場が本国に設立されないことを嘆いても意味がない。経済モデルがそれを否定しているからだ。だが知っておくべきなのは、進出先の国での活動が、本国での一連の機能に関係する仕事の増加につながるということだ。その評価に関する研究論文もある。私たちは政治家たちにそれを説明したが、彼らが興味を示すことはなかった」

「それに対し、二〇一四年の一一月にアルジェリアのオラン郊外で工場の落成式を行ったときは、フランス外務大臣のローラン・ファビウスが、経済・産業・デジタル大臣のエマニュエル・マクロンといっしょに参列したのだ！」とカルロス・ゴーンはいまでも驚きを隠さない。「確かにフランスはアルジェリアの宗主国だったが、小さな工場で最大生産能力は年間五万台だというのに」。ただし、この工場は、アルジェリア政府が資本の五一パーセントをもつ組織に属していた。フランスのメディアは、この投資が「二〇一二年一二月に、フランス大統領のフランソワ・オランドがアルジェを訪問した際に締結された協定の成果」だと強調した。

大統領の外国訪問のしきたり

政治家階級と産業や経済との関係についての風刺画のようなエピソードは、フランスに限らずどこにでもある。大統領の大仰な外国訪問は君主制のしきたりで、ときには何十人もの企業のリーダーが同行して、国家元首が途方もない協定に署名するのに立ち会う。〝権威ある〟新聞がそれに誇張した見出しをつけて、成長と繁栄の鍵を握るのは政治権力だという考えを世論に浸透させるのだ。こうした協定は、明らかに輸出の前線で戦うプロたちの、数カ月、ときには数年におよぶ現地での努力の成果だ。協定の締結において公権力が果たす役割は、皆無とはいわないまでも極端に小さい。そして公権力が災いの種になることもある。やたら金のかかる〝重大な協定〟を結んでしまい、そのつけが最終的に納税者に回ってくるからだ。フランスの原子力関連産業が得意としていることだ。

カルロス・ゴーンの欠点は、本人が言うには、この〝ロールプレイ〟を決して受け入れなかったことだ。

「まず、政治家の行う政治には関心がもてない。ペースが遅いからだ。行動よりも能書きが多い。私は政治の道を志したことは一度もない。パリでは〈世紀《シエークル》〉というグループのメンバーになったが、実際に夕食会に参加したことは一度もない。経営者団体の〝フランス企業運動（Ｍｅｄｅｆ）〟を軽んじていたわけではないが、会合は退屈だった」

「もっと本質的な理由もある。もし私が単に日産かルノーの社長だったのなら、地元のビジネス共同体へ溶け込む努力を否定するのは間違いだと考えたに違いない。パリでも東京でも誰もわかってくれないだろうが、私は実際に日産とルノーと三菱、さらにはアライアンスそれぞれの仕事に追われるようになってからは、そうしたことに費やす時間が物理的になかったのだ。私の一日の仕事はとても長く、休む間もなかった。そのうえ私には家族がいて、家族は私にとってとても大切な存在だった」

「ひとつ例を挙げよう。私はジャック・シラクの時代から、フランス大統領がアライアンスの進出している国を公式訪問するときは、いつも同行するよう声をかけられた。だが私は一度も参加しなかった。誰も面と向かって私に文句は言わなかった。私が参加しない理由は簡単だ。もし一度でもこうした訪問に同行することを承諾すれば、抜き差しならないはめになるからだ。そうなると相当な時間の無駄になる。それで私は、フランス・ヨーロッパ・日本のいかなる公式訪問団にも決して参加しなかったのだ」。フランスでは不敬罪に問われてもおかしくない、許しがたいことだ。

「アライアンスに関する任務を引き受けると決めたときから、私には他のことに使う時間はなかった。おまけに私はシュヴァイツァーに、二〇〇五年以降も日本にとどまらせてほしいと頼んでいた。私は彼に言った。『急いではいませんから』。私がルノーに戻るべきだと言い張ったのはシュヴァイツァーのほうだ。ビヤンクールでまだ任期を務めることができるはずだったシュヴァイツァーは、私にこう繰り返した。『私は会社を辞めたい。ルノーの社長は君をおいて他にいない』

「シュヴァイツァーは、日産の経営者となる誰か他の人間を探すよう私に提案してきた。だが私には心当たりがなかったし、六年でなぜ私が去るのか、業績が順調なだけに日産の人たちは納得しないだろうと答えた。私自身、自分の居場所を気に入っていた。パリに戻ってフランス政府とうまく折り合いをつけていくことを考えても、心はまったくはずまなかった。たとえ大統領が、何にでも干渉したがるタイプではないジャック・シラクのままだったとしてもその気持ちは変わらない」

「私はこのふたつの仕事を引き受けてから、社交生活をすべて犠牲にしてきた。日本には毎月来ていた。フランス・米国・中国、その後はブラジルやロシアでも過ごした。四人の子どもたちは私にとって大切な存在だった。私は会社に費やす時間と社交のための時間、そして経営者としての時間をうまく調整しなくてはならなかった」

「私は仕事の場では人々に好かれていないという状況を受け入れていた。だが、とても仲のいい家族がいて幸せに思っている。私は会社の経営だけでなく、家族との関係でも成功を収めた。私が政治面で必要な努力や、影響力のある組織やサークルに溶け込むための努力をきちんとしなかったのは事実だ。だがそれは、最初から決めていたことだった」

グローバルな市場、ナショナリスティックな政策

グローバル化の抱える大きな矛盾は、世界貿易機関（ＷＴＯ）事務局長だったパスカル・ラミーがしばしば分析していたように、はっきりとわかっている。それは、市場がグローバル化しても、政策は国家主義的なままだということだ。多国間主義は、国家という枠組みのなかで人々の〝集団的選好〟における相違や不一致が生み出す対立を解消するようなガバナンスを地球にもたらすことができなかった。この矛盾を克服する最も野心的な計画といえるＥＵでさえ、その限界を示した。

「ナショナリズムが感情に訴えるのに対し、グローバリゼーションはどこか合理的なものだ」と、カルロス・ゴーンは言う。「人間の頭のなかには、互いに対立するふたつの考えがある。ひとつは、自分の国家・村落・部族・倫理観・宗教などを大切にしたいといった気持ち。もうひとつは、いまや世界市場が存在し、そこでは協力なしには何も達成できないという認識だ。それだけのことだ。私はいつも合理性というカードを切っている。感情というカードは決して切らない。勝者と敗者、上級市民と下級市民がいる状況になってはだめだからね。おのおのが自分の企業のなかで、それぞれブランドを担っている。だが、ともに力を合わせて働けば、より強力になる」

「日本では、私は企業のためにこの種の関係の維持を担当する人物を任命してきた。最初に任せたのは小枝至《こえだいたる》、次に志賀俊之、そして最後が西川だ。彼らは国や経営者サークルと深くつながっているように思え、西川が私に卑劣な攻撃をしかけようとするまでは、何の問題も起こらなかった。私は信頼し、そして裏切られたのだ」

その〝忠実な〟西川廣人が二〇一八年一一月一九日には、まるで検事のように、カルロス・ゴーンの経営は日本市場をないがしろにしたものだったと非難した。「それは違う」とカルロス・ゴーンは答えた。「不適切な優先順位をつけるのを認めなかっただけだ。日本市場を軽視したことは一度もない。国家主義よりも企業の利益を考慮した一連の重要課題があったのだ。日本市場は、収益性はあったが停滞していた」

日本　活気がなく軽自動車に占領された市場

一九九〇年に自動車販売台数約七八〇万台という頂点に達したあと、日本市場は約七〇パーセント減少して停滞した。一九九〇年当時の日本は、バブル経済の生み出した陶酔からまさに〝失われた一〇年〟に移行しようとしていた。日本の自動車市場は活気を失っているだけではない。人口動態の変化が劇的な国では当然の現象だが、毎年人口が三五万人以上減りつづけている現在の動向からすると、西暦三〇〇〇年ごろには最後のひとりが姿を消して、日本人は絶滅してしまう運命にあると考えられる。

何よりもこの日本の自動車市場は、軽自動車を意味する〝Kカー〟の占める割合が増大して、体質が変わってしまった。総販売台数の約三分の一が、女性、なかでも高齢者が大半を占める顧客層向けなのだ。Kカーは税金が優遇される代わりに、個人用も業務用も車両の大きさが厳密に定められ、エンジンの排気量は六六〇ＣＣに制限されている。必要な安全基準を満たしていないために、輸出はされていない。軽自動車の対極に位置する高級車セグメントは、最も収益性が高く、その大部分が海外ブランドによって占められてきた。特にドイツのブランドは、三〇年前から、長い間、日本市場への参入を困難にしていた、非関税障壁や文化の壁といった保護貿易主義的な障害を打ち砕くことに成功している。

「三菱自動車株式会社と我々の関係は、日本市場の変化を観察していて、最も勢いのある軽自動車セグメントに参入しない限り、日本市場での競争には耐えられないと気づいたときに始まった」とカルロス・ゴーンは振り返る。「日産は、このセグメントには参入していなかった。市場が日本しかない製品に投資するのは、あまり気が進まなかった。そこでパートナーを見つける必要があったのだ。我々はスズキと三菱に、日産が決めた仕様を満たす車をＯＥＭで提供してもらい、日産ブランドで試しに販売してみた。その結果には誰もが満足していた。だがスズキがフォルクスワーゲンに接近すると決めたことから関係が複雑になってしまい、我々はこの製造の大部分を三菱に委託することにした」

敗戦した一九四五年に解体されて〝系列〟となった日本有数の〝財閥〟のひとつに属する三菱自動車（ＭＭＣ）は、グループ内の問題児だった。二〇〇〇年代初頭に、三菱グループは自動車部門を、クライスラーと〝対等合併〟しているダイムラーに結びつけるという解決策を思いついた。これがルノーに日産と組むチャンスを与えることとなった。ダイムラーと三菱の魅力的だが不幸な合併は、ドイツの買い手が重大な品質問題の隠蔽に気づくところから始まった。出資金が減額されたとはいえ、ダイムラーにとっては損な取引となってしまった。

さらなる資金投入の要求が三菱からなされた二〇〇四年、ダイムラーは米国でのクライスラーとの関係悪化もあって、三菱から手を引いてしまう。三七パーセントあった出資比率を徐々に減らして一二・四パーセントとすると、二〇〇五年に目立たぬようにゴールドマン・サックスに転売したのだ。この米国の投資銀行は、それをカルロス・ゴーンに売り込んだが、ゴーンは要求価格が高すぎると考えた。そんな状況のなか、三菱自動車は均衡を取り戻すことができなかった。自社の影響力が弱い北米市場に食い込むという試みに失敗したことが、財政の破綻につながった。二〇〇七年に起こった世界金融危機の引き金となったサブプライム・ローンの先駆けとして、三菱自動車は米国で〈ニンジャローン〉という自動車ローンを使って、無収入・無職・無資産の顧客に車を売りつけた。当然ながら、初年度のローン返済はなかった。簡単にいうと、顧客は一年間無償で車を運転し、支払い期日が来ると契約を破棄したのだ。日本で六番目の自動車メーカーがこうむった損害は一〇億ドルにのぼった。

三菱グループの問題児

二〇一六年には、威厳ある三菱グループにとって余計なスキャンダルが発覚した。三菱自動車が提出した軽自動車の燃費試験データに関して、不正な操作が行われていることに日産が気づいたのだ。対象となる約六〇万台のうち約四六万八〇〇〇台が日産ブランドで売られていた。その後、こうした不正操作が四半世紀前から日常的に行われていたことがわかった。このスキャンダルの法的責任は、三菱自動車にとって致命的なものになりかねなかった。

「三菱自動車のＣＥＯである益子修が私に会いに来て、彼らの置かれた困難な状況について語った」とカルロス・ゴーンは言った。「私は敵対的買収の信奉者ではなく、誰もがそのことを知っていた。日産としては支援する用意はあるが、それはアライアンスを通してであると私は彼に告げた。我々は三菱自動車の株式の三四パーセントを取得し、ガバナンスや取締役会の構成に関していくつか要求を出した。私が会長となり、益子は社長として残ることになった。日産の人間を社長にするのは論外だったからだ」

「契約はすんなりとまとまり、すぐさま実行に移された。私は、三菱重工、三菱東京ＵＦＪ銀行（現三菱ＵＦＪ銀行）、三菱商事という三種類の主要株主の経営者たちと会ったが、みんな自動車部門に絶えず金を注ぎ込みつづけることや、その系列会社が制御不能状態になって苦しむ姿を見ることにうんざりしていた。私は日産の例を挙げて我々の意向を説明し、彼らを安心させた。実際には彼らを説得するには及ばなかった。私の日本でのイメージのために契約の締結がスムーズに進んだからだ」。日産は二三七〇億円で三菱自動車の株式の三四パーセントを取得して筆頭株主となった。日産の筆頭株主であるルノーも含めた取引だった。

「私は、三菱自動車のブランドを残し、企業としての自主性を守ると約束した。彼らが日産による完全な吸収を危惧していたからだ。すべてが非常に速く進んだ。三菱自動車の復興は目覚ましかった。だから、私が逮捕された翌年に三菱自動車の株価が実質的に半値となってしまったのを目にして、痛ましく思った。この下落を引き起こした張本人は、まるで古代ローマ時代の野蛮な異民族のように振る舞っている。まさに蛮行だった」

「三菱自動車の経営の欠陥は目に余るものがあった。年間一〇〇万台以上の車を売ることがめったにない企業にとっては、規模の大きすぎる問題だった。そのため、購買部門をアライアンスと統合することで得られる恩恵は非常に大きかった。我々は三菱自動車の工場にルノー・日産アライアンスの工場をベンチマークさせたが、それが驚くべき発展につながった。特に最新のスキャンダルの引き金となった弱点といえる品質を中心にベンチマークを実施した。一九九九年以前の日産がそうだったように、三菱自動車には官僚主義がはびこっていて、著しい主体性の欠如と利益に対する関心の低さが目についた。そうした傾向すべてが、企業規模が小さすぎるためにさらに悪化していたのだ。彼らにとって、日産とルノーの工場に出向いてそこでの働きぶりを学ぶことは、新たな可能性の開拓につながった。アライアンス内にすでに存在している技術については、新たな開発が不要のため、それがただちに節約につながることもあった。方向転換はスムーズに進んだ。我々は強い要請に応えて、三菱自動車を成長路線に乗せたのだ」

「結果的にかなり大きな満足感をもたらし、日産に大いに歓迎された。日産の傘下に入るのを不安に思っていたのは三菱の社員たちのほうだった。私の仕事は彼らを安心させることだった。一部の連中がいま躍起になって私に貼りつけようとしている〝独裁者〟というレッテルは、現実とはまったく違う。私は常に仲裁者の役割を果たし、三菱社内ではまさにそのとおりに受け取られていた。人材に関しても同じ取り組み方をした。侵略ではまったくない。三菱からの要請が最も多かった非常に有能な専門家を何人か派遣したのだ」

「いずれにしても、日産には進行中のプロジェクトがたくさんあったので、責任者たちはなんとかして自分のチームを守ろうとした。私は日産出身の幹部の移籍を強制しなければならなかったが、ルノーの候補者にも声をかける必要があった。その大部分がアライアンスを通じて日本での経験をもっていた。いちばんいい例はなんといっても、アライアンスにおいて小型商用車全体を統括していたアシュワニ・グプタだろう。彼は以前ルノーでも同じ仕事をしていた。グプタは非常に優れた業績を残していたので、英国に戻りたがっていたトレヴァー・マンの後任として、私は彼を三菱自動車の最高執行責任者（COO）に選んだ」

　それなのに「カルロス・ゴーンは日本市場をないがしろにした」とは！　常に約一〇〇のメーカーで構成されてきた日本の自動車産業における企業統合は格好の新聞ネタだった。日本企業同士で合併する難しさに直面し、最も脆弱な企業が当局の承認を得て海外メーカーの支援を求めることも多かった。マツダはフォード、三菱自動車はダイムラー、スズキはフォルクスワーゲンといった具合だ。いずれの合併も遅かれ早かれ、ときには険悪な雰囲気で解消されることになる。唯一の例外が、二〇一八年一一月一九日までのアライアンスだった。実際には巨大企業であるトヨタが、その後ホンダを除く日本メーカーのかなりの部分をひとつにまとめた。技術革命が進む自動車産業では、強化を図るにはそれしか道がなかった。カルロス・ゴーンは、三菱自動車をアライアンスに加えることで、日産が国内市場で危険な孤立状態に陥るのを防いだのだ。

東南アジアにおけるリーダーシップ

「三菱自動車はヨーロッパや米国にしっかり根をおろしてはいなかった」と、カルロス・ゴーンは続ける。「だが東南アジアでは、タイ・インドネシア・フィリピンに工場があり、日産より強い存在感をもっていた。これらの工場は、アライアンスにとって、この地域における基準となった。その他の地域では、日産とルノーが牽引役となって大きな成功を収めた」

日産は、タイの子会社であるサイアム・モータースの業績を改善するために、三菱自動車に頼るようになった。タイで日産自動車の代理店を務めるこの財閥の自動車部門の株式の約九〇パーセントを取得することは、とても意義のあることだった。タイは国を挙げて〝東南アジアのデトロイト〟になることを目指していたからだ。だがカルロス・ゴーンは、この買収のポテンシャリティをうまく活かすにはある程度時間がかかるとわかっていた。

「サイアム・モータースは、我々が買収した同族企業だったが、最初のころはきちんと経営されていなかった。現地に送り込んだ日産の幹部は、真に成功したとはいえない。文化の面で、日本人幹部にとっては適応するのが難しい環境だったのだ。それでも、彼らは個別の弱点を集団行動によって補うことができるはずだ。それこそが、日本の偉大な力だ。ただし国外で同じ結果を出すのは国内でよりずっと難しい。日本人はよく働き、企業に対して大いなる忠誠心を示す。互いの意思の疎通も非常に迅速で円滑だ。それはこの業界でもとても大きな強みとなる。その反面、突出した個性に出合うことはめったにない。おそらくは、日本の教育制度と社会構造が、人より抜きんでて目立つことを良しとしないからだろう」

　そしてあえてその危険を冒すと、ひどい目に遭う。デイビッド・ハルバースタムは『覇者の驕り――自動車・男たちの産業史』のなかで、片山豊《かたやまゆたか》の例に言及している。片山は一九六〇年代初頭に当時の〈ダットサン〉というブランドを販売する足がかりをつくるため、日産によってカリフォルニアに送り込まれた。すぐに交渉相手であるディーラーたちから〝ミスターＫ〟と呼ばれるようになった片山は、製品やサービスを米国市場に適合させるために常に東京本社と衝突しながらも、大方の予想を超える成功を収めた。ほぼアメリカ人同然になるほど〝アメリカ流の生活様式〟に夢中になった片山は、〈ダットサン５１０〉モデルの構想を東京の幹部たちにかなり強引に認めさせた。そしてこのモデルが、北米における日本車のイメージを変えることになる。価格は〈ＢＭＷ１６００〉の三分の一程度だった。

　だが東京にいる官僚的な者たちは片山に感謝するどころか、海の向こうの米国における〝ミスターＫ〟の人気に嫉妬する。とりわけ二万五〇〇〇ドルという当時としてはかなり高額な家を購入したことが問題視された。ビジネスの相手を家でもてなすためだったが、日本ではなじみのない習慣だった。一九七七年の初頭、片山は年齢を理由にいきなり東京に呼び戻され、ぱっとしない子会社に追いやられた。「出る杭は打たれる」というやつだ。

「三菱は、製造部門も含めてタイでは我々よりもずっとうまくやっていた」とカルロス・ゴーンは続ける。「我々はサイアム・モータースの立て直しを彼らに頼った。工場をある会社から別の会社に移さなくても、ベンチマーク、最適な機能配分など状況を改善する方法はたくさんあった」

つまり、二〇二〇年五月にカルロス・ゴーンの後任者が、東南アジアにおけるリーダーの役割を三菱自動車に与えることで革新を図ったと発表したが、それは過去にゴーンがアライアンスでやっていたことを踏襲しただけだったのだ。三菱自動車が持参金としてもち込んだ充電式ハイブリッド・エンジンの技術についても、結局は同じことが言えた。カルロス・ゴーンは、外部充電できないハイブリッド・エンジン——すでにかなり良い燃費をさらに向上させるにしては複雑すぎるし金がかかりすぎると思われた——に長年金をつぎ込んできたトヨタの二の舞にはならないと決めていた。それどころか二〇一〇年以降は、完全電気自動車に多額の投資を行った。

そして開発と投資が実行された瞬間から、当たり前のこととして、それが、アライアンスのすべてのパートナー企業にとって利益となるように求められた。「三菱の充電式ハイブリッド技術をアライアンス全体に展開して使わないとしたら、日産とルノーは自ら投資しなくてはならない。この新たな体制において、どんな恩恵が得られるかは完全に予想できる。そのうえ、三菱自動車がアライアンスに加わったとき、ルノーと日産のシナジー効果追求のペースは落ちなかった。それで私は、計画の下方修正をしなかったのだ」

グローバル化　なぜそれほど恐れるのか?

三菱自動車の場合、興味深いのは、世界的レベルでの統合をバネにして、長年解決されなかった社内問題に対する解決策を見つけるという可能性を実現したことだ。グローバル化は、問題を引きおこしたり、リスクを増大させたり、危険をもたらしたりすることがないわけではないが、〝同時に〟解決策の宝庫であり、一連の保証であり、安全要因でもある。

中国よりもずっと早くから日本は自国の経済に、第二次世界大戦後に確立された多国間の枠組みと、それに起因する国際貿易の力強く継続的な発展の恩恵を受けた国であることは明らかだ。矛盾しているのは、日本人の圧倒的多数が世界から切り離されたままでいたいと思っていることだ。この鎖国的傾向は高まっている。パスポートをもっている日本人の割合は二〇〇五年には二七パーセントだったが、二〇一九年には二四パーセントとなっている【訳注：外務省旅券統計および総務省統計局国勢調査データより】。この割合は先進国のなかでは最も低い。若い世代が英語を使用する頻度は増えるどころか減っていて、海外の大学で勉強を続けようと考える日本人学生はますます少なくなっている。

「私が日本に来たとき、日産本社には英語を使いこなす人がほとんどいなかった」とカルロス・ゴーンは振り返る。「私のために英語を話す秘書を見つけるには、社内のすべての部門に探しに行かなくてはならなかった。私の最初のアシスタントは輸出部から来た女性だった。日産は実のところ非常に伝統的な日本企業で、とても偏狭で閉鎖的で縄張り意識が強く、その状況を改善するのはかなり大変だった。社内は細々とした官僚的な規則で厳しく管理され、その範囲は文房具の支給から室温の調整まで多岐にわたっていた」

「日本は何ももっていない。農業は衰退している。石油やガスといった重要なエネルギー資源はない。鉱物もない。利用可能な土地は不足している。しょっちゅう地震に見舞われ、定期的に台風の被害を受ける島国だ。さらに地方ごとの環境は閉鎖的である。日本の唯一の資源、それは日本の人々だ。そこで、経済大国になるには世界市場を征服するしかなかった。グローバル化に反対するわけにはいかないのだ。グローバル化の衰退は、日本にとっては死刑宣告を意味する。日本はグローバル化が好きなわけではない。明らかに必要に迫られてグローバル化の信奉者となったのだ。自律的なモデル、あるいはさらに悪い自給自足的なモデルは、日本にとって単に現実的でないだけだ」

だが、グローバル化に向き合う日本の態度が矛盾しているように見えるとしたら、フランスはどうなのだろうか？　二〇一七年末の時点（入手可能な最新値）で、海外に長期滞在あるいは永住をしている日本人は約一三五万人で、人口の一パーセント程度だ。人口が日本の半分のフランスの場合でも、一時的か永続的に海外に移住している国民はその二倍だ。

「アライアンス内の経験からわかったのは、フランス人を日本に来させるほうが日本人をフランスへ行かせるよりもずっと容易だということだ。日本人にとっては、世界の国々との文化の違いは他の国の人たちにとってより大きい。当然ながら適応するのがはるかに難しく、戸惑いも大きいはずだ。それでも日本にあるフランス人社会は、大ロンドンやカリフォルニアのベイエリアにあるコミュニティとは比べものにならない。規模が違う」

誰が工業国フランスをだめにしたか？

タンジール工場の場合がそうであるように、グローバル化はフランスのメディアに悪く書かれることが多い。それは、フランスの脱工業化をグローバル化のせいにしているからだ。産業雇用の減少の原因として、厳密な意味で現地化に起因するのは五パーセントにすぎず、その大部分がテクノロジーの革新と生産性の向上に起因しているという事実は無視されている。ヨーロッパにおけるフランスの競争力の低下は見て見ぬふりだ。外国の直接投資がフランスに何百万という産業雇用を生み出したことも忘れられている。そして何より、税務をはじめとするさまざまな公共政策が、フランスの産業基盤を土台から崩す大きな原因だったという事実を認めようとはしない。フランスの工業が衰退した理由に関する議論にしょっちゅう出てくる原因をひとつだけ挙げるとすると、それはかの有名な〝生産税〟（企業の利益の有無にかかわらず徴収される）である。二〇一八年に徴収された税額は、フランス産業が生み出した付加価値の九・七パーセントに相当した。それに対してドイツは四パーセントだった。そのうえこの課税制度の税額表は、まるで破片爆弾のように複雑な様式（フランスの税務分類には二〇〇以上の項目がある）だった。

その結果、フランスのメーカーは、第二次世界大戦前は優位にあった高級車および超高級車の市場から締め出されてしまった。原因となる失策はいろいろあったが、なかでも「金持ちに払わせろ」（〝高齢者のための〟納税済証紙）という方針に則った税制の存在が大きかった。ドイツの自動車産業がいまだに国内で多く生産しているのは、高級車から得る利益がライバルのフランス企業が製造する小型・中型のモデルとの厳しい競争を経て得る利益とは比べものにならないほど大きいからだ。

これがイタリア、さらには米国のライバル企業を買収して世界の高級品市場を征服したのと同じ国だと思うと笑えてくる。約一四万人——広義に捉えると二〇〇万人にのぼる——の直接雇用。航空産業に匹敵する二〇〇億ユーロ以上の貿易黒字。おまけに、他のところではすでに失われているような職人技やノウハウの保存。高級品産業のおかげで（税制によるのではもちろんなく）、フランスではラッファー曲線【訳注：税率を上げるとある点までは税収も増大するが，その点を過ぎると逆に税収が減少することを示す曲線】の理論が簡潔にその内容を示すように、トリクルダウン理論【訳注：富が富裕層から低所得層に徐々に滴り落ちるとする理論】そのものはうまくいかないが、〝トリクルダウン（高級品産業から恩恵を受けた各所への）波及〟は機能している。

「それでも、工業国フランスは最近になって立ち直った」とカルロス・ゴーンは指摘する。「二〇一四年から二〇一八年の初頭まで、ルノーのフランス工場での生産量は増大した。世界金融危機ののちに最悪の状態となり、その後、週三五時間労働制のような最も有害ないくつかの措置を修正したことで状況は改善した。フランスはルノーにとって収益性の非常に高い市場でありつづけ、我々はそこで強い立場を維持するために力を尽くした」

　競争力に関するふたつの協定が、二〇一三年と二〇一七年、規則をきちんと遵守する労働組合側との間に相次いで締結された。それによって、フランスにおける生産拠点の赤字はかなり減少し、ルノーグループとアライアンスの優等生と比べても遜色ないものになった。

脱グローバリゼーションがもたらす眩惑

「脱グローバリゼーション？　私は信じていないよ」とカルロス・ゴーンは断言する。「現在進行形での修正や、不可欠な説明、必要な検査が行われている。ヨーロッパでは、ヨーロッパの構造そのものに反対し、不都合をすべてＥＵのせいにする傾向がある。一方ではブレグジットがあり、他方では東欧のいくつかの国での動きがある。私に言わせれば、我々は四〇代・五〇代のいわゆる中年の危機《ミッドライフ・クライシス》を経験しているんだ。特にアイデンティティの尊重という点について、グローバリゼーションに特有の行きすぎを修正し、ある種の再結集を図ろうとしている。ブレグジットはひとつの試金石となるが、ＥＵはそこからさらに強化される可能性がある」

　ブレグジットもまた、群衆行動の非合理性を示す申し分のない例だ。選挙運動の過程で、何十年も前からロンドンのメディアによってＥＵに対して繰り広げられてきた組織的な情報操作が、その頂点に達したのである。分離独立派によって広められた稚拙な作り話をもとに、週刊誌『エコノミスト』は手はじめにボリス・ジョンソンに〈皇太子《クラウン・プリンス》〉というあだ名をつけた。ジョンソンの上級顧問として働いていたドミニク・カミングスが、ケンブリッジ・アナリティカという企業の手を借り、フェイスブックから盗んだデータを使って世論操作を行ったのだ。

英国が欧州統一市場へ無制限にアクセスすることで自動車産業を再建することができたのは、ＥＵに加盟していたおかげだ。かつてこの業界は、政治的無能力・社会的無責任・国家的衰弱によって生産性が蝕まれ、投資不足のせいでほぼ壊滅状態となっていた。確かに、英国で事業を展開している主要メーカー六社のなかに、英国籍企業はひとつもない。順に見てみると、第一位のジャガー・ランドローバーはインドのタタ財閥傘下であり、第二位は日産で日本企業。第四位と第五位も同じく日本企業のトヨタとホンダ。第三位はＢＭＷ傘下のミニ（ロールスロイスも同じくＢＭＷ傘下。一方ベントレーはフォルクスワーゲンの傘下に入っている）。ヴォクスホールは、ヨーロッパ部門をフランスのＰＳＡに買収され、ゼネラルモーターズの系列を離れた。

英国の自動車生産は二〇一六年に約一七二万台という頂点に達したあと、主としてブレグジットによって生まれる不確実性のために、三年連続で減少した。二〇二〇年、日産は英国北東部にある巨大なサンダーランド工場から五〇万台以上を出荷した。この工場は約七〇〇〇人の従業員を雇用していて、さらに国内各地で約四万人に仕事を提供している。生産された車の六〇パーセント以上がヨーロッパ市場向けだ。そのため、二〇一六年五月に、サンダーランドの有権者の六一・三パーセントが離脱賛成に投票したときには電撃が走った。離脱に反対したのは三八・七パーセントだった。これは自殺行為だと、コメンテーターたちは語るだろう。説明として考えられるのは、カルロス・ゴーンと英国政府の間で、離脱賛成に投票しても犠牲を払うことはないと思わせる、何らかの取り決めがなされたということだ。

ブレグジット　テリーザ・メイとの交渉で得た確約

「私が英国政府と交渉していたのは、英国がＥＵから離脱した場合に日産の事業がこうむるマイナスの影響を補償してもらうという確約だった。ＥＵを離脱しても英国に拠点をもつ産業は競争力を維持しつづける必要があるということを、英国政府はよく理解していた。私はテリーザ・メイにこう言っていた。『もしあなたが、私たちの競争力を守ると約束してくださるなら、私たちは英国に残ると約束しましょう』。彼らは書面で確約してくれた」

この場合、「補償する」とはいったい何を意味するのだろうか？　もし英国が、移行期間終了後の二〇二〇年末に何の協定も結ばずにＥＵを離脱したら、日産が英国から輸出する自動車は自動的に一〇パーセント課税されることになる。だが、スターリング・ポンドが、すでにこのハンディキャップを相殺して余りあるほど下落していた。逆に、ＥＵから英国に輸入される自動車は同等の関税が課せられることによって、日産は英国におけるマーケットシェアを拡大することができるかもしれない。

「書面による取り決めには、どんな効力があるのだろうか？　問題は請求書を突きつけることではない。企業は自ら望めばあるいは必要に迫られれば英国から出ていくことができることを、英国政府は完璧に理解していた。その場合は、当然ながら段階的に出ていくことになる。車の新モデルが登場しても、サンダーランドで製造されることはないだろう。工場の雇用は減少していく。その後、また新モデルが出てきても、同じことが起こる。国も企業も誰もが損をすることになるわけだが、それは最初からわかっていたことだ。企業がブレグジット後の英国に投資するのをやめようと決めたのなら、その責任についてはきちんと明確にしなくてはならない。市場の現実に逆らえる者など誰もいない。だが、（いざというときには）こうは言えなければならない。『私はこの国に対して誠実でした。何の隠し立てもしなかったし、その決定が突飛なものだとは誰も言わないはずです。私たちは話し合いました。あなた方はこちらの要求を聞き入れてくれましたが、約束したとおりのことをしませんでしたね』と。競合他社がどうしたのかはわからない。我々の要求は、当時の英国首相とのやり取りのなかで明確になっていた。この基本的な合意事項を有効とする書類が日産に保管されている」

　この第二のグローバル化の過程で確立された、あまりに広範で、あまりに複雑で、あまりに脆弱で、化石燃料をあまりにも多く消費するバリュー・チェーンは、その発端が一九八九年のベルリンの壁崩壊とその後のソビエト連邦の崩壊にあるのだろうか？　その可能性はある。だが行きすぎは企業自身の手によって修正されはじめた。

　〝世界の工場〟となった中国は、ベトナムやカンボジアといった近隣のアジア諸国との間で、大量生産品のいくつかに関してますます競争を強いられるようになっている。中国にとっての解決策は多様化であり、孤立主義や国境閉鎖ではない。特に新型コロナウイルス感染症の流行によって不安をかきたてられ、製造を先進国に移すところが出てくるのだろうか？　それはありうる。だがもし工場が戻ってきたとしても、おそらく雇用はないだろう。

　世界最大の半導体ファウンドリである台湾のＴＳＭＣがアリゾナ州に建設する工場には、二〇二一年から二〇二九年までの間に一二〇億ドルが投資される予定だが、創出される直接雇用は〝わずか〟一六〇〇人だ。一〇億ドルの投資をすれば、二〇万台の生産能力をもつ普通の自動車工場で三五〇〇人程度の直接雇用を生み出す。だが、米自動車産業の復活をある程度担うと期待されているテスラは、第二工場を中国に、第三工場をベルリンに設立することに決めた。どちらも、フリーモントの第一工場のようにロボット化がかなり進んだ工場となる。

トランプとNAFTA　空騒ぎ

〝賢い〟保護貿易主義とは、矛盾をはらんだ表現だ。国内当事者の保護は、既得権を優遇し、イノベーションを阻み、テクノロジーの陳腐化を招く。その結果、グローバル化のいちばんの受益者である消費者に大きな不利益をもたらす。

「最も強力な保護貿易主義者で、グローバル化に最も激しく抵抗している人でも、越えてはならない一線があることはきちんとわきまえている」とカルロス・ゴーンは分析する。「なぜなら、やりすぎるとすべてを失うとわかっているからだ。米国とメキシコの間で起こったことを見てみるといい。NAFTAは二〇年以上前に締結された自由貿易協定だ。もはや互いの力関係が変わっているので、見直しをしてもおかしくはなかった。メキシコの状況も米国と同様に変わっている。だがドナルド・トランプが切望している壁は築かれておらず、関税障壁も引き上げられてはいない。改定交渉が行われ、カナダ・米国・メキシコの三国間で製品は流通しつづけている。メキシコにある日産の三工場はいまだに、リオ・グランデの北にあるスマーナやキャントンと統合された生産システムの一部となっている」

「グローバル化が中断されるところは見ていないし、今後も見ることはないだろう。だが、特に地域協定や二国間協定を通じた均衡の回復はあるだろう。そうした協定は、どれもが貿易を継続させるためのものだ。さまざまな発言や脅しはよく耳にするが、現実にはグローバル化はより良い均衡を求めて進展を続け、おそらくさらに強固なものになるだろう。グローバル化の活力は、問題から目を背けずに、グローバル化の進展とともにそれを解決していくことにある」

第10章　どうやって世界一になるか？

二〇一一年三月一一日、現地時間の午後三時三七分ごろ、太平洋に面して六つの原子炉が設置されている福島第一原子力発電所を高さ約一五メートルの津波が襲った。一号機から四号機の原子炉を高さ五・七メートルの波から守るために築かれた防潮堤も、この津波に対してはまったく役に立たなかった。一〇メートルほど高いところに設置されていた五号機と六号機の原子炉は津波の直撃を免れた。だが下のほうにある冷却システムが水に浸かり、メインのものも非常用のものも機能しなくなった。その後数時間で、一号機から三号機で炉心溶融が起こりはじめた。

これがチェルノブイリ以来最も重大な原子力事故のはじまりだった。発電所を管理する東京電力の社長である清水正孝が最初に取った対応は、あとは運に任せて全員が避難するよう命じることだった。幸か不幸か、当時日本の政権を握っていたのは珍しく民主党だった。総理大臣の菅直人《かんなおと》は清水に闘いつづけるよう指示をした。清水は東京電力の本社に引きこもってメディアと……社長としての責任から逃げ回っていた。清水がようやく現地に向かったのは、震災が発生してから一カ月後の四月一一日だった。

二五〇キロ離れた東京では、特に在日外国人の間でパニックの嵐が吹き荒れていた。何日も空港が閉鎖されてしまう前にと、日本の首都から飛び立つフライトに人々が殺到した。外国の企業だけでなく複数の日本の企業も、本社機能を六〇〇キロ西にある大阪に移した。人口三〇〇〇万人（首都圏人口）を超える巨大都市《メガシティ》を空にしなくてはならない状態になったら、いったいどうなるのだろうか？

福島？　一刻も早く現場に向かうんだ

「地震が発生したとき私はパリにいた。そして空港が再開されるのを待って、すぐに日本に戻った」とカルロス・ゴーンは振り返る。「私は、最初に日本に戻ってきた外国人のひとりだった。現地に行って社員の士気を高め、震災の被害者に対して企業としてできることをするためだった」

「直接被害を受けた日産工場は、福島に隣接するいわき市でエンジンを製造していた。従業員に犠牲者はいなかったが、地震が起きた二週間後に私が現地を訪れたとき、地面には大きな亀裂が走り、製造ラインは一部破壊されていた。建屋がかなりの被害を受けていたので、工場をもとの状態に戻すには業者に来てもらわなくてはならなかった。だが被曝を恐れて、どこも人を派遣してはくれなかった」

「そこで我々は現地に行って、自分たちの存在をはっきりと示し、市長や県知事に会った。我々がいるのだから現地は安全だ、そして、もし今後も我々と仕事を続けていきたいのならばすぐに来たほうがいいというメッセージを、建設業者に向けて発信するためだった。私は地元のテレビで、がんばって工場を再建すると宣言した。だが、修復には数カ月かかった」

「日本では危険な状況に直面すると、通常社長はあまり表に出てこない。この時期に奮闘したおかげで、日産は、通常の操業を再開した最初の自動車メーカーとなった。我々の対応と組織がどこよりも優っていたからだ。日産は、翌事業年度に競合他社を大きく引き離した。それはおそらく、国際化が最も進んだ会社だったからだ。災害時には、それが大きくものを言った」

「我々は興味深い報告書をまとめた。たとえばガソリンの供給が止まったり混乱が起きたりした場合の電気自動車の実用性に関するものだ。電気のコンセントはいたるところにあるからだ。〈リーフ〉

の第一世代は二〇一〇年一二月から販売されていて、市町村が緊急輸送用にこの車を必要とした。タンクローリーが走れるよう道路を復旧するより、配電盤の修復のほうが時間がかからないはずだ。それに緊急時には〈e－NV200〉のようなライトバン型の電気自動車を電源として使うこともできる」

東京電力の幹部はおとがめなし

福島の震災は、長期間にわたり日本の産業に悪い影響を与えることになる。日本から電気生産量の三〇パーセントを奪い、全面的に輸出に頼っている化石燃料のコストが膨らんだ。二〇一一年三月の時点で稼働していた五四基の原子炉のうち、二〇二〇年三月までに稼働を再開したのは九基だけだ。二一基は操業再開のめどがたっていない。環境への影響は言うにおよばず、福島第一原発は何百万トンもの汚染水を生み出しつづけていて、二〇二二年には貯蔵能力の限界に達する見込みだ。日本政府は、それを太平洋に放出する許可を東京電力に与える最善のタイミングを見計らっているところだ。東京電力の責任者たちはまったく糾弾されていない。義務懈怠《かいたい》の罪で起訴された三人には、無罪が言い渡された。清水正孝は、捜査の対象にさえなっていない。

「産業界は、一刻も早く電気を適切な価格で入手できる状況になることを願っていて、原子力の活用を止めるという判断は明らかに間違っていた」とカルロス・ゴーンは言う。「安全面で問題なのは、原子力そのものではなく、何十年間も警告を無視してきた発電所の無分別な考え方だ。経営の問題であるにもかかわらず、この災害に責任がある者たちには、何のおとがめもなかった」

この無罪放免の陰にあるのは、日本の司法制度、特に検察の差別的で不公正な体質だ。それについては、またあとで触れたいと思う。ごく最近のスキャンダルだけを見ても、東京電力・東芝・オリンパス・神戸製鋼・タカタの経営者に対する寛大な措置は、〝日本モデル〟のふたつの創設神話に帰される。高度成長期の日本の衝撃的な経済発展に対応する基準として、そのモデルが必要だった一九七〇年代および一九八〇年代から、それらの神話は人々の心に根づいているのだ。

個人的な利益と金儲けの誘惑が動機づけとなる西洋の経営幹部とは反対に、日本の経営者は、横領に手を染めることはあるにしても、ひたすら会社の利益を考えて行動する。大学を卒業してすぐに会社に入り、そこで年功にしたがって出世の階段をのぼる。会社のためには家庭や個人的な幸福を犠牲にすることも多い。一時的にはピラミッドの頂点に立つこともあるが、会社という集団の枠を超えることはなく、会社の外ではそれほど突出した存在ではない。悪事が発覚すると、たいていの場合は型どおりの謝罪会見を開いて、一般大衆・顧客・社員、ときには株主まで含めたすべてのステークホルダーに謝罪をする。カメラの前で腰を折り、九〇度頭をさげるのだ。それでも収まらないときは辞任することになる。会社の金で専用の部屋と運転手つきの社用車とお茶を出してくれる若い秘書を提供してもらっていた、上級顧問としての快適な生活は終わりを告げる。

〝日本式コンセンサス〟という虚構

もうひとつの虚構、それは〝日本式コンセンサス〟という虚構だ。一九八四年に、フランスの研究チームが東京の日仏会館を通して、『日本コンセンサス　神話と現実』のなかで、この〝コンセンサスのイデオロギー〟について分析している。コンセンサスは日本で重んじられているが、その日本が国際舞台の最前線に出ることを不安な思いで見ている西洋でもやはり、コンセンサスのイデオロギーは利用されている。日本では、「調和が取れた、対立のない、膨大な数の中産階級で構成されている社会」という概念があり、企業で使われている語彙には強力なキーワードがいくつかある。〝稟議《りんぎ》書〟（社員に対する決定事項の通知）、〝話し合い〟（さまざまな用途の会議）、そしてその最たるものが〝根回し〟（神聖不可侵な事前協議）だ。〝栄光の三〇年〟が終わり、激動の一九七〇年代に生まれた社会的緊張に直面した西洋の経営者たち、特にフランスの経営者たちは、ストライキ知らずで、社員が操業前に社歌を斉唱し、残業代を請求せず、法律で定められた休暇を取らない日本という国を、羨望のまなざしで見つめていた。

　この型にはまったイメージは、近代日本における社会的関係を軽視している。一九四五年の敗戦時に起こった激しい衝突、さらには戦時中恐るべき憲兵隊が行ったあらゆる形の弾圧を思い起こさせるその後の激しい抑圧。終身雇用制のような〝日本の社会モデル〟の柱が、日本の産業の揺籃《ようらん》期に不安定で反抗的な労働者を懐柔するために生まれたという点が、この分析では見落とされているのだ。

　とりわけこのコンセンサスのイデオロギーは、日本産業を成功に導いた、強烈でカリスマ的で高圧的で、そのうえ独裁的な人物たちが果たした役割を無視している。ソニーの盛田昭夫、京セラの稲盛和夫、パナソニックに社名を変更するまで長い間、会社にその名がついていた松下幸之助は、傑出したリーダーだった。

　自動車業界では、ホンダのもつ貴重な独立性は、創業者である本田宗一郎の強固な意志の産物といえる。彼は通商産業省が制止するのも聞かずに、オートバイのメーカーを、絶対的な王者であるトヨタとそれに続く日産と張り合う自動車メーカーに変えたのだ。トヨタの創業者の従弟である豊田英二が、四〇年にわたって名古屋の名士でありつづけ〝帝王〟と呼ばれたのは、トヨタを世界的な大企業に育て上げたためだけではなかった。さらに、トヨタ生産方式の生みの親であり、世界のモノづくりを変えた人物である大野《おおの》耐一《たいいち》は、要求が多く、怒りっぽい、そしてときには乱暴なリーダーだった。

　日本の企業では実際には権力がかなり集中していて、それが合意にもとづいて行使されることは、話に聞いていたよりもずっと少ない。ルイ・シュヴァイツァーは、一九九九年三月のアライアンス交渉時の塙（当時の日産会長）との関係に言及した際、それについてこう話した。「塙の役割、つまり日産の中心で彼自身がもつ権力は、本人が言うよりも明らかに強いものだった。契約が公表され、これから実施という段階で、塙はエグゼクティブ・コミッティの人数を三七人から一〇人に減らした。確かに日本式の手順は踏んでいた。退任させられた人物を顧問にしたり、子会社に送り込んだりしたのだ。それでも塙は独断で、一週間で幹部の三分の二以上を追い払ったことになる。仕事がやりやすくなるとはいえ、こちらからは何も要求していなかったというのに。それを見て、私は彼こそ真の社長だと確信した。要するに、アライアンスを決めたのは彼の判断だったのだ」

社員に普段以上の力を出させる

「経営手腕とは、協力者が実行可能だと信じてやる気になってくれるよう仕向けることだ」とカルロス・ゴーンは言う。「誰もが実現不可能だと思うような高いレベルの目標を設定すると失敗する。反対に目標が低すぎると誰もやる気を起こさない。設定する目標は常に、達成可能だが難しいものでなければならない。そうでないと、社員が創造性や想像力を発揮したり、予測されるリスクを取ったりすることはない。このアプローチは、目標を下げて投資を切り詰めようとする経理部門の手法とは正反対だ。我々の任務は、企業の成長と収益性向上であり、すべてがそこに向かわなければならない。だが目標が達成できると確信していると、やる気を起こす必要がなくなってしまう」

「経営の原則と信念については、『カルロス・ゴーン　経営を語る』にすべて書かれている」「たとえあの後に私の経験値が向上していたとしてもだ」と、ゴーンは続ける。「仕事を効率的に行うには、みんなの協力が不可欠だ。全員が目標を理解し、受け入れる必要がある。なぜなら重要なのは決定そのものではなく、その実施だからだ。意思決定は、結果を出すまでの長い道のりの出発点にすぎない。意思決定は迅速に行うべきか、それとも長い時間をかけて行うべきか？　決定は集団ですべきか、それとも個人ですべきか？　効果測定とは結果の評価であり、現実の修正を意味する。では、それを実施する最善の方法はどんなものか？」

「世界金融危機のときには、電気自動車に向けた戦略的方針にもとづいて、総人員を削減し、中国やロシアに参入するという重大な決断をした。それは容易には受け入れられず、疑問が寄せられ、抵抗もあった。目標とする結果を得たいのであれば、決断した内容を明確に説明しなくてはならない。よくあるうわべだけのコンセンサスではだめだ。きちんとした意見の一致が必要だ。国による文化の違いが表れてくるのはそこなのだ。日本・フランス・中国・米国で、取り組み方はそれぞれ違う。ときには、決定を遅らせる必要もある。適切な実施を確実なものにするには猶予期間が必要だからだ。決定は早ければいいというものではない。重要なのは結果を早く出すことだ」

単純化する

「私の経営方法における最も重要な法則、それは単純化だ。経営者は、問題点を単純化してわかりやすいものにしなくてはならない。物事を複雑にする人は、経営者にはまったく向いていない。リーダーは単純化すべきなのだ。優先順位を決めて、それが妥当であることを示す。我々を取り巻く世界の複雑さにわかりやすいイメージを与えるのだ。メッセージが単純であれば、それだけ意思の疎通も容易になるのだから」

企業経営とは、選択をすることだ。選択をしない、逆にすべてを選択する、間違っているとわかっていて誤った選択をする、それは政治家が得意とすることである。民主主義という制度においては、能力がなければ有権者にそっぽを向かれる。もちろん、原則的には、ということだ。多くの場合、間違った決断をしたり選択をしなかったりした場合の影響は、その責任者が権力の座から離れてかなり時間が経ってから出てくる。そしてそのつけは、国債の増加となって現れる。だが債券市場の監視機能が、中央銀行が行使する金融抑圧のせいで働かなくなると、日本で三〇年近く前から実際に起こっているように、財政的な見返りが取り消されたり無期限に延期されたりするといったことが起こる。それは、競争を強いられている民間企業には与えられない特権だ。

「経営者は、すべてのレベルで決定が下されていることを確認する必要がある」と、カルロス・ゴーンはつづける。「自分のレベルだけではだめだ。企業にとっては、間違った決定をすることよりも、決定をしないことのほうがはるかに危険だ。企業のなかで、分析し、熟考し、決定を下し、それを確実に実行すべき者は、自分の務めを果たさなくてはならない。経営者はそのことにきちんと責任を負うべきだ」

「さらに、企業の成熟度によっては、トップが決めるべきことが多かったり、反対にほとんどなかったりする。だが重大な戦略的選択については、社長以外は決めることができない。なぜなら、たとえば中国への参入やその後の中国での生産能力の倍増といった決定は、ナンバーワンが行わない限り、他の者はそうした決定を頼れる方策とは思えないからだ。そのためにまずは反対したり躊躇したりしてしまう。それは間違いなく機能停止へとつながっていく。決定がトップでなされたのならば、もはや誰も文句は言わない。だが言うは易しだが、実行するのは難しい。何も決めようとしない人もいれば、反対に何でも決めたがる人もいる。どちらの場合も、企業が身動きできなくなってしまう危険がある」

ほとんど合意にもとづいていない決定

「完全電気自動車に対する膨大な投資は、合意にもとづいて決定されたわけではなかった」とカルロス・ゴーンは言う。「さまざまな部門から、トヨタに追従してとりあえずハイブリッドに集中し様子を見るべきだと反対された。完全電気自動車は時期尚早で費用がかかりすぎるというのが理由だった。現実には、すべての技術革新には――この場合は特にそうだが――どうしても莫大な費用がかかる」

経営とは、選択をすることだ。「投資の配分は、経営者のきわめて重要な責務のひとつだ」とカルロス・ゴーンはつづける。「最も難しい決断は、これから何をするかを知ることではない。その決断によってもはやできなくなることについて決定を下すことだ。電気自動車に関する選択は、他のプロジェクトに関する否定的な判断を意味するために反論を呼んだのだ。完全電気自動車に年間一〇億ドルずつ五年間投資すると決めると、それだけの資金が他では使えなくなる。当然ながら、リソースは無限ではないからだ」

「イノベーションに真っ向から反対されることはめったにない。だが拒絶反応を起こさせるのは、相次ぐ出費だ。この業界において求められる投資は、将来的に膨大な規模となるだろう。それにあわせて第三者的な判断も、投資そのものと同様に現在はその複雑さを増している。自動車業界のような世界では、多くの複雑な決定を下さなくてはならない。それらはエグゼクティブ・コミッティのレベルでの徹底的な議論を必要とするが、ひとたび意見がまとまれば社長が承認する。要するに最終決定は社長ひとりが下すということだ。だが社内での議論の良し悪しが、その決定の質を決めることになる」

経営とは、選択することだ。「社長の意思決定という責務には、技術革新に関連した新しい側面がある。それはパートナーの選択だ。自分たちがすべての技術に習熟しているわけではない。自動運転車を開発するには誰と組めばいいだろうか？　エヌビディアかグーグルか？　それともあえて自分たちだけで取り組んでみるべきか？　あるいはまたダイムラーと提携すべきか？　自動車業界が革新的な変動に見舞われている今日では、それらが重要な選択となっている。二〇年前、いや一〇年前でもこうではなかった。だが、現状はそうなんだ。結果的に、私自身の仕事は大きく進化した。技術的パートナーシップの選択は、もはやエンジニアリングの問題ではすまない。トップが下すべき重大な決断なのだ」

平穏な時期など存在しない

「この業界には、順調で平穏な時期など決してない」とカルロス・ゴーンは指摘する。「一九九九年から二〇一八年まで日産がたどった道のりを考えてみてほしい。ＮＲＰ（日産リバイバルプラン）と成長への回帰があった。その後、世界金融危機に立ち向かわなくてはならなかった。そして東北を地震と津波が襲い、日本の産業の一部が大きな打撃を受けた。さらにブレグジットがヨーロッパの製造業を不安定にしている。米国・メキシコ間の危機的状況と、北米自由貿易協定（ＮＡＦＴＡ）の再交渉。米中貿易戦争とその国際的な影響。ロシアやイランに対する国際的な制裁。挙げればきりがないが、そこに中期的および長期的な影響が予測できない新型コロナウイルス感染症の流行が加わったところだ」

「すべてが順調なときは、企業は強力なリーダーシップを必要とはしない。リーダーの必要性を感じるのは、逆境のとき、危機に直面したとき、そして革新を図っているときだ。電気自動車と自動運転車の出現で、自動車業界はこれまでになくそうした状況に直面している。興奮が途切れない状態だ。

危機の際に力を発揮するリーダーは、要するに優秀なのだ」

「当初日産は、ＮＲＰと〈日産１８０〉で、二〇〇五年まで次々と成功を重ねた」とカルロス・ゴーンは続ける。「だがそれは決して容易なことではなかった。企業に課せられた変革と同じく、仕事量と個人的に注ぎ込んだ労力は半端ではない。最も周到に準備され、最も頻繁に模倣されたイノベーションのひとつとして、部門横断的に選抜したメンバーからなるクロス・ファンクショナル・チームの例を挙げよう。私は米国でこのチームを活用した。北米ミシュランとユニロイヤル・グッドリッチを統合したときだ。ルノーでは一九九七年から一九九八年にかけて、二〇億ユーロのコスト削減計画のなかでこのチームをつくった。そのあとは日産だ。回を重ねるごとに、前の経験を活かして改良を行った。東風汽車の場合は一からの出発だったので、最初のうちはこのチームを使わなかった。クロス・ファンクショナル・チームが効果的なのはどんなときか？　社員をそれぞれのサイロから引っぱり出して、全体のなかでその企業がどんな状況に置かれているのかを直感的に理解させる必要があるときだ。目的は、企業としての最高の成果は各部門の最高の成果の単純合計ではないとチームのメンバーにわからせることだ」

クロス・ファンクショナル・チームの一例

実践の例として、自動車メーカーの取引総額のほぼ五〇パーセントを占める購買部門を見てみよう。「目的はベストな価格でベストな購入をすることにある」と、カルロス・ゴーンは言う。「だがベストな価格とはどんな価格だろうか？　最も安い価格だろうか？　必ずしもそうとは限らない。それぞれの購買が最終製品――この場合は販売される自動車――にどんな影響を与えるのだろうか？　購買部門と販売部門をいっしょにした瞬間から、購買部門はときにはサプライヤーに譲歩することが、たとえ自分たちの部門の成績には貢献しなくても、企業全体にとっていい結果を生むことがあるとわかるようになる。クロス・ファンクショナル・チームでは、まったく異なる部門間で価値観と目的を共有することがポイントだ。さまざまな問題が考慮されるので、より賢明な解決策をグループとして探ることができるのだ」

「実際には、製品が一律であるほど製品コストは低くなる。ヘンリー・フォードのこんな言葉が思い出される。『顧客は自分の気に入っている色の車を手に入れることができる……。それが黒である限り』。もし製造の責任者が、コストの最適化しか考えていなければ、可能な限り標準化を図るべきだと主張するだろう。だが市場はそれを認めてはくれない。そこで、より複雑でより多様化した、結果的に高くつく製造過程の問題を理解する必要が出てくる」

「サイロで構成された組織では、こうした対話はまったくない。あったとしても非常にまれだ。各自が所属部門で最適化を図っている。その結果、全体としての成功は望めない。企業としての業績を最適化するために、部門レベルでの最適を超越することができるはずだし、またそうしなければならないのだ」

この社内の壁の除去に関して、アライアンスの存在が特別な力を発揮する。それを確実にするのがベンチマークとシナジーだ。

「アライアンスは企業連合だ」とカルロス・ゴーンは指摘する。「その成果は、企業ごとにカウントされる。だがそれとは反対に（全体で共通して目指されるものとして）、ベンチマークという大変な仕事があった。我々はアライアンスのすべての工場について、生産性や品質などを比較することができた。毎年順位づけも行った。そしてベンチマークは営業のような他の部門にも実施した」

「なぜ、我々はそんなことをしたのか？　それは、こうした格付けがないと、各工場長が業績が悪い理由を説明する言い訳を口にするようになるからだ。ある工場が七〇番中の六九番だったら、その工場にとっては、電撃的なショックとなるはずだ。反対に、いちばんになった工場は、他の工場にそれを伝えたくなる。誰だって最下位にはなりたくはない。他よりも劣る工場は、メキシコか中国に行って学ばせてほしいと言ってくる」

「ベンチマークは、いつも私の手法の一部となっていた。一九九九年に日産に来たときに私が最初にした提案のひとつは、日産の購買とルノーの購買を比較することだった。もしルノーが八〇で購入している製品を日産が一〇〇で購入しているとわかれば、その差は一目瞭然だ」

実際、日産におけるサプライヤー数の劇的な削減と購買システムの合理化は、手本として賞賛され、繰り返し行われてきた。だがカルロス・ゴーンが逮捕されたのちは、日本政府の内部でも、その社会的影響を批判する意見が出てきた。

「そういった人たちの、日産にはサプライヤーを守る義務があるとする意見と、私に立て直しを任せたことに対する非難は、まったく馬鹿げている。そうしなければ、日産は他を巻き込んで倒産するしかない状態だったのだ。悪い結果をもたらす優れた経営など存在しない」

ベンチマークとシナジー

「アライアンスでは、ベンチマークやこうした基準をつくった。だが我々の主要な指針は、シナジーの進展を測定することにあった。経営勘定はそれぞれの企業が管理していたが、シナジーの進展具合はアライアンスのレベルで測定することにした。すべての要素が、最終的にはそれぞれの企業の損益に反映される。アライアンスにとってのスコアボードはベンチマークとシナジーだ。この継続的な評価によって、現地で立て直しに従事する人たちのために必要な分析結果と要件が明らかになった。おかげで、現地の人間が困っているときには、一時的に支援部隊を派遣するという決断を下すことができた」

「NRPを策定したとき、これは日産の計画であって、ボストン・コンサルティングやマッキンゼーの計画ではないと、私は告げた。そしてどこのコンサルタント会社の力も借りなかった。コンサルタント会社は実用的だ。我々が知らなかったりよく理解していなかったりする新規分野や、急を要していて社内で独自の計画を立てる時間がない場合などには役に立つ。人工知能や自動運転車がその例だ。新たな技術を開発するためのパートナー選びのような、将来のための重大な決断をしなくてはならないときもそうだ。競合他社に関する有益な情報を提供してくれることもある。だがコンサルタント会社を使うときは、細心の注意が必要だ。企業から自分で解決策を見つける能力を奪ってしまう危険があるからだ」

〝ゴーン式経営〟の成功については、日産の再生に焦点をあてた多くの学術文献が言及している。ハーバード・スタンフォード・ウォートン・HEC・インシアードと、数多くの大学やビジネススクールが、それをケーススタディの題材にしている。日本では、日産の鮮やかな再生が、当初の犠牲を忘れさせた。〝ゴーン・ショック〟は有益な出来事として認識され、カルロス・ゴーン本人は個人崇拝ともいえる人気を集めていた。

「私はいくつもの大学から、博士もしくは名誉教授の肩書を与えられた。そのうちの三つは日本の大学だ。日本の天皇陛下から直々に勲章をいただいたこともある。二〇一七年までは、日産の幹部だけでなく、他の日本企業の幹部向けにも講演を行ってきた」。だがよく言われるように「予言者郷里に容れられず【訳注：近い者にはその人の真価がわからないという意味】」である。それが第二の故郷であればなおさらだ。ましてやその国が常に〝他との違い〟を示さずにはいられないフランスであるならば。

ビヤンクールへの帰還

「二〇〇五年にルノーに戻ったとき、私はかなり奇妙な状況を目にした」と、カルロス・ゴーンは振り返る。「会社全体としては順調だったが、国際事業が大きな損失を出していたのだ。シュヴァイツァーが数多くの事業を推進していたのは確かだ。だが、数字がついていっていなかった。ダチアは二〇〇五年にはまだ軌道に乗っておらず、ブラジルは壊滅状態にあり、ロシアではモスクヴィッチが何の成果も出していなかった。そしてルノーは、相変わらずあまりにもフランス的な企業のままだった。そういう現実を見えなくしていたのが、アライアンスの存在だった」

「その結果、フランスでは不可解なことに、日産で成功しすぎたと私を非難する雰囲気があったのだ。だがビヤンクールには緊迫感がまったくなく、ルノーの脆弱性も認識されていなかった。そして、ルノーが停滞している間に生産台数を一〇〇万台増やした日産に対する恨みが、次第に強くなっていった」

　結局のところ、カルロス・ゴーンはひとりでルノーに戻ったわけではない。ゴーンについて東京に行った〝三〇人の選抜チーム〟のメンバーたちが、前後してビヤンクールに戻ったのだ。その筆頭が、日産のエグゼクティブ・コミッティのフランス人メンバーであるティエリー・ムロンゲとパトリック・ペラタだ。

「ルノー組の東京からビヤンクールへの帰還において重要だったのは、このチームが身をもって成長を体験してきたことだ」とカルロス・ゴーンは言う。「一九九七年の時点ですでにルノーに欠けていたのは成長だった。ルノーが厳しい状態に陥ったのは、私自身と他の何人かが日本に行ってしまったからだというのは、苦しい言い訳だ。当時我々は〈ルノー・コミットメント２００９〉という計画を発表したが、二〇〇八年の秋に始まった金融危機によって出鼻をくじかれてしまった。ルノーが史上最高の業績を達成するには、そのための拡大局面に入るまで、この危機を耐え忍ばなくてはならなかった」

ＮＲＰや日産１８０のように〈ルノー・コミットメント２００９〉という名がつけられ、二〇〇六年二月に発表されたこの中期計画は、グローバル展開を三つのシンプルな目標にまとめていた。新車の年間販売台数を三年後には八〇万台上乗せする、営業利益率を六パーセントにする、新型〈ラグナ〉の品質を世界トップクラスにする、の三つだ。二〇〇七年は希望のもてる明るい年だったが、八月に米国で始まったサブプライム危機によって、二〇〇八年九月一五日に投資銀行のリーマン・ブラザーズが倒産すると、世界的な金融危機が起こった。インターバンク市場がいきなり麻痺状態となり、国際流動性は消滅した。

資本依存度が非常に高い産業

「我々は目の前で亀裂がぱっくりと開くのを目にした」と、カルロス・ゴーンは語った。「自動車メーカーは多大な流動資産を必要とする。消費者へのクレジット販売は、企業の業績に大きく貢献している。メーカーはかなりの運転資金が求められ、多額の現金を必要としている。サプライヤーや従業員への支払いや在庫の金利負担もしなくてはならない。巨額の運転資金を必要とする構造なのだ。銀行にもうこれ以上は貸せないと言われたら、どうすればいい？　流動資産は血液のようなもの。循環しなくなれば、塞栓症になってしまう」

「我々は流動資産を奪われて崩壊寸前で、どこのメーカーも似たりよったりの状態だった。トヨタでさえもだ。どれだけ現金を保持していようと数カ月ともたないからだ。我々には二〇〇億ドルの現金があったが、運転資金としては二カ月分だ。このお金は常に出たり入ったりする」

　銀行に限っては、日本はフランスと同じように比較的うまく難局を乗り切ったといえる。一九八〇年代の投機的なバブルがはじけたときにひどい目にあった日本の銀行は、欧米の銀行ほど打撃を受けず、立ち直りが早かった。日本は一〇年以上前からすでに通貨による防御手段を講じてきた。大不況の再来を防ぐために、中央銀行がゼロ金利・マイナス金利から量的金融緩和政策まで、さまざまな手法を駆使して通貨供給量を調整した。発券銀行である日本銀行が、国債や民間債を買い入れることで、不足している現金を市場に与えたのだ。

「バンキング市場は約二カ月間完全に干上がり、その後中央銀行の介入によって次第に緩和していった。フランスでは、この問題は大統領のレベルで解決された。私は当時ＰＳＡの最高経営責任者だったクリスチャン・ストライフとともに、ニコラ・サルコジに会いに行った。直談判だ。サルコジは、それぞれに四〇億ユーロの国家融資枠を設定してくれた。それによって我々はもちこたえることができた。経済・財務省は約九パーセントという高い金利を我々に課そうとしたが、大統領の判断で七・五パーセントとなった」

アライアンス２０２２　世界でのリーダーシップを強化する

　金融危機と今後予想される技術革新から意思決定の範囲を広げる必要性を感じたカルロス・ゴーンは、目標を設定して、資源を確保するために中期計画の骨子を見直すことにした。

「金融危機が過ぎると、ルノーでは日産と同じように六カ年計画を策定し、そのうちの前半三年間については数値目標を定め、後半三年間については方向性を示した。この計画で戦略的な方向性と最重要課題を決め、前半の三年間の終わりに後半三年間の達成すべき数値目標を更新した」

「最初に日産で実行に移した計画は、危機対応が目的だったので期間は三年とした。〈ルノー・コミットメント２００９〉も同様だ。だがその後、三年という期間は短すぎると考えた。長期的な利益を犠牲にして短期的な最適化を追求することは避けなければならなかった。たとえば、研究費をカットすれば、計画したとおりの業績をあげることができる。もし私が共通プラットフォーム開発のための資金を切り詰めて研究を骨抜きにしていたならば、そのつけを払わされるのはいまの経営幹部だ。だが私は、二〇二二年の計画ではそんな変更はしなかった」

二〇一七年九月に発表された〈アライアンス２０２２〉は、世界におけるグループのリーダーシップの強化を目指すものだった。ルノー・日産アライアンスは、生産台数でフォルクスワーゲンとトヨタにわずかな差をつけて世界一の座に就いたばかりだった。一〇〇〇万台を少し上回る乗用車と小型商用車の世界販売台数は、計画の最終年度には一四〇〇万台となる予定だ。そのうちの九〇〇万台に関しては、四つの共通プラットフォームを三社とその子会社で共有することになる。アライアンスは、一二種類の新しい完全電気自動車を投入する予定で、四〇車種は完全自動運転にいたるまでのあらゆる自動運転技術を搭載する。アライアンスの集中度を測るシナジー効果は、二〇二二年に年間一〇〇億ユーロを見込んでいる。

「確かに、とても野心的な計画だった。だが私は、なんとしても形だけの計画にはしたくはなかった」とカルロス・ゴーンは語る。「私はいつだってリスクのある戦略を重視している。それが企業を前進させてくれるからだ。年間一四〇〇万台という販売目標には、外部要因による成長は見込んでいない。計画開始時点の状況を考慮すると、業績は会社によって違ってくる。三菱はより離れたところからのスタートとなるので、他社よりも大きな成長が必要となる。その次はルノー、そして日産が続く。それによってある程度バランスが取れるようになる」

「アライアンスはプレッシャーを受けているだろうか？　常に受けている。そして疲労が表に出てくる瞬間がある。だが社員が快適さに甘んじていると、会社は危険な状態に陥ってしまう。実際には、目標が高すぎる、プレッシャーがきつすぎるといった不満が出ていた。だが、社員がみなくつろいでいる状態よりは、そのほうがいい。私は非生産的にならないように気をつけながら、プレッシャーを与えつづけていた」

「私が現地に出向くのを決してやめなかったのは、まさにそのためだ。私に会う機会が少ないと不満をこぼす者もいるが、グループ全体が大きくなるにつれて、私がどこにでも行くということはできなくなってしまった。だが、直接、あるいは現場の人間を通して話はよく聞いた。かなり大きな代表団の受け入れも部下に任せ、物事がうまくいかないときにしか干渉はしなかった。順調なときは担当者に任せておいて、状況が悪くなるとすぐにそこに加わった。自主性をもつには成果が大事だと誰もが知っていた」

　日産のブラジル進出を見ると、カルロス・ゴーンの〝機能のしかた〟がよくわかる。ひとたび決定がなされて潜在的な問題が解決されると、進出計画はかなり以前からブラジルにいるフランソワ・ドッサの手に委ねられた。ドッサは二〇一一年一二月にソシエテ・ジェネラルから引き抜かれてきたフランス人の銀行家だ。カルロス・ゴーンは、自動車業界のエキスパートである早川《はやかわ》敦彦《あつひこ》をドッサの補佐につけた。早川はメキシコに三年以上駐在したあと、日本にある日産の大工場のひとつ、追浜《おつぱま》工場で工場長を務めていた。ふたりは工場の着工から二年後の完成まで、現地を思うままに仕切ることになった。「私はときどきフォローするだけにした」と、カルロス・ゴーンは言った。

　不運なことに、二〇一四年四月にレゼンデ工場が操業を開始したとたん、ブラジルは危機的な状況に突入してしまう。ブラジルが輸出する原料に対する中国の需要が落ち込んだことと、ジルマ・ルセフ政権の失策が原因だった。〝泣きっ面に蜂〟とはまさにこのことだが、ときを同じくして洗車場作戦《オペレーション・カーウオッシュ》と呼ばれた汚職がらみの大スキャンダルが発覚し、二〇一〇年代の終わりまでブラジルの政界を揺るがすことになる。

「ブラジルの自動車市場は実質的に半減し、年間販売台数は四〇〇万台から二〇〇万台へと落ち込みました。投資を決めたときには、誰もが六〇〇万台の市場を予測していたのですが」と、当時を知る人物は語った。「プロジェクトの経済的均衡がすっかり崩れてしまいました。二〇一四年にカルロス・ゴーンにこの状況を説明すると、こんな返事がありました。『どれほど大変かは、聞くまでもない。それはわかっている。我が社は二年後には、均衡を取りもどしていなくてはならない。頼んだぞ』。そしてこの日から、ゴーンは常にこの件に注意を払っていました。私たちは輸出に向けて工場の舵を切り、コストを削減するためにルノーとともにサプライヤーに猛烈に働きかけて、目標を達成しました。きつかったです。気持ちではなく数字の面で。『グループのなかで上を目指したいのなら、結果を出さなくてはだめだ』。ゴーンは、誰に対しても同じことを言っていました。彼は戦略を決め、決断を下し、そして部下を信頼するのです。毎年、評価が明らかにされます。マイクロマネジメントではまったくありませんでした」

二〇一一年のカルロス・ゴーンのブラジル構想のなかには、二〇一六年夏のリオデジャネイロ・オリンピックに照準を合わせたものがあった。ゴーンはそれに自ら打ち込み、聖火ランナーも務めて、開催期間の三週間を現地で過ごした。主要スポンサーの一社として二億三〇〇〇万ドルを拠出した日産にとって、作戦は大いに当たった。日産は組織委員会に四二〇〇台の公式車両を提供し、ソーシャルメディア上でも大評判となった。この機会に投入された世界モデルの日産〈キックス〉は、現地で数千台の受注を記録する。いずれ、ブラジルでのマーケットシェアは倍増するだろう。

その人物はこうも語っている。「オリンピックが終了する時点で、最終的にすべてがうまくいったことをゴーンは知っていました。ブラジルを発つ日、ゴーンは私たちを集めてこう言ったのです。『上出来だったが、浮かれてはいけない。二カ月後に日産のエグゼクティブ・コミッティで実際の数字をもとに総括をする』」。エグゼクティブ・コミッティの元メンバーだったこの人物は、横浜の大会議室で行われたその会議のことを覚えていた。「ブラジルの結果は素晴らしいものでした。フランソワがプレゼンをしました。プレゼンが終わると、カルロス・ゴーンは『戦略がよかったといえますね』とだけ言いました。それだけです。フランソワはもっと何か言葉をかけてもらいたかったようですが、彼自身も言っていたように、カルロスは一般にブラジル人に対して抱かれるイメージとはかけ離れたタイプなのです。厳しいけれど公正な社長です。うまくいかなくても、声を荒らげることは決してありません」

完全電気自動車　独走状態

二〇〇九年一〇月二八日、カルロス・ゴーンは名高いペンシルベニア大学ウォートン・ビジネススクールの学生たちに講演を行った。このアライアンスの最高責任者は、さまざまな大学の講堂の常連になっていて、会場はいつも経営に関する彼の話を聞きたいという人でいっぱいだった。〝日産の再生〟〝ルノーの再建〟〝アライアンスの拡大〟はケーススタディの題材となっている。だがこのリーダーシップに関する講演で、ゴーンは論議の的となっている自身の決断を熱心に擁護した。「今世紀に入り一〇年足らずのいま、私たちのアライアンスは、自動車の将来が完全電気自動車にあり、すでにそれが始まっていると判断したのです」

「電気自動車は二〇世紀初頭に登場して姿を消した。その後一九五〇年代にも現れ、またもや消えた。そして一九七〇年代にも出てきて再び消えたのだ」とカルロス・ゴーンは指摘する。「だが多くのことが変わった。手の内を明かすと、我々が電気自動車に投資をして注力しているのはそうすべき時が到来したからだ」

バッテリーは、以前よりも強力になり価格が安くなった。新興国の自動車需要を考えると、やがて二〇〇九年の倍の一五億台の車が地球の隅々の道路を走るようになるだろう。一〇〇年を超えるガソリン・エンジンによる独占状態が今後も続くとすると、それはガソリン価格の高騰とCO_2排出量の増加を意味するが、それは考えられないことだ。二〇一〇年以降、日産は〈リーフ〉、ルノーは〈ゾエ〉で、CO_2排出ゼロの車を手ごろな価格で消費者に提供することになる。当時のアライアンスの制約のなかでの対応だ。

「リーフはゾエよりも先に市場に投入されていて、実際に使われている技術は同じではない」とカルロス・ゴーンは認める。「だが三社に共通のチームをつくって、同じ技術に収束させる構想に着手している。いつもながら緊張感はあるが、すでに結論は出ている。その内容は〈アライアンス２０２２〉計画にも記載されている」

二〇〇九年に完全電気自動車を選択したことで、ルノー・日産アライアンスは、主要な競合他社を大きくリードすることができた。それにもかかわらず、一〇年経ってもリーフとゾエの販売台数はかろうじて一〇〇万台を超えた程度だ。当初の予想は楽観的すぎたのだろうか？　そのとおりだ。カルロス・ゴーンは二〇一四年に、スタンフォード大学の学生の前でその思いを吐露した。「ゼロ・エミッションの市場が期待したほど速く拡大しなかった理由のひとつは、インフラの欠如です。充電ネットワークの配備に時間がかかりすぎているのです」。賭けに負けたのだろうか？　もちろんそんなことはない。

二〇一八年に、電気自動車の世界保有台数は五〇〇万台を突破した。自動車の世界保有台数の一パーセントにも満たないとはいえ、一年で二〇〇万台増えた。先頭を行くのは中国で、新車販売台数が一一〇万台、総保有台数が二三〇万台である（オートバイやバス、それとすでに数千万台ある輸送車を除く）。二〇二〇年、ヨーロッパでは三八万五〇〇〇台、米国では三六万一〇〇〇台の電気自動車が販売され、総保有台数はそれぞれ一二〇万台と一一〇万台となった。

いまこそ変化のとき

変わるならいまだ。低く見積もっても、二〇三〇年にはゼロ・エミッション車の年間販売台数は三〇〇〇万台に、世界総保有台数は一億三〇〇〇万台になるだろう。そのとき中国を含む先進国市場では、電気自動車が全体の販売台数の三分の一を占めているはずだ。より楽観的な予想だと、年間販売台数は四三〇〇万台、総保有台数は二億五〇〇〇万台を超えると考えられる。

それはなぜか？　理由としては、公共政策の影響・技術の進歩（バッテリーの寿命・走行距離・充電速度など）・主要メーカー、とりわけドイツメーカーの遅ればせながらの大がかりな方向転換などが挙げられる。現在およそ一〇〇の車種が開発中で、二〇二四年までには認可される予定だ。ルノー・日産アライアンスやテスラのように先行しているメーカーは有利だといわれている。だが、どこにもその保証はない。開かれた世界、そして競争の激しい業界では、独り勝ちはありえない。

「世界市場での拡大は戦略的、段階的に計画されていた。まず二社間で、つぎに三社間で役割を分担した」とカルロス・ゴーンは言う。「市場制覇のためのもうひとつの推進力となるのが電気自動車だ。二〇〇九年の時点で、私は電気自動車がいずれ自動車産業の中心的存在になると判断した。いまでこそ当たり前のように思われているが、一〇年前にそう考えたのは私だけだった」

「石油の価格、エミッション問題、地球温暖化——私はどの方向に進むべきかわかっていた。解決策は何だったのだろうか？　ハイブリッド？　金がかかりすぎるし複雑すぎる。一時的な解決にしかならず、私たちは出遅れていた。トヨタはすでに大きくリードしていた。ハイブリッドに対する私のためらいは、完全電気自動車によって解決された。それほど複雑ではないし、資源の問題も解消される。電気は何からでもつくることができるからだ。化石エネルギーだけでなく、風・太陽光・バイオマス・サトウキビ・水・海流・ウラン。電動の利点はそこにある。各国がもつ資源は違っても、つくられるエネルギーは同じだ。さらに私は、バッテリーの開発が大いに進展すると確信していた。なぜなら、エネルギーの保存は、とりわけ発展途上国では重要な課題になるからだ。それが、何年もの研究と思考を重ねたうえで私がたどり着いた結論だった」

バッテリー　必要に迫られてつくる

当初、アライアンスは必要に迫られてバッテリーを生産するようになった。大手メーカーのなかではアライアンスだけだった。だがそれは暫定的な措置だ。二〇一八年夏、日産は中国のエンビジョンに、スマーナ（米国）、サンダーランド（英国）、そして日本の三つの工場に付属していたバッテリー生産事業を売却すると発表した。

「我々がバッテリーをつくったのは、単に市場に我々の要求を満たしてくれるサプライヤーがいなかったからだ。だがいずれはこの事業を売却しなければならないと、私にはわかっていた。日本や韓国や中国のサプライヤーから、多くのオファーが寄せられると確信していた。アライアンスのレベルで年間九〇億ドルの投資が必要とされる事業だったので、投資戦略上の判断だったといえる。他に投資すべきものがあるのに、なぜバッテリーに投資をする必要があるのだ？」

「私は将来のために、大事な資金をコア事業である自動車に投資したかった。バッテリー事業は利益が絶えず変動し、技術の進歩がとても速い。それ自体が独立した事業だ。売却したときにそれまでの投資は回収した。この選択を批判した人たちに向かって、私は逆にこんな質問をした。『バッテリー事業の保持に必要な投資をするために、他のどの投資を諦めろというのですか？』」

「完全電気自動車という選択は、業界のかなり上流に位置する企業を巻き込む。当然ながら、そうした企業からは非難を浴びた。だがいまでは、誰もが我々の決断に便乗している。自動運転車に対する態度を最初に決めたのも我々だった。電気自動車と自動運転車は、自動車業界における成長の二本柱だ。我々の選択が意味するところはこうだ。『今日は苦しくても明日の成長のために準備をしている――たとえそれが長くつらい道のりだとしても。それが世界一になるために払わなければならない代償だからだ』」

第11章　人的資本《ヒューマン・キャピタル》

「当然ながら人の選択があり、残念ながらこの分野では間違いを犯しやすい」とカルロス・ゴーンは認めている。「人の採用や選抜を間違えると、私自身の場合を見ればわかるように、個人的にそのつけを払わされるはめになる。そしてこの選択は、多文化の環境においてはいっそう複雑なものになる。同じ文化を共有する人の人格を理解するほうが、いつだってずっと簡単だ」

二〇一八年一一月一九日以降、ルノー・日産・三菱アライアンスの創設者に対するメディアの対応は、もっぱら東京地検の思惑に従いながら、カルロス・ゴーンに責任があるとする人材管理に標的を定めたものとなった。日産の広報担当者が流す情報を得意げに報道していたメディアが描いた風刺画は、自分の任期に執着し、後継者問題には無関心で、そのために自分の逮捕によって生じた惨事に責任がある〝独裁者〟を描いたものだった。こうした姿勢は、一九九九年に不振にあえいでいた二社に、二〇年間にわたって連続的で収益性のある成長をもたらして業界世界一にしたカルロス・ゴーンの業績を、単に〝コスト・キラー〟と斬り捨てたのと同じ種類のもの——感度ゼロのジャーナリズム——だ。

「いずれは日本人に私のあとを継いで日産のトップになってもらいたいと考えている」と、カルロス・ゴーンは二〇一三年一一月に業界で権威のある週刊紙『オートモーティブ・ニュース』に語っている。「それは象徴的なことで、有能な日本人がたくさんいるからだ。日産には日本企業として認識されつづけてほしいと願っている。ときには経営者が外国人になることもあるかもしれないが、いつもではない」

一九九九年以降、カルロス・ゴーンは日産を国際的な管理体制に従わせた。日本の大企業では異例のことだ。二〇一三年には、一〇〇人以上いる経営幹部の半分が外国人となり、その国籍は一七カ国におよんだ。八人の副社長のうち三人がイギリス人、ひとりがアメリカ人だった。だが『オートモーティブ・ニュース』が、将来社長になるのが〝自然な〟日本人として紹介した西川廣人は、すでに六〇歳でカルロス・ゴーンよりも一歳年上だった。

なぜ西川なのか？

「私が後継者を決めなかったとする非難は妥当ではない。日産で社長になる能力がいちばんあったのは、間違いなくホセ・ムニョスだ。だが同意を得るには政治的な問題があった。アライアンスが非日本人の指揮の下でより強固な統合へと発展しはじめた瞬間から、日産のトップに日本人を据えないわけにはいかない雰囲気になったのだ。私たちは人選を進めた。私たちというのは、グレッグ・ケリーとアルン・バジャージ、それと他の何人かだ。私は、西川を優秀で創造的な戦略家だと思ったことは一度もなかった。だが私の考えでは、戦略的な決定はアライアンスのレベルでなされるので、日産の社長は業務を遂行できる人物がよかった。厳密で、規則正しく、アライアンスをよく理解している人物でなければならなかった」

日本における大企業の経営幹部の選考過程は、いまだに終身雇用制と年功序列制という制約に縛られている。だがそれは、正規雇用と一時雇用の両極端に偏る特徴がある労働市場では、大企業の社員にのみ与えられた特権だ。正規・非正規の二極化は、三〇年間におよぶ経済停滞が日本の社会構造に定着させた制度だ。

「日本の終身雇用制は、一部の社員にしかあてはまらない制度だ」と、カルロス・ゴーンは説明する。

「この制度を補うために、一般社員が五五歳くらいで退職する早期退職制度がある。このかなり短い仕事人生が、実は終身雇用制を維持するために必要な条件なのだ。今日、年々労働人口が減少して人手不足となっている国では、終身雇用制は問題ではなくなっている。さらに、有期雇用者がいるおかげで、終身雇用制を維持しやすくなる。この制度の恩恵を受ける人たちの雇用条件引き下げや若いうちに退社する人の存在が、終身雇用制の打開策となっている。結果として、慣例的にキャリアの最後にはある程度の給与減額が起きている」

「年功序列制については、完全に有害というわけではない。だが一九九九年に最初に紹介された幹部候補者は、ほぼいつも年齢が最も高い人たちだった。私は長期にわたってこの会社を訪問していたので、それではうまくいかないとよくわかっていた。そこで、かなり若い人たちを責任のあるポストに就かせたのだ。現在日産のトップにいる人たちは確かに六〇歳から六五歳の間だが、私が昇格させたときは、彼らはいまより二〇歳ほど若かった。日産は年齢の基準はそれほど重視していないほうだが、より伝統的な経営方式を採用している日本企業では、いまだに年齢が決定的な要因になっている。その名残りはあるが、日産の取締役会は最近、最年長ではない人たちを最も高い地位に選んでいる」

二〇一九年一〇月、経済産業省と日産によって再編された取締役会は、内田誠（五三歳）を社長に、アシュワニ・グプタ（四九歳）をＣＯＯに、数週間後に抜けることになる関潤（五八歳）を副ＣＯＯにする三頭体制を敷いた。

「年功序列に従えば、西川の後任として社長になるのは山内康裕のはずだった」とカルロス・ゴーンは言った。「私は、年齢と経験は、尊重はされるが決定的な要因とはならない企業文化をつくった。つまり終身雇用を避け、年功序列を重視しなかったのだ。とはいえ、業績に問題がない限りは何も変える必要がないという同じ原則に常に従いながらだった。文化的な問題や経営理論の問題ではなく、単に効率の問題だ」

実用的な取り組み

「私の取り組み方はいつも、実績にもとづき目標を最低限に設定するという実用的なものだった。私はまったく空論家ではない。そして、それを一八年間貫いた。この一八年の間に、深刻な社会的対立があったとは誰も言わないだろう」

「一九九九年に私が日産にやってきたとき、恐ろしいと噂される日産の労働組合が、面会を求めてきた」と、カルロス・ゴーンは振り返る。「東京では〝コスト・キラー〟という私の評判がすでに広まっていた。私は彼らにこんな話をした。『私たちには共通の目的がある。あなた方は、日産が生き残ることを望んでいるだろう。私も同じだ。あなた方にとっては自分たちの会社だからであり、私にとってはそれが私の任務だからだ。立て直しに失敗すれば、それはまず私の責任だが、誰もがその代償を払うことになる。あなた方は私に何を期待しているのだ？　私が日産を立て直すことではないかね』。それに対する答えはこうだった。『あなたが日産を立て直してくれる限り、私たちはあなたを批判したりしません。ですが、あなたの行動が妥当かどうか、十分に注意して見ていくつもりです』。私はルノーからきたチームに向かって言ったことを繰り返した。すべての変化は日産の立て直しに必要なものであり、それ以外ではありえない」

「実際に、彼らは私を支持してくれた。三年後、大々的な賃金交渉が行われる春闘で、日本人が経営者を務める企業が大いに頭を悩ませるなか、私は彼らの賃上げ要求を躊躇なく受け入れて彼らに報いた。私が逮捕されたあと、日産の組合員たちは騒ぎに加わらなかった。日本のメディアに惑わされることもなかった。彼らは騙されなかった。一八年間で達成された成果によって受けた恩恵を忘れていなかったからだ」

「アライアンスが社会に与えた影響はいろいろある。だがまず目を向けるべきは、二〇年近くにわたる日産とルノーの総人員の変化だ。私の記憶が正しければ、私が日産に来たときには、約一四万人の従業員がいた。それが日産リバイバル・プラン（NRP）で約一二万三〇〇〇人まで減少し、その後再び一四万人以上に戻った。だが重要なのはグローバルでの雇用で、二〇一七年にそれが約二六万人だった。ルノーにも同じことがいえる。グループの従業員数は、二〇〇五年には約一二万七〇〇〇人だったが、二〇〇八年には約一八万六〇〇〇人になったのだ」

危機のない労使管理

カルロス・ゴーンの労使管理に関する、日本、そして特にフランスにおける執拗な批判に対する答えはこうだ。二〇年もの間、関連する企業のどこにおいても、深刻な対立がほとんど生まれなかったのはなぜか？

「労使関係では、ストライキに立ち向かわなくてはならないような状況は一度もなかった。私がとりわけ組合員に好かれていたわけではないルノーでも同じだ。会社の業績を犠牲にして労使政策を優先させるべきだという考えに、私は一度も同意したことがない。それは認めよう。ふたつを調和させて、バランスを取るべきなのだ」

二〇一三年には、世界経済がまだ厳しい状況にあるなか、ルノーは立法化に先行して〈フレキシキュリティ〉【訳注：柔軟性を意味するフレキシビリティと安全性を意味するセキュリティを組み合わせた語で、雇用の柔軟性を担保しながら手厚い失業保障によって労働者の生活の安定を図る政策】を採用した。いたるところで社会モデルが崩壊寸前となっていたフランスが、北欧から導入しようと考えたものだ。代表的な三つの労働組合が一一の審議結果に署名したこの協定は、解雇も新規採用もしない雇用慣行の廃止と、工場の維持と生産量拡大のための労働時間の増加を想定していた。

「ルノーで我々が例の競争力に関する協定に署名したときは、双方の約束事があった」と、カルロス・ゴーンは言う。「ウィン・ウィンの非常に実用的な協定で、かなり直接的なやり取りを経たものだった。ルノーの社会的実験室としての機能はかなり前に消失していたが、それでも革新的な取り決めだった」

二〇一七年に更新されたこの妥協案は、もともと産業再生大臣のアルノー・モントブールが熱心に受け入れたものだった。政権を握る社会党の左派に属するモントブールは、「ルノーのフランスへの復帰」さえも称賛した。奇妙なことに、アライアンスの最高責任者であるゴーンは、あまり順応的とはいえないこの大臣と良好な関係を保つようになる。

ビヤンクールからキャントンへ

日産では、ビヤンクールの労働総同盟（ＣＧＴ）が窮余《きゅうよ》の策として、米国のキャントンで争議を起こそうとしたが、うまくはいかなかった。二〇一七年八月、キャントン工場の約三四〇〇人の従業員のうち約六〇パーセントが、ＵＡＷ（全米自動車労働組合）の支部を設置するという提案を拒否したのだ。上院議員のバーニー・サンダースの組合員への支持や、ルノーのＣＧＴ代表であるファビアン・ガッシュの現地訪問も効果がなかった。メディアによると、ＵＡＷの委員長であるデニス・ウィリアムスは、敗北について語ることを拒否し、「恐怖と情報操作と脅しを振りまくために、卑劣な手段を用いた日産と反労働者的な一味」を非難した。

「米国には、〈労働権法〉という独特の規定があった」とカルロス・ゴーンは説明する。「企業内労働組合は自動的につくられるものではない。従業員は、組合の存在を受け入れるかどうかについて投票によって意思表示をしなくてはならないのだ。米国には法律によってこのプロセスを命じている州がある。それ以外の州では、労働組合は企業ごとの独自の判断で設けられている」

「最初に日本、次に韓国と、アジアのメーカーは、米国に〝生産拠点〟を置くと決めると、労働権法が適用されている州を選んだ。アラバマ州・テネシー州・サウスカロライナ州・ノースカロライナ州だ。それは反労働組合主義の取り組みではなく、企業における労使関係の管理とは別のアプローチだ。当然ながら、組合の存在に関する投票が提起されると、現地の工場幹部は中立的な立場ではいられない。だがこれらの州の政府当局も同じだ。婉曲的な言い方をすれば、伝統的な北部の組合――この場合はＵＡＷだが――は、もろ手を挙げて歓迎されているわけではないのだ」

「そうはいっても、米国の自動車産業におけるＵＡＷの影響力は、依然としてかなり大きい。なぜなら、たとえ日本企業や韓国企業の工場のなかに組合支部がなくても、その賃金政策や労使政策は、組合に加入している工場で実践されているものと大きく違うわけにはいかないからだ。その差が大きすぎると、従業員の大多数が組合支部の設置を支持する動機となる。工場幹部たちは、ＵＡＷの動向が従業員に影響力をもつことをよく理解している」

誰もが知っていることかもしれないが、自動車製造業のような巨大で複雑な産業においては、賃金水準は、競争力とその結果としての投資配分を決める数多くの要因のひとつにすぎない。「単に賃金水準の問題であったならば、ルノーのアルゼンチン工場は、非常に競争力が高いはずだ。だがそうではなかった」とカルロス・ゴーンは指摘する。「インド工場も同じだ。重要な要素が他にもいろいろあるからだ。ロボット化の程度も国によってそれぞれ異なる。サプライヤーの質や現地の税制や国のインフラも違う。欠勤率の改善といった労働者全体の教育は、非常に重要な要素だ。実施されている規則のような、工場の稼働形態もそうだ。それらすべてを考慮しなくてはならない。アライアンスのレベルで見ると、競争力では中国工場がトップで、メキシコ工場がそれに続いている。中国の賃金がいちばん低いかというと、決してそんなことはない」

日産のスキャンダル

西川廣人が正式に日産の社長に就任してから六カ月が経った二〇一八年九月、今度は日産が、出荷時の自動車の品質管理に関するスキャンダルに見舞われた。問題となっている検査が実施されなかったわけでもなければ、杜撰《ずさん》だったというわけでもない。日産の日本の工場から出荷される自動車に品質上の欠陥があったということでもなかった。ましてや顧客からクレームが寄せられることはなかった。ただ単に、検査官の何人かがカフカ的な官僚主義に凝り固まった日本の運輸省が要求する資格をもっていなかっただけだ。そうした厄介な要求が膨大な数にのぼることは昔からよく知られている。そして、資格をもつ検査官のハンコ（象牙でできたスタンプ）を資格がないのに使うのは、許しがたい冒瀆となる。だが、日産ではこの慣行がたまたま四〇年ほど前から実施されてきたようだ。

「日産が品質管理の問題に直面したとき、矢面に立たなかったとして私は日本で非難された」とカルロス・ゴーンは説明する。「だが、西川との役割分担は非常に明確だった。これは西川の領分だったし、本人もそれはわかっていた。それなのに私が介入したら、ベビーシッターのようになってしまう。そんなことになれば私は、指揮権を手放したくないのだろうとか、後継者の領分を侵害しているとか非難されるだろう。何が問題だったのか？　車両の品質には問題がなく、製造作業はきちんと行われていた。だが、規定が遵守されていなかったのだ。それが間違いだった。この問題は公となり、抗議が湧き上がった」

「西川は声明を発表し、そのなかで大衆に謝罪をして、問題は解決したと断言した。だがその六週間後に、あるジャーナリストが日産の工場で調査を行い、状況が何も変わっていないことに気づいたんだ。当然スキャンダルとなった。西川は嘘つきか、さもなければ部下がついていかない上司であるように映った。問題は、決して製造品質ではなく、企業のトップが一般の人々からの信用を軽んじたことのほうだった」

「いきなり私は、何の脈絡もなく、独裁者のくせに重要な場面で何もしない人間だと非難された。だがこれは個人の問題ではなく会社の問題だった。職務に就いた瞬間から、会社の問題を担うのは社長の役割だ。私の仕事は、戦略や、アライアンス傘下の企業間のシナジー効果の創出といった類のものだった。日産内での業務の遂行は、もはや私の管轄ではなかった」

ルノーの再建

横浜から飛行機で一二時間かかるビヤンクールでは、同じようにバトンの引き渡しが行われようとしていた。ふたつの補完的な目的に応じるためだった。その目的とはアライアンスのトップ体制を強化することと、遅くとも四年後のカルロス・ゴーンの退任に備えることだ。

「ルノーでも、私が後継者を決めていないと非難された。だが、私はティエリー・ボロレが、再編されたアライアンスの枠組みのなかでルノーの社長にはなれないという考えには反対だった。ボロレには十分その力があったからだ」

「この非難にはいくつもの矛盾があった。第一に、〈ゴーン・スクール〉の卒業生たちは、世界の自動車産業のいたるところにいる。そして彼らは脇役ではない。ここを去っていった者たちは、この業界で重要なポストに就いている。なぜなら〈ゴーン・スクール〉は、仕事に関する戦略的ビジョンをどう展開するかを教え、真のプロフェッショナルを育成しているという評判を得ていたからだ。つぎに、私の排除に続いて、私とのつながりが強すぎると疑われた者がすべて粛清された。なかには、日産のエグゼクティブ・コミッティの主要メンバーから、私がルノーの社長に選んだ者までが含まれていた。だが言っておかなくてはならないのは、日産の共同ＣＥＯになるといわれているアシュワニ・グプタについては、誰も〝ベビー・ゴーン〟だと非難しないことだ。私は、グプタに次々と重要な責任を与え、三菱の経営まで任せたというのに、これはいったいどういうわけだろうか」

「ルノーには、非常に有能な男性や女性がいた。気骨のある者たちだ。いずれその時期が来れば、会社を経営することのできる人材だ。迷惑がかかるといけないので、名前は挙げないでおくが」

　同じくミシュラン出身で、アジアに強い自動車部品のサプライヤー〈フォルシア〉で働いた経験のあるティエリー・ボロレは、二〇一二年にルノーに入社していた。二〇一三年に、ボロレはカルロス・ゴーンが考案したフローチャートのなかの四つの主要な責任のうちのひとつである「競争力」を担当することになった。二〇一八年二月には、最高執行責任者（ＣＯＯ）になった。カルロス・ゴーンが逮捕されたことで、当時ゴーンの解任を否定していたルノーは、ティエリー・ボロレを暫定ＣＥＯにして、経営を任せるしかなかった。二〇一九年一月、ルノーの取締役会は、業務の続行が不可能となったカルロス・ゴーンの辞任の申し出を承認し、ボロレをＣＥＯに選出した。

「ティエリー・ボロレを後継者のレールに乗せたのは私だったが、決めたのは取締役たちだ。ボロレをルノーのＣＥＯにしてから八カ月後に、彼らは考えを変えてご存知のようにボロレをクビにした。ボロレは、勇気と強い倫理観をもつ気骨のある男だ。私はそこが気に入っていた。何が正しいかがわかっていて危機の間ずっとそれを示していた。ルノーのような企業のトップには、駆け引き上手や言い逃ればかりしている人物を就けては絶対にいけない」

辞職の誘惑

「私が、まるでムール貝が岩にへばりつくように、地位に執着しているなどという考えは実に馬鹿げている。私に日産のＣＥＯを辞めるよう要求した人など誰もいなかった。私は自分の意思でそうしたのだ。それに私は、アライアンスの発展構想に関する合意がなされないなら辞めると明言していた。二〇一八年六月、私は六四歳だった。辞めるにはちょうどいい年齢だ。ルノーの取締役会の一部は、まずはルノーのトップとして、それからアライアンスのトップとして、私の後任にふさわしい人物を探していた。当時まだルノーにいたティエリー・デマレ、パトリック・トマ、マルク・ラドレ＝ド＝ラシャリエールの名が挙がっていた。こうした候補のなかから、取締役会が選ぶことができるはずだった」

「だがルノーで新たに四年の任期を引き受けたときから、私は自分が辞めるのは六八歳になってからだとわかっていた。肉体的にはかなりきつかった。それに、スタートアップ企業の支援から教育まで、人生でやってみたいことが他にもたくさんあった。アライアンスのトップの後任人事に関しては、この最後の任期中に再検討して備えればよくなった。ルノーと日産の取締役で、この件に関わっていたのは私だけではなかった」

「いずれにしても、これほどの責任がある地位となると、候補となる人物はそうそういなかった。ＰＳＡはフィリップ・ヴァランが辞めたとき、なかなか後任が見つからず、ルノーを辞職したばかりのカルロス・タバレスに会いにきた。確かにタバレスは、〝ゴーン方式〟と呼ばれる経営手法の優れた実践家のひとりだった。非常に厳格な実践者で、何ごとにも迅速だった。その反面、協調性があまりなかった。だが、タバレスが、自分の力を試して、学習する時間をもつにはいいタイミングだった。もう少し忍耐強ければ、私の後継者になれたのは間違いないだろう」

忍耐が足りなかったタバレス

二〇一三年、〝ビッグ・カルロス〟は五九歳、〝リトル・カルロス〟は五五歳だった。アライアンスの責任者と、その右腕である優秀な生徒は社内でそう呼ばれていた。ふたりは同世代といえた。一方は理工科高等専門学校の卒業生で、もう一方は中央工芸学校の卒業生だった。ふたりともポルトガル語を話し、フランス文化になじみがあった。そして自動車への情熱も。ポルトガル人のタバレスは、いまだに暇な時間を、ラリーのコースや道路で過ごして経験を積んでいた。夏のさなかに、タバレスは、通信社のブルームバーグにこんな打ち明け話をしている。「うちには偉大なリーダーが君臨していて、今後も続投するだろう」。そしてこう付け加えた。「自動車産業に情熱を捧げる者なら誰でも、ナンバーワンになるためのエネルギーと意欲に満ちた瞬間がきたと思うようになるものだ。私の経験は、どこの自動車メーカーでも役に立つはずだ。ＧＭだってそうだ。ＧＭのような企業を経営できたら光栄だ」。ちょうどそのころ、ＧＭの社長であるダニエル・アカーソン（六四歳）と、フォードの社長であるアラン・ムラーリー（六八歳）が会社を去るところだった。

「私はタバレスに、彼のこの発言が私の立場を非常に難しいものにしたと伝えた」とカルロス・ゴーンは打ち明ける。「彼はわかっていなかった。シーズンが終わるたびに契約の改定交渉をするＦ１レーサーのように考えていたのだ」。八月末ルノーは、カルロス・タバレスが双方の合意にもとづき、「彼個人のプロジェクトを進めるために」グループを辞めることになったと発表した。タバレスにとって、この不遇な時代はすぐに終わることになる。二〇一四年一月にはＰＳＡの業務執行役員となり、三月三一日付でＣＥＯとなったからだ。このフランス第二の自動車メーカーは、不況にあえぐ欧州市場で困難に見舞われ、プジョー一族の影響力を排除し、フランス政府と中国の国有メーカーである東風汽車集団という新たな株主を迎える歴史的な方向転換をしたばかりだった。

ふたりをよく知る者たちは、いまでもリトル・カルロスのこの〝失言〟を、よく考えたうえでの挑発だとみなしている。どんどん従業員をクビにする〝コスト・キラー〟の異名をもつビッグ・カルロスに、強引に迫ったのだ。ただし、カルロス・ゴーンは「私は誰もクビにしたことはない」と言っている。

「メディアは、カルロス・ゴーン本人の人格とはまったく逆の人物像をつくり上げたのです」と、大きな拡大計画のひとつを担当していたアライアンスのある幹部は断言した。「私が思うに、彼はあまりにも優しすぎるのです。その任に堪えないことがわかった部下も大目に見ていました。厳しく対応していれば、おそらく状況は違っていたでしょう。非常に厳格で冷酷ともいえる経営者ですが、人の話になると極端に優しくなってしまうのです。こんなことを言うと、頭がどうかしていると思われそうですが、それが真実です」

フランソワ・ミシュランの苦悩

「私がミシュランに入社した四〇年前には、家族主義的なモデルが終わりを告げつつあり、企業のグローバル化の進行が明らかに加速していた」とカルロス・ゴーンは振り返る。「だが、ミシュランは社会的な責任に苦しんでいた。フランソワ・ミシュランは、人間として難しい決断をしなくてはならないときに、夜きちんと眠れるような人物ではない。それは彼と働いたことのある人なら誰でも知っていた。まさに彼のこの苦悩が、グループ全体に影響を与えていたのだ。従業員の問題には大きな注意が払われていた。だが、〝絶対的な判断基準〟には至っていなかった。社員への影響は、できるだけ衝撃の少ないものにすべきだったのだ」

ミシュランでのこの経験が、どの程度カルロス・ゴーンに影響を与えたのだろうか？　ミシュランの元社員や、アライアンスという実験的試みに参加した者たちも口々に同様の証言をしている。「フランソワ・ミシュランは解雇はしませんでした。遠ざけたのです」とカルロス・ゴーンと同時期にエンジニアとしてミシュランに入社した元幹部は語った。「遠ざけられた者にとっては非常につらいことだったかもしれません。たちまち見放されて、のけ者扱いされるからです。でも解雇はされませんでした」

どんな規則にも例外はある。ルノーで最もよく知られた例外は、パトリック・ペラタだ。理工科高等専門学校でカルロス・ゴーンと同級生だったペラタは、一九九九年に日産を立て直すために東京に送り込まれた部隊に加わった。そしてカルロス・ゴーンとともにビヤンクールに戻り、ルノーのナンバーツーとしてCOOを務めていた二〇一一年一月に、スパイ捏造事件と呼ばれる事件が起こった。

スパイ捏造事件　裏工作の経緯

二〇一〇年九月に届いた一連の匿名の手紙から始まったこの事件は、一〇年経ったいまでもきちんとは解明されていないが、ドミニック・ジュヴレによって仕組まれたありきたりな詐欺事件だったとされている。ジュヴレは、カルロス・ゴーンが戻ってくる前の二〇〇四年にルノーに採用された元軍人だった。大企業の保安員は、多くの退役軍人にとって第二のキャリアとなっていた。中国のためにスパイ行為を働いているという、電気自動車の開発に携わっていた三人の開発者についての密告があり、「ベルギー人」と呼ばれた謎の情報提供者に、見返りとして数十万ユーロが支払われたのだ。

「ルノーでのこのスパイ捏造事件は、数ある失敗のうちのひとつだ」とカルロス・ゴーンは認めている。「事件が起こったとき私はフランスにいなかったし、保安分野はCOOであるペラタの管轄だった。ペラタは不手際を繰り返した。なによりも、犯人がスパイだと名指しした三人を自分で調べようとしたのがまずかった。犯人の狙いは金だった。調査と称して会社の金をせしめようとしたのだ。ルノー全体がその罠にはまってしまった」

だが、不手際があったのはパトリック・ペラタだけではなかった。事件が公になると、ルノーの広報担当者は、二〇一一年一月二二日にCEOであるゴーンをすぐに民間テレビ局TF1のスタジオに送り込んで事をさらに大きくした。そして真実が明らかになった三月、ゴーンは公に謝罪するために再び同じスタジオに出向くことになる。

「二〇一〇年には、ちょうど世界金融危機が終わろうとしていた。そして個人的には、つらい離婚協議を始めたところで、ようやく決着がついたのは二〇一二年だった。私はもっと現場にいて関わるべきだったんだ。ペラタが私を恨んでいたのは知っていた。自分がスケープゴートにされたと思ったのだ。だがペラタ自身が当時認めていたように、責任は彼にあったのだ」

産業スパイは、架空の存在ではない。なかなか摘発されず、被害を受けた企業が口をつぐみたがるので、表に出てこないだけだ。

「実際のところ、我々の会社で産業スパイ事件が発覚したことはあまりない」と、カルロス・ゴーンは言う。「おそらくその手のスパイたちが特別優秀なのか、あるいはスパイ事案自体が極端に少ないのだろう。情報はサプライヤーのところで最も手に入りやすいといわれていて、もともとメーカーはサプライヤーよりもスパイをするのが難しい。自動車産業で最も重要なのは、知識ではなくノウハウだ。多くの理論よりも実践が大事だ。だが、ノウハウをスパイするのは困難だ」

一九九〇年代には、日本企業が先端技術に非常に神経をとがらせていて、週末には上級のエンジニアや技術者のパスポートを取り上げていたというのは本当だ。週末になるたびに、韓国のライバル企業のあるソウルに向かう日本人技術者の姿が目立ちすぎたのだ。ノウハウは、こうして人から人へと伝わっていく。

「スパイ捏造事件は、ルノーを根底から揺るがした」とカルロス・ゴーンは続けた。「濡れ衣を着せられた人たちに同情した世論の風当たりは厳しかった。私は公の場で謝罪をした。個人的にも少し不安定になっていた。この信じがたい事件は何カ月もの間メディアによって報道され、社内でもその話でもちきりだったからだ。嫌疑をかけられた社員には当然ながら復職を提示し、復職を望まない社員には賠償金を支払った。つらい時期だった。だが、あれは自分たちが悪かったと認めざるをえない。こうした事件が起こると、政治権力は責任者の辞任を要求するのが当たり前だと考える。ペラタが辞任すべきだとは思わなかったが、もはや選択の余地はなかった。サルコジ大統領は私にこう言ったのだ。『あなたが辞めるなど問題外です。あなたはアライアンスに必要な人ですから』」

それでもカルロス・ゴーンが同級生だったペラタを見捨てることはなかった。ペラタは、二〇一一年三月四日に公の場で約束したとおり、事件の責任を取ってルノーの取締役会に辞表を提出した。そしてアライアンスを管轄するＲＮＢＶに身を置くことになったのだ。その後二〇一二年九月に、カリフォルニアのクラウドコンピューティングの大手〈セールスフォース〉に雇われ、自動車業界への参入を手がけた。そしてペラタがフランスに戻ると、ＲＮＢＶは二〇一五年から二〇一八年まで、彼の小さなコンサルタント会社と契約を結ぶことになる。

心遣いというのは、報いられるとは限らない。カルロス・ゴーンが逮捕されたあと、ペラタはルノー内部にまだもっていた人脈を通じて、かつての同級生だったにもかかわらず、ゴーンに関する批判を盛んに吹聴した。個人的にはルノーの取締役たちに訴え、公にはBFMビジネス【訳注：フランスのビジネスニュース・チャンネル】に情報を提供したのだ。フランス大統領の執務室長であり首席補佐官であるアレクシス・コーラーと非常に親しいと見られているペラタは、ティエリー・ボロレのルノーCEO就任には明らかに反対していた。「ペラタは私に会いに来て、『ティエリー・ボロレはその器ではない』と言った」とカルロス・ゴーンは振り返る。「私は彼にこう答えた。『それは君の考えだ。私はそうは思わない』」

堅固な経営

「この件で私が後悔しているのは、人を信用して任せすぎたことだ」とカルロス・ゴーンは締めくくった。〝独裁者〟にしては珍しい発言だ。「実際、私は役職とともに進化した。一九九九年に日本に行ったときは、日産の最高執行責任者（COO）に任命された。現場での任務だった。つぎに最高経営責任者（CEO）になった。現場での仕事を放棄したわけではないが、現場は部下たちに任せるようになった。アライアンスのトップになると、私は日産とルノーのCOOをそれぞれ任命した。そして私は一歩下がって眺めることができるようになった。こうして、さまざまな段階を経てきたのだ」

「独裁経営だという批判は的外れだ。アライアンスのような規模と不均一性をもつ集団を、独裁的に統治することなどできないからね。一国だけの同族企業だったら、うまくいくこともあるだろう。だがこれだけ国籍が入り交じった三つの違う企業の集まりでは考えられないことだよ」

「日産にいてわかったのは、アナリストの中西孝樹のいうように、日産は細かく分割された企業だということだ。日本人は、伝統主義者だということもあって、徒党を組みたがる。この伝統主義に立ち向かう唯一の方法は、堅固で魅力的な計画を立てることだ。日産の発展は目覚ましいものだった。それで社員の目を将来に向けさせることができた。そうするには、あらゆる階層で大きな責任感が求められるが、特にトップはそうだ。堅固な経営をしなくてはならないのは、まさにそのためだ。私は決して独裁者ではなかったが、決断は自分で行った」

「厄介払いしたいと思えば、どんな難癖でもつけられる。狙いは私のイメージを失墜させることにあった。だが、アライアンスでの一三年間の成功をなかったことにはできないだろう。日産とルノーという経営不振にあえぐふたつの会社から世界一の自動車メーカーをつくり上げたという事実を消すことはできない。それには、状況の把握とチームの活性化と戦略が必要だった。専門家や地位の高い幹部にはそれぞれやるべき仕事があり、私を頼りにしているからといって、彼らが責任を回避することは一度もなかった」

「私が独裁者だという批判はまったく馬鹿げたものだ。私の経営モデルが成功したとして、私はありえないほど世界中のメディアに常に監視されてきたんだ。そう思うと、私が独裁者だという批判はいっそう馬鹿げたものに思える。私が日産の約二五万人の社員全員を力で支配していたうえに、私の経営手法を研究していた大学教授やジャーナリストといった専門家にもその本性を隠しとおしたとでも言うのだろうか。そして、日産を去った者たちは、自分たちが経験した独裁体制を告発することなく、いまも恐怖に震えているのか！　真実は、私が多くの意見に耳を傾け、多くを委任したことにある。おそらく、やりすぎた面もあったのだろう」

「『信ぜよ、されど確認せよ』。米国大統領のロナルド・レーガンが使ったことで有名なこのロシアの格言は、まさに常識そのものだ。そもそも格言というものは、そういうものだ」

「一〇年やそこらで、経営幹部としてのキャリアを見定めることはできない。誰かが重要な資質をもっていると思ったら、私はその人物に任務を与えて、それをどうやりとげるかを見ることにしている。

そして結果に応じて、ハードルをどんどん上げていく。そのためには、このトップへ向かう道のりを最後まで進むだけの時間がある若い人材を選ばなくてはならない。私の近くにいる協力者たちは誰もがこのフィルターを通して選抜されてきたんだ。日本の場合は、個人の業績を尊重する文化がないのでより複雑だ。日本でなによりも考慮しなくてはならないのは、集団の業績だからだ」

個人の責任

「一方で、業績に関する責任は、ヒエラルキーの上から下まで一様に、各個人が負うものだ。会社の社長であれば、その肩には社長としての責任を負わなければならない。会社が衰退するのも、利益が出ないのも、すべて社長の責任だ。もしあなたが、その責任を前任者のせいにしたりすれば、あなたの周りは業績が悪いのをいつも人のせいにする連中ばかりになってしまうだろう。一九九九年一〇月にＮＲＰを発表したとき、日産に来て半年しか経っていないにもかかわらず、過去を言い訳にしなかったのはそのためだ。目標が達成できなければ、私は辞める覚悟だった」

「だが二〇一八年一一月一九日の西川の記者会見は、日産の業績の悪さを私のせいにすることから始まった。そしてこのやり方は、その後も日産とルノーで続けられた。マネージメントという面から見ると、ただもう破滅的としかいいようがない。指揮系統にいる誰もが『私のせいじゃない。悪いのは他のやつだ』という同じ態度を取るようになるからだ。よくあることだが、企業にとってはまさに致命的だ。二〇年間、私は社員に責任感をもたせるために多大な時間と労力をつぎ込んできた」

「思想的には、私は明らかに自由主義派といえる。私の祖先はレバノン人で、レバノン人には国家管理主義的な政治文化はないからね。頼りになるのは自分自身であって決して国家ではない。本質的な自分の務めさえきちんと果たしていれば、それで十分なんだ。なによりも重要なのは、個人の主体性だ。私はこうした文化で育ち、子どもたちにもこの世界観を伝えてきた。支援を得ることができれば、それに越したことはない。だが、だからといって当てにしすぎてはいけない。『天は自ら助くる者を助く』のだから」

「こんなふうに私は自由主義者だ。私は仕事を信じ、個人の主体性を信じている。当然ながら、国家や社会や共同体は存在している。だが、それらが個人に優ることはない。社会の相互依存という考えはまったく理解できない。それでも私は、経済的なものだけでなく政治的なものも含めて、人間の試みのすべては、力を合わせることができなければ持続は不可能だと確信している。そこに貢献したいのなら、互いに協力しなくてはならない。自由主義は個人主義とは違う。少なくとも私にとってはね。私は統合自由主義者で、グローバル志向の自由主義者なんだ」

極度の混乱期の兆候として、どうでもいいことに関する議論が、企業の社会的目的に関する議論になってしまうことがある。それはフランスに限ったことではないだろうがとてもフランス的な傾向で、当然ながらフランスでは特にそうしたやり方で物事が進められた。つまり〝識者〟の集まり・政府との関係・法的な記載などだ。それらは、決して危険な議論の抽象化ではないというために、日和見主義や、緊急課題や環境関連をはじめとする現在のプレッシャーへの対応の必要性などと混同されている。

企業　生存本能

「最初に指摘すべき重要な点は、すべての企業は滅ぶべき運命にあるということだ」とカルロス・ゴーンは言う。「人間と同じだ。だが聖書に書かれているように『その日、その時については、誰にもわからない』。企業に動機を与えているのは、なによりも生きつづけたいという生存本能だ。それが企業を導いている。だとすると、企業には、創立時・発展の過程・さらに成熟した時点で、それぞれ違った目標や目的があるということだ。企業の究極の目的は、時とともに変化する。とはいえ、常に企業の生存本能に従って変化しているのだ」

「企業の設立時に生存本能が命じるのは、発展と利益の追求だ。企業が発展しなければ、究極の目的どころではない。単に分別さえあればいい。企業がある発展段階に達したときから、持続性のある成長が重要になる。英語でいうところの〝サステナビリティ〟だ。それは企業に価値を与え、ミッションを定め、戦略を立案することを可能にする厳格なプロセスである」

「フランスで企業の社会的目的《ロブジェ・ソシアル》と呼ばれている問題は、それまでの段階を乗りこえた企業に示される課題だ。確立された企業にとっては、社会的な究極目的が主要な課題になるのだ。スタートアップ企業では、日々の関心事は次の月を乗り切れるかどうかだ。融資は受けられるだろうか？　製品の販路は見つかるだろうか？　企業の社会的目的は、（駆け出しの企業がまず最初にやるべき）ビジョンのなかにあるものではない。それはまったく当然のことだ。企業の究極目的を議論すること自体、意味がないからだ」

「私は非常に実用的な人間だ。スタートアップ企業と、まだ創立されたばかりの中規模の企業と、自動車メーカーのような巨大企業では、経営の仕方が違う。だが、企業の最終的な目的は、マトリョーシカ人形のようにどんな規模の企業でも結局は同じだ。まず利益、つぎに成長だ。そして長期的にはレジリエンス。そのあとに、ようやく社会的目的が来る。何段式かのロケットのようなものだな。そして企業が困難に直面したり収益が悪化したりすると、もとの関心事に立ち戻ることになる。大事なのは、企業が半年後、一年後にもまだ存在しているかどうかを知ることだ。ロケットの第一段階がうまく機能しなければ、残りはもはや存在しないのだから」

ゼネラルモーターズは、〝車もつくる退職年金と医療保険の財源〟と化し、またルノー公団は〝社会的実験室〟として、莫大な損失を納税者に負担してもらうしかなかった。両社とも、第一の目的が二次的なものになってしまった企業の例だ。その行きつく先は、倒産だ。

「企業のトップは、自分の企業の社会的責任を意識せずにはいられない」とカルロス・ゴーンは続ける。「それは単に、自分たちの活動が社会に与える影響を組み入れずに、長期にわたって繁栄を続けるのは不可能だからだ。従業員・パートナー・サプライヤー・株主・それ以外のステークホルダーのためにも」

「だが、成長も利益もない場合、それはあなたに責任がある。三菱で窮地に追い込まれるほどの品質問題が起きたとき、会社の社会的目的を気にする者は誰もいなかった。企業の社会的な究極目的は存在していても、時が来て企業がある程度の状態にならないと表には出てこないものだ」

「日産に話を戻そう。収支の改善は再建の第一歩にすぎなかった。収益性は長続きしないことがある。長期的な収益性は、高い成長率・充実した製品ポートフォリオ・より多くの技術資産に直接起因することが多い。私が三年計画を考案して実行し、その後六年計画としたのはそのためだ。たとえ短期的には計画どおり達成されたとしても、重要なのは、それが将来の発展のための原動力になるかどうかだ。二〇一〇年に完全な電気自動車を発売したのは、二年後の会社の発展を確実にするためではなかった。二〇一八年を視野に入れていたのだ。二〇〇二年に中国進出を決めたのは、二〇一〇年代の発展を確実にするためだった」

製品と企業の社会的目的

企業の社会的目的に関する議論における矛盾は、企業の存在理由が製品と社会貢献にあるという自明の理に気がついていないように見えることだ。フランソワ・ミシュランは、後世まで語られるかもしれない名言を残している。「経営者であることはひとつの仕事だ。だが、唯一の真の経営者は顧客だ」。そして「我々はタイヤをつくっているのではない。移動を必要とする人たちを、効率的かつできるだけ安全に輸送するためのモノをつくっているのだ」

「雇用は明らかに重要な社会的貢献だが、製品と技術を忘れてはいけない」とカルロス・ゴーンは続けた。「アップルのような企業が、私たちの社会にどれほど大きな貢献をしたか？　ほんの二〇年前には、地球の反対側にいる誰かと通信するのが難しかったことを思い出してほしい。今日では、誰もが実質的に無料で世界中とつながっている。これは明らかに社会の発展と考えなければならない。人はもはや孤立してはいない。つながっているのだ。この社会的責任は、消費者に広く認識されている。ある企業が新製品を発売してそれがヒットすると、その企業は経営者ともども一般大衆の共感を得ることになる。スティーブ・ジョブズがいい例だ。彼は仕事関係においては特に感じのいい人物ではなかったが、世間一般のもつイメージは群を抜いていた。アップルの製品と同一視されていたからだ」

「自動運転車もまた、ひとつの社会的発展だ」とカルロス・ゴーンは続けた。「九〇歳の高齢者や障害をもった人でも運転が可能になる。インドで四〇〇〇ドルで売られている自動車は社会サービスだ。私たちが中国で発売した五〇〇〇ドルの電気自動車は、社会の究極目的に対応している。いままで手の届かなかった個人的な移動性を人々にもたらしたのだ。明らかに企業の社会的な究極目的の一部であって、収益性とはまったく矛盾しない」

「偽善とは違う。企業の社会的な究極目的は、必然的に経済的な目標と結びついている。東日本大震災規模の惨事が突発したとき、経営者が行うべき社会的な貢献は、経営者自身が立ち上がって人々を率い、国の復興に手を貸すことだ。社会への帰属を示すにはこれ以上の方法はない。それは単に義務を果たすためではない。それなら税金を納めればよい。企業が責務を果たすだけであれば、国に納めるべきものを納めればいい。その金を社会にとって最適な用途に使うのは国の仕事だ」

ステークホルダー対ストックホルダー

理論上は、株式会社の社会的目的といえば、企業の存在そのものを左右する出資に報いることで、株主に奉仕することだ。この単純な関係は、絶えず議論や論争のテーマとなっている。たとえば（おおまかにいうと資本と労働の間の）付加価値の分配に関してだが、実際にはこの関係が長期間にわたって驚くほど安定していることがわかっている。この論争で少し前からおなじみなのが、西側先進国で実践されていた〝ストックホルダー〟（株主）の資本主義と、日本の〝ステークホルダー〟（利害関係者）の資本主義との対比だ。

この対比は、かなり風刺的なものだ。日本の経営者の行動のほうが〝高潔だ〟とほのめかしているときは特にその傾向が強い。実際には、日本の経営者が株主の機嫌を取ることにあまり関心がないのは、非常に長い間、企業の資金調達の大部分が銀行によって保証されていたからだ。そして預金獲得制度の中心にいる銀行自身が、預金者の利益を犠牲にして、国の産業機構や、さらに大がかりな債務を負っている国の借金ができるだけ安くつくようにしてきたのだ。四半世紀前から実施されている金融政策——ゼロまたはマイナス金利政策——によって、この制御不能な状態がさらに悪化した。「日本では株主を軽視しているというわけではない」とカルロス・ゴーンは考えている。「むしろ無関心というほうが正しい。日本はいまだに現金中心の文化が幅を利かせている国だ。そして銀行に預金するのも、マットレスの下に金を隠すのも違いはない。どちらの場合も利回りはゼロだからだ。インフレはないか、あってもごくわずかなので、どこに金を置こうが大した問題ではない。日本の経営者にとっては、配当はさほど問題ではない。株主はそれほど重要な存在ではないのだ」

だが日本の場合、注目すべきは、株主から奪われたお金が従業員の手にも渡らない点だ。じわじわと進行するデフレーションによって、賃金が凍結されるからだ。人口の減少によって活力を欠いた経済では、その金が投資に向かうこともない。二〇一九年末、日本の上場企業は、約五〇〇兆円（約五兆ドル）の現金の山の上でじっとしていた。実に日本の国内総生産に相当する額だ。そして二〇一三年に安倍晋三首相が金をため込むのをやめるよう企業に呼びかけてから、その額は三倍になっていた。だが誰も納得せず、その指示は日本の企業経営者の座を代々受け継いできた特権階級によって無視されたのだ。

「昔の日本は、究極目的よりも規則に縛られていた」とカルロス・ゴーンは分析する。「伝統主義者といわれた人種が大きく減ったのは、結局のところ、慣習や規則にとらわれているうちに、そうした規則の存在を正当化していた大義名分のほうがなくなり、存在意義が失われてしまったからだ。いままでの慣習を支えてきた歴史的意義がもはや存在しないように思えて、身動きができなくなっているのだ。そうなるともはや滅ぶしかない。それはいったい、どんなふうに表面化するのだろうか？　ここ三〇年間に日本で新たに出てきた産業分野は、ほとんどないに等しい。だが市場で真のパイオニアに従って改善を図っていけば、今後もうまくいくだろう」

日本の衰退

日本は第一級の産業大国でありつづけている。電子部品や先端素材やロボット工学といった、一般には知られていないような分野の製造で大きな地位を、ときには支配的な地位を占めているのだ。だが日本の産業には、特にアジアの競争相手を前にして動きが取れなくなっている分野がたくさんある。

それは製鉄業や造船業といった伝統的な産業に限らない。

ＮＴＴドコモは、実際には携帯電話によるショートメッセージや画像通信を発明したのだが、スマートフォンの出現によって日本企業は世界市場から締め出されてしまった。その理由のひとつは、日本の市場を保護するために国内基準に執着するという自殺的な行動にあった。保護主義の悪影響がよくわかる教訓だ。その後、フラットディスプレイの市場は、韓国企業と中国企業に奪われた。そしてＲＯＭおよび、より広範な半導体の市場も、韓国企業と台湾企業に譲り渡してしまったのだ。

〝第二のゴーン・ショック〟、いやむしろルノー・日産・三菱アライアンスの創始者の逮捕の余波がどんな影響をもたらすかを語るのは時期尚早だろう。「カルロス・ゴーンの日産への登場は、この日本の自動車メーカーだけでなく日本実業界全体の文化を改革した」と、二〇一八年一二月に朝日新聞は論じている。カルロス・ゴーンを標的にしたバッシング・キャンペーンに積極的に加わった新聞社だ。アライアンスの責任者であるゴーンは、この文化的な変革に数多くの貢献をしている。朝日新聞が挙げたのは、サプライヤー数の削減・日産系列の解体・アライアンスの共通語に英語を採用したことそれによる日産での英語の普及・外国人幹部の雇用・功績と実力を重視して年功序列制度を廃止したことなどだ。多くの日本企業がそれに追随すると朝日新聞は見ている。

日産の古参幹部によって仕組まれたカルロス・ゴーンの失墜は、すぐに数十人の経営幹部――そのすべてが外国人だったが――の粛清という大きな後退につながった。「その幹部たちは無能だからではなく、私に選ばれたり私に忠実だったりしたことを理由に解雇されたのだ」とカルロス・ゴーンは指摘する。「それもまた、モスクワ方式だ」

この人的資本の一方的な損失の影響は、すぐに数字に表れた。二〇二〇年五月の米国の市場シェアの増減を示す統計では、現代がトップで、日産が最下位だった。販売台数でもこの韓国メーカーは、二七・七パーセントの減少を記録した日本のライバルを抜いたところだった。ホセ・ムニョスをはじめ、カルロス・ゴーンが日産で雇った人材は、男性も女性も確かにみな優秀だった。一方でカルロス・タバレスは、ルノーで優秀な人材を集めるために意気揚々と引き抜きをしていたのだ。

孤立主義？

世界進出を目指す日本の他の大企業に、こうした自殺的な行動に走った日産の古参幹部のような国粋主義者がいるとは思えない。二〇一三年以降、豊田章男の推進力の下で、日本ナンバーワンの自動車メーカーであるトヨタは、国際化と経営幹部の女性比率向上という方針を取ってきた。海外では、大きな地域の責任者はほとんどが非日本人となり、日本でも外国人幹部が増えていた。この戦略で、たとえばルノー出身のディディエ・ルロワが創業者一族の後継者の右腕というナンバーツーの地位に就いた。だが、ときに思いがけない障害にぶつかることがある。

二〇一五年、トヨタ初の女性役員となったアメリカ人のジュリー・ハンプ（グローバル広報担当常務）が、日本当局が麻薬に分類している鎮痛剤を不法に輸入したとして、逮捕され拘禁されたのだ。この事件で、あえてジュリー・ハンプを擁護した豊田章男を激しく非難するコメンテーターや政治家も現れ、ハンプのトヨタでのキャリアは完全に断たれてしまった。

日本国外で長い間、尊敬を集めてきたカルロス・ゴーンに対して、日本の全体主義的な司法制度が与えた処罰や、外国人の高級幹部が日本で国外追放になったことは、どんな影響を与えるのだろうか？

二〇一八年一一月一九日からほどなくして、米国最大手の保険会社の社長が、友人にこう書いている。「私たちが数年前に日本市場から撤退すると決めた理由がわかるだろう。羽田であんなことが起きたからには、もう絶対に日本に戻る気はない」。この種の反応を挙げたらきりがない。

二〇二〇年一月末、世界の自動車産業の主要な経営者や専門家や財政担当者は、例年どおり、世界経済フォーラム（ダボス会議）が中央銀行総裁を招いて非公開に開催する朝食会に集まった。テーマは流動性だった。部屋のなかの少なくとも一五パーセントは日本人で、豊田章男も出席していた。朝食会は、七時三〇分から九時までの予定だった。ある出席者の証言によると、八時一〇分ごろ、ひとりの参加者が発言を求め、誰もその場にいないカルロス・ゴーンの運命に触れないことに驚きを表明した。「その人物が話している間、私は日本人たちの反応を観察していた。まるで机の下に隠れたがっているようだった」。Ｇ５のメンバーである欧州中央銀行の総裁が、この問題発言をした人物に賛同した。「不正の臭いのする事件には立ち向かうべきだ。最初から、実に、実に、実に（三回も言った！）不正の臭いがぷんぷんしていた」。ホンダの出席者が反論を試みた。「日本だって、外国人の経営者は願い下げです」。すると、別の参加者が言い返した。「だから、かばわなかったわけですか？」。流動性の件は忘れられてしまった。九時まで、もはや誰もカルロス・ゴーンの事件以外の話をしようとしなかった。英語で話されていたので、この話はすぐに世界中に拡散した。

第12章　偉大な経営者たちの市場

二〇一八年二月、ルノーとアライアンスの将来を話し合うためにルノーの取締役会が開催される数日前、取締役のティエリー・デマレが辞任を発表した。デマレは一〇年近く取締役を務めていて、任期は二〇二〇年までとなっていた。株主であるフランス政府とルノー首脳陣との間の緊張が浮き彫りになるなかでの、石油メジャー〈トタル〉の元会長デマレの辞任は、さまざまな憶測をかき立てた。デマレは、七二歳という年齢や個人的な事情が理由だと言い張ったが、カルロス・ゴーンの後継者としてティエリー・ボロレが選ばれたのが不満だったのだろうという噂が広まった。だが、ある取締役によると、ティエリー・デマレが他の取締役たちに対して、最後にこう訴えかけていたのが印象的だったそうだ。「ルノーの長い歴史のなかで最高の経営成績を達成したというのに、フランス政府の圧力を受けて、カルロス・ゴーンの報酬の削減を承認せざるをえないのは納得がいかない。取締役会メンバーの権利を軽視するものにほかならない」

二月一六日、経済・財務大臣のブリュノ・ル・メールは、ルノーの社長が二〇一八年に受け取った報酬を三〇パーセント削減するよう、やや高飛車に要求してきた。「これほど高額の報酬を得ている経営者のためにこれ以上財政支出を認めるわけにはいかないと、ゴーン氏にははっきりと伝えた」と、自由主義を自称するこの右派出身の大臣は誇らしげに語った。アライアンスを存続させる努力をする約束とこの報酬の削減（実際には、確実に予測できる固定部分の一九パーセント削減）が、カルロス・ゴーンをルノーのトップとして続投させるにあたって、フランス政府が課した条件だった。

フランス政府にとっては常に「高すぎる報酬」だった

「ルノーでは、二〇〇五年からずっと、取締役会のなかに設置された報酬委員会と連携してきた」とカルロス・ゴーンは語った。ルノーの社長の報酬を決めていたのは、二〇一八年に四人の委員（委員長のパトリック・トマを含むふたりの外部委員、政府の代理人であるマルタン・ヴィアル、そして従業員代表）で組織されたこの委員会だった。その算出には、固定部分と目標の達成度に応じた変動部分、そして同じく業績に連動した株式分配を組み合わせた複雑な算式が用いられた。「だが株主であるフランス政府にとっては、私の報酬はどんな水準だろうが関係なく、いつだって『高すぎた』のだ」とカルロス・ゴーンは断言する。「二〇〇九年の金融危機以降、圧力は高まるばかりだった。政府の役人たちは、報酬委員会の提案に常に異議を唱えた。だが彼らは、株主総会のような会議においては、いつも少数派だった。ただし、ある年だけは例外だった」

二〇一六年に大騒動がもち上がった。セイ・オン・ペイ制度【訳注：取締役の報酬に関して株主総会で株主が投票によって賛否の意思表示をする制度】により、ルノーの株主総会（フランス政府が一五・一パーセントの株式保有により二七パーセントの議決権をもっている）で、カルロス・ゴーンに関する報酬委員会の提案が、五四パーセントというぎりぎりの過半数で否決されたのだ。だが、この投票は拘束力のない勧告にすぎず、取締役会は合法とはいえ強引にこの提案を通してしまった。これが、企業と資本主義に対する驚くべき情熱に突然目覚めた大勢の株主擁護者の道義的な怒りを買ったのだ。

二〇一四年と二〇一五年も、フランス政府は反対意見を表明した。その中心人物がピエール＝アンリ・ルロワだった。指定代理人のルロワはコンサルタント会社〈プロヴァンヴェスト〉の経営者で、メディアには〝少数株主〟として扱われていた。二〇一六年の総会に先立ち、プロヴァンヴェストは

〝カルロス・ゴーンの野放しの報酬〟に対して手厳しいキャンペーンを展開していた。そして、株主総会に自ら一三以上の質問を提起するという異例の行動に出た。この激しい行動とは対照的に、二〇一八年一一月一九日にカルロス・ゴーンが政治的・司法的に排除され、ルノーの株主資本が崩壊して株主に対して数十億ユーロの損害を与えると、このコンサルタント会社はだんまりを決め込んだ。ルロワが当時抱いていた唯一の懸念は、カルロス・ゴーンが期限未確定のまま日本で勾留された場合、退職金がいくらになるかという問題だった。「取締役会は、このグレーゾーンをできるだけ早くはっきりさせたほうがいい」と、ルロワは二〇一九年一月二四日に発言している。二〇二〇年六月、ピエール＝アンリ・ルロワは、保持していたプロヴァンヴェストの株式の六〇パーセントを別の元銀行家（かつ財務監督官）であるアラン・ドゥマロールに売却したが、売却金額は公表しなかった。いったいどこに透明性があるのやら……。

「株主にとって、経営者や主要幹部の報酬条件が完全な透明性をもっているかどうかは、証拠《エビデンス》があるかどうかにかかっている」とカルロス・ゴーンは言う。「株主には当然ながら、最高経営責任者と企業統治に関わる主要当事者の報酬がどうやって決まるのかを知る権利がある。だが、私にできるのはそこまでだ。報酬を決める要因は企業の公式な報告や文書のなかで公開されていて、企業の業績や競合企業との比較などによって変わってくる。株主にとって企業の統治にかかる費用は総額でいくらか？　それが真に重要な唯一の問題だ」

株主にとっての統治費用

「要するに、私は実際に関与する人たち、つまり企業の株主の意思決定に役立つのであれば、透明性に賛成だ。政治家の資産と報酬に関する透明性とは別の話だ。政治家の場合は公的資金に関わるからね。だがルノーも日産も、国営企業ではない」

「私が日本の制度は最高だと言いつづけているのはそのためだ。株主は毎年、取締役会の提案する経営陣報酬の予算決議の投票をする。日産の場合、予算は二九億円、約二七〇〇万ドルといったところ。そして取締役会の予算委員会がその配分を決める。私は株主に予算の遂行について説明し、予算は認可された額を上回ることはなく、下回ることも多かった。だが、報酬を個人ごとに分けて説明することはなかった。約一一〇〇億ドルの総売上高のうち、約二七〇〇万ドルを経営陣の報酬に充当することを株主は認めていた。彼らが問題にしていたのはこの総額だ」

「これは非常に健全な制度だ。なぜなら、企業の業績と競合状態に応じて、比較が可能だから。自分の貯蓄を企業に投資しようと決めた株主にとって唯一重要なのは、企業の健全性なんだ。それとは関係のない覗き趣味を満足させるような要素は除外すべきだ。それなのに、日本でも経営者の報酬は政治的なテーマになってしまった。一億円（約一〇〇万ドル）を超える報酬を得た経営幹部は、その額を個別に明示することを義務づけられたのだ。それ以降、株主ではなく、メディアや世論との間で問題が起こるようになった」

　日本の財務局が二〇一〇年に行ったこの改正は、日本の上場企業の活動を国際基準に適合させたいという漠然とした思いによるものだった。特に世界金融危機と米連邦議会によって採用された新しい法律に大きく影響された。この追従的な態度は、もっと重大な問題には取り組まなかった。「もちろん、透明性それ自体はいいことです。ですが、日本で問題なのは、経営幹部の絶対的な報酬水準ではありません。報酬がきちんと業績に結びついていないことが問題なのです」と、投資コンサルティング会社〈リスクメトリックス〉で日本に関する研究を担当している石田猛行《たけゆき》は見ている。

ル・メール、〝新しい資本主義〟と闘う

フランスでは、ブリュノ・ル・メールのような行動において、以前からそうであったが、とりわけカルロス・ゴーンが小菅の東京拘置所に収監されてからは、大企業の社長の給与を政治的な目的で利用しようとする意図が露骨になった。この政治家は伝統的右派に属していたときに何度も主張を変えていて、右派として二〇一七年の大統領選の予備選に備えていたときに大きな失敗を経験すると、その後エマニュエル・マクロンの立候補を支持するようになった。

ル・メールは、この奇異な選挙で予想外の勝利を収めたマクロンから、経済・財務大臣の職を与えられ、ベルシーにある新スターリン主義の要塞のなかで、この国で数十年前から行われている政治――かすかに自由主義が混じった国家管理主義政策――を遂行するようになった。だが、カルロス・ゴーンが逮捕されると、自分が〝新しい資本主義〟の提唱者であると明かすようになる。彼が狙いを定めたのは、〝別の時代・別の資本主義〟の特徴を理解したがらない者たちの過剰な報酬だ。彼が例として挙げたのは、カルロス・ゴーンのあとにルノーのトップとしてアライアンスにとどまることになったジャン＝ドミニク・スナールだった。

（ル・メールの圧力で低めの報酬を設定された）スナールが引き継いだのは、執行権のない取締役会長の地位だけだった。とはいえ、年間四五万ユーロの報酬は少ない額ではない。すでに相当な額の退職金を受け取っていたからだ。だが二〇二〇年七月から最高経営責任者の役割を引き受けるためにフォルクスワーゲン・グループから引き抜かれたルカ・デメオは六〇〇万ユーロの報酬を受け取ることになっていて、そのうちの一三〇万ユーロは固定給だった。削減されたあとのカルロス・ゴーンの直近の報酬よりも高く、過去のもっと高額だったときと比べてもあまり変わらない。そして、三七〇万

ユーロ以上はもらえなかったティエリー・ボロレよりはるかに多い。それなのにブリュノ・ル・メールは、デメオには言及していない。いったい何をしているのだろうか？

ポピュリズムには、多くを暴くが何も説明しないという性格がある。偉大な経営者の給与の野放図な増大の根底には金融資本主義がある。だがもっと深刻なのが、先進国の多くに見られる不動産や金融資産全般のインフレを引き起こした格差の急激な拡大で、その責任は〝公共〟政策にあると指摘しておきたい。

公共政策の責任

すべての決定の中心にあるのが、一九七一年八月一五日にアメリカ合衆国のリチャード・ニクソン大統領が発した「米ドル紙幣と金《きん》の兌換《だかん》を一時停止する」という宣言だ。それは、第二次世界大戦による混乱のさなかにブレトン・ウッズで締結された国際金融制度の終焉を意味していた。偉大な人物によって〝野蛮な遺物〟と告発された金と、政治権力の意のままだった紙幣発行との間の最後の絆を断ち切り、積極的財政政策というすべてのケインズ主義者の夢を実現するものだった。

第二の主要な変化は、金融市場の近代化だ。栄光の三〇年間と呼ばれる、経済が大きく成長した期間の終焉とともに、すべての先進国で急拡大している公的債務に対応するために資金調達を容易にするという目的が透けて見えていた。大まかにいうと、経済成長には、もはや福祉国家の暮らしを支える力がなかったのだ。公的債務の増加と引き換えに、慢性的な歳出超過予算がはびこり、債券市場が経済の金融化の炉床として機能するようになる。

最後の、最終フェーズでは、理論的には――そして規定上――独立している主要な中央銀行が、平時には例のない金融的な奔放さに陥るのが見られるようになり、経済や市場の激動が起こるたびに紙幣を大量に流通させるようになった。それは、一九八七年一〇月のウォールストリートの大暴落に始まり、新型コロナウイルス感染症の大流行によって引き起こされた世界的な景気後退に対する金融的および予算的な対応によって、いまも目の前で繰り広げられている。国家・企業・民間金融機関の負債は中央銀行の収支に移行し、中央銀行のゼロまたはマイナス金利政策は、金の値段は時間とリスクの値段だとする、さまざまな基本的経済学を無効にするだけだった。

オーストリア学派の偉大な経済学者であるルートヴィヒ・フォン・ミーゼスが「インフレ政策」と呼んだものが、バブル経済を生み出した。企業の最高経営責任者の給与が高騰したのはその表れのひとつにすぎず、最も重要なものでも最も有害なものでもない。それなのに、奇妙なほど注目を浴びている。当然のことながら、大経営者が数十人しかいないのに対して、不動産バブルの受益者（および、バブルに付随したさらに多くの、しかし受動的な犠牲者）は大勢いる。その現象を解明する努力が十分にされずに、大経営者に社会的制裁が加えられているのだ。

給与と不労所得

「公平性の問題であるなら、すべての人の経済状態を公開すべきだ」とカルロス・ゴーンは言う。「給与だけでなく、金利収入や相続財産もだ。いまのところ、高い賃金については透明性を求めているが、金利として得られる収入は大きな秘密として扱われている。個人名は挙げないが、偉大な資本家は給与などどうでもいいと思っている。保有資産から生まれる金利収入と比べれば、給与など取るに足りないものだからだ。誰が何を受け取っているかは、政治的または社会的な問題になっている。それは、私にはどうでもいいんだ。だが、それを政治的または社会的なテーマにするなら、なぜ取るに足りない給与所得ばかりが対象となるのだ？　ただ保有しているだけの人よりも働いている人を公然と非難するのはいったいなぜなのか？」

よくあるように、新たな英雄が登場すると、この議論がフランスではグロテスクな様相を呈するようになる。ジョン・ピアポント・モルガンという名の保守左派の投資家が現れたときもそうだった。このニューヨークの投資家の影響力と行動は、当時まだ合衆国連邦準備制度が存在していなかったにもかかわらず、一九〇七年の金融恐慌を沈静化させた。同じ会社の最低賃金と社長の給与の差を最大でも一対二〇とするよう強く勧めたのだ。だが、この報酬の上限は、米国で最も裕福な人たちの一人であるモルガンにはまったく影響をおよぼさなかった。他にも富裕層の仲間として、世界で最も権威のあるふたつの金融機関、ＪＰモルガン・チェースとモルガン・スタンレーなどは、いまだにモルガンの名をとどめている。一対四〇という報酬の差を保っているヘンリー・フォードは、かなりましなほうなのだ。

「格差を是正する手段は、なによりもまず、収入や相続に対する税金だ」とカルロス・ゴーンは続ける。「地域社会は、富裕層から恩恵を受けるべきだ。それは、実行可能な思いつく限りの方法で個人の富裕化を禁じるのとはまったく逆だ。誰かがお金をたくさん稼ぐというのは、その人が税金をたくさん納めるということ。国が実施する再分配を介して、その恩恵を受けるのは社会なのだ」

周知のようにフランス政権は、カルロス・ゴーンが小菅に収監されると、ルノーでの地位を放棄させるために、その給与明細を利用した。二〇一九年一月九日、「二〇一二年以降、税法上、カルロス・ゴーンはもはやフランスの居住者ではない」という新事実が日刊紙『リベラシオン』に掲載されると、ルノーの取締役たちは態度を急変させた、と取締役のひとりは明言している。おそらく、きっかけを待っていた者たちもいたのだろう。だが勢いに乗ったブリュノ・ル・メールは、国営か民間かを問わず、フランスの大企業すべての経営者に税務上の居住地をフランスにすることを課すという法案をもち出した。

フランスと他の国々で納税者となっているカルロス・ゴーン

「二〇一二年の税務上の居住地の変更は、フランスにおける納税者としての私の立場を何ら変えるものではなかった」とカルロス・ゴーンは言う。「たとえ私が税務上はオランダの住民であっても、フランスで発生する私の所得はすべてフランスで課税されるからだ。日本で受け取った報酬に関しては、日本で税金を納めた。そしてアムステルダムで得た報酬については、オランダで税金を納めた。税務上の居住地がどこであろうと、原則として同一の収入に対して二重課税されることはないので、連結で考えればそれでよかった」

富裕連帯税（ＩＳＦ）から不動産富裕税（ＩＦＩ）に移行しても、この状況はまったく変わらなかった。非居住者は、特定の種類の資産――特に不動産――に関して、累積の価値が一定のレベルを超えると納税義務を負うことになる。だが誤った情報をでっちあげるというポピュリズムの仕組みは、見事に成功した。税務上、オランダの居住者であるカルロス・ゴーンは、もはやフランスで税金を納めないはず。――以上、証明終わり。

「税務上の居住国をオランダとしたのは、私はＲＮＢＶから報酬を受けていたし、ルノーや日産の社長である前にアライアンスの責任者だったからだ」とカルロス・ゴーンは説明する。「単に日産の社長だったときは、日本で報酬を受け、日本で税金を納めていた。二〇〇五年にルノーに戻ってから二〇一二年までは、税務上はフランスに居住していたんだ。二〇一二年以降は、アライアンス強化のために別々の企業をまとめるという観点から、最も公正な選択をした。アライアンスの所在地をオランダにするというのは、ルイ・シュヴァイツァーがかなり早い段階で決めていたことだ。二〇一二年以降、我々はアムステルダムの人員を強化し、私は自分の居住地をオランダにすることが中立の証として当然だと考えた。二〇一二年以前は、RNBVは実際のところふたつの企業の代理人からなる顧問団にすぎなかった。二〇一二年以降、我々は正式に本部を設置して将来的に持ち株会社にすることを考えた」

〈カルロス・ゴーンのやり方〉を理由にしてつくられた、フランスの主要企業の経営者に税制上の居住地を強制する〈ル・メール法〉は、まさにポピュリズムと民衆扇動がセットになったものだが、税金を払わせるという点ではまったく効果がなかった。むしろこの法律のせいで、フランス産業の競争力を損なう可能性のほうが高い。グローバル経済のなかにあるフランス産業は、マーケット・シェアを競うために、それができる人材の獲得も競わねばならない。二〇一九年一〇月には、フランス政府の後押しの下に、〝大企業〟の定義を総売上高一〇億ユーロから二億五〇〇〇万ユーロに引き下げるという、まるで共産主義のような修正がなされたが、これはフランス当局が目指す産業力と比べるとあまりにも規模が小さかった。

競争力と報酬

「報酬に関する議論のふたつ目の側面は、企業が存続する条件となる競争力だ」とカルロス・ゴーンは言う。「企業は、生き残るために有能な人材を備えなくてはならない。そして、能力のある人材は街にあふれているわけではない。経営者の選択を誤ったために破滅に至った企業の屍《しかばね》が経済の歴史を埋めつくしている。これからも、そうした企業がたくさん出てくるだろう。希少な人材を選択するというのは繊細な仕事だ。そしてその希少性は、生まれつきの才能ではなく、仕事ぶりに関するものだ。企業は、人格・経歴・ノウハウを買うんだ。たとえばサッカー選手はその才能で独特の存在となるが、育成や経歴によってそうなることができる。スポーツの世界では、トッププレイヤーと普通の選手の収入の格差がいくら大きくても許される。その論理が企業の経営者に適用されないのはなぜか？　私たち経営者のなかで所得が最も多い者でも、最も高収入のスポーツ選手と比べると足元にもおよばない。それは厳然たる事実だ」

　参考までに、カルロス・ゴーンと同じブラジル人であるサッカー選手、ネイマール・ダ・シウバ・サントス・ジュニオールの例を見てみよう。ネイマールは、二億二二〇〇万ユーロで、バルサことＦＣバルセロナからパリ・サンジェルマンＦＣへ移籍した。史上最高額の移籍だ。年間三六〇〇万ユーロというネイマールの報酬は、それでもアルゼンチン人のリオネル・メッシの半分以下にすぎない。七二四万ユーロというバルサでのメッシの月収は、ルノーでのカルロス・ゴーンの年収とほぼ同額である。

　大企業や大産業の場合、グローバル市場という、企業経営者のための労働市場が現実に存在している。他の市場と同じく不完全ではあるが、政治権力による経営者の選定よりも確実に望ましい。政治権力が選定する場合、たいていは非民主的で、管理経済や市場経済の公共部門で行われているような基準に従っている。キリスト教民主党（ＤＣ）と共産党（ＰＣ）の組み合わせが支配した旧体制が崩壊する前のイタリアでは、権力間での国営企業の経営の分担を意味する〈分割配分〉という言葉が考え出された。

フランスにおける特権階級による独占

　実際に問題になっているのは、労働市場の過剰ではなく不足だ。フランスの場合、それが顕著であり、経営者（および取締役）のポストは、グランゼコールや国の高級管理職団出身の特権階級に独占されている。労働者の貧困は社会制度によるものではないというマルサス主義を信奉し、不平等主義で、競争がほとんどない世界――国の経済活動はそこに多くの税金をつぎ込んでいる。

いずれにしても、ひとつ確かなことがある。それは、〝カルロス・ゴーン〟という製品には、世界的な市場が存在するということだ。そして、我々が目にしてきたように、アライアンスのこの責任者は最高入札者に自らを売却できる機会が何度もあった。

難しいのは、世に知られた人材の雇用を可能にし、経営者の利益と企業の所有者である株主の利益を一致させ、中期的および長期的な業績に報い、失敗を罰するような報酬形態を見つけ、実践することだ。つまり解決が不可能な問題なのだ。これをテーマとする研究は、是非はともかく、数え切れないほど多くなされていて、なかには有名な経済学者によるものもある。欧州左派の偶像ともいえるジョセフ・スティグリッツは非常に有益な研究を行い、経営幹部に提供されるストックオプションが株主に無視できないような打撃を与えたことと、こうした〝無料〟の株式がすべての人にとって無料ではないことを明らかにした。

「経営幹部の報酬に関しては、アライアンスのなかでも企業によって算出方法が異なっていた」とカルロス・ゴーンは説明する。「その方法は、ルノー・日産・三菱で同じではなかった。だが、大まかにいうと、それほど高くない固定報酬と、一部は結果に応じてその年度に即支払われ、残りは中期的な業績を考慮してあとから支払われるという変動報酬がある。支払い方法としては、ストックオプション、無償株、ディファード・ボーナス（据置配当金）といった、利用可能な手段がすべて使われる。私はといえば、株式を所有して、ルノー同様、日産でも大株主となった。おそらく忠誠と信頼の証と見ることができるはずだ。私の逮捕でそのどちらも地に堕ちたことを思えば、愚かさの証なのかもしれないが」

「毎年、私は日産の株主総会で、ルノーでそうしていたように、私の固定報酬と変動報酬の水準を提示して、世界の自動車産業の平均だけでなく、伝統的な巨大産業に属する同等規模の会社の平均とも比較して説明していた。フェイスブックやグーグルといったハイテク企業はまったく別物だったので、比較の対象は航空機産業や化学産業とした。私がどの程度の位置にいるかを株主にわかってもらうためだった」

高い地位にある幹部すべてのためのベンチマーク

だが、一部のメディアが何年もの間、延々と繰り返していた内容に反して、このベンチマークは、日産とルノーの最高経営責任者だけでなく、高い地位にいる何百人もの幹部にも関わるものだ。

「日産ではルノーと同じように、上位二〇〇人の経営幹部すべてに関して、市場の基準を用いてベンチマークを行った」とカルロス・ゴーンは言う。「同等の規模の企業だとどれだけの報酬を得ているか、収入の平均・最高額・最低額はいくらかを知りたかったのだ。二〇〇九年に〈タワーズワトソン〉と名称を変えたが、〈タワーズペリン〉という非常に有名なコンサルタント会社が米国にあり、そこは毎年世界規模の調査を実施してデータを集めている。ルノーも日産同様に、世界基準との比較を行っている。フランス国内や日本国内では比較の基準にはなりえなかった。日本の場合だと、他の特典を享受している日本人と同じ報酬では来ないと思われる外国人がたくさんいた」

日産自動車の本社がまだ銀座にあったとき、ビルのなかには〝大先輩たち〟のためのスペースがあった。何年も、ときには何十年も前に定年を迎えた元経営者たちだ。彼らはそこで、レースの掛かったソファに座り、若い女性が出してくれる緑茶をすすり飲みながら一日を過ごすことができる。夜になると運転手つきの車が家まで送り届けてくれる。

日本では、〝終身雇用制〟は実体のない言葉ではない。元経営幹部は〝相談役〟となり、大学を卒業してからずっと陰謀や派閥抗争に揉まれながら仕えてきた企業に対して、影響力をもちつづけるのだ。それが有益なことは少なく、有害であることが多い。二〇一七年に経済産業省が実施した調査によると、日本企業の約八〇パーセントがこの伝統を守っている。二〇二〇年一月、日産は東京証券取引所にこの制度を廃止する旨を伝えた。その最初の犠牲者は、CEOを罷免されたというのに、毎日のように横浜の本社に出没していた西川ということになるだろう。川口均も同様だ。だが〝建前〟と〝本音〟は別物だ。

日本の偉大な経営者が修道士のごとく規則に従うという考えは、かなり時代遅れになっている。社用車・お抱え運転手・複数のゴルフクラブの終身会員権・一般経費……。彼らが報酬以外に享受している物質的な利益は決して馬鹿にならない。退職金は必須で、相当な額にのぼる。二〇一四年にファイナンス会社のオリックスから完全に引退したとき、宮内義彦は、約四〇億円、つまり約四〇〇〇万ドルという金額を手にした。トヨタも二〇一八年に、ナンバーツーのフランス人であるディディエ・ルロワに一〇億円、約九五〇〇万ドルを退職金として支払っている。

「私が定めた規則は、誰の報酬も国際的に認められた基準値を下回らないというものだった」とカルロス・ゴーンは説明する。「もし誰かの報酬がそれ以下なら、その人物はその地位にふさわしくないということだ。私は、優秀な役員には報酬に不満をもってもらいたくなかった。誰かが説明を求めてきたときは、自分が報酬ランクのどこに位置しているかをわからせるために、アルン・バジャージに会いに行かせた。誰一人として自分の報酬が本来あるべきものより低いと思える状況はつくってはならないんだ」

二〇一九年一二月に、ナンバーツーになったばかりだというのに、日産を辞めることを発表した関潤は、小型電気モーターでは世界一の日本電産に入るために、金銭的な犠牲を払うことを明らかにした。「お金の問題ではありません。実際、日産の報酬はよかったので、転職することでかえって金銭的には失うものがあります」。五八歳の関は、内田誠が日産の社長に就任したのを受けて、この転職によって自分が企業のトップになる最後のチャンスをものにしたかったのだ。

給与削減のための投獄

カルロス・ゴーン事件で、奇妙な矛盾といえるのは、このアライアンスの創設者が二〇一八年一一月一九日に投獄されたのは、世界の他の大企業の経営者との関連で、自発的に報酬を放棄したためだったということだ。

「金融危機のただなかの二〇〇九年に一億円ルールが適用されたとき、私の報酬はそれをはるかに超えていた。当時の状況を考えると、私が日産で年間一八〇〇万ドルか一九〇〇万ドルの報酬を得ていると公表しても、日本の大衆の理解は得られないと思えた。たとえそれが、世界の自動車業界の平均レベルであったとしても、だ。フィアットやＢＭＷの経営者はもっともらっていたが、特に日本の経営者たちの報酬はずっと少なかった。私は、自分の給与を一〇億円に抑えようと決めた。自発的に。だがそれは、とりたてて気分のいいことではなかった。ある種のフラストレーションを感じていたのは確かだ。私の直近の部下たちは、私が辞めるのを恐れていて、グレッグ・ケリーなどはそれを公然と口にしていた。彼は私にこう言った。『あなたの報酬は、同じ立場にある人たちと比べると低すぎます』。彼らはさまざまなシナリオを考えてくれたが、どれもうまくいきそうになかった。合法で満足がいくような方法は何も見つけられなかったのだ。法に違反したり、法をくぐり抜けたりするのは論外だった。結論は、私が退職したあとに何らかの措置を講じることを検討するというものだった。

日本でほぼ慣行となっているように、上級顧問として働くといったことだ。彼らは私にこう言った。『日産はあなたを必要とするでしょうから、それ相応の報酬を支払うはずです』」

「それが提案された内容だった。正式なものではなく、私自身も何の書類にもサインしておらず、会社の契約書も存在していない。フランス政府の反応を恐れなければならないような問題はまったくなかった。そうだとしたら、私は単に辞めればよかったのだから。二〇一〇年時点を思い返すに、次の落ち着き先を見つけるのは造作もなかった。何の論争もかきたてることなくＧＭの経営を引き受けることもできたし、そうすればもっと多く稼いでいただろう。フランスと日本における独特の政治的・社会的風土に対して譲歩してしまったのだ。米国では考えられないことだ」

富豪と大富豪

二〇一八年一一月一九日の衝撃のあと、ある投資銀行が、小菅に収監されたカルロス・ゴーンの財政状態を、二〇一〇年にＧＭの経営を引き受けていた場合と比較してみた。その結果は、概算とはいえ示唆的なものだった。年間約二〇〇〇万ドル（二〇一九年は二一六〇万ドルだった）というＧＭの最高責任者であるメアリー・バーラの年収と、米国トップメーカーの再建がＧＭの株価にもたらした莫大な効果（二〇〇九年五月に一ドルだったのが、二〇一八年一一月には三七・九ドルに上昇した）をベースに、二〇一八年末にはカルロス・ゴーンが所有する個人資産が約四億ドルになっていただろうと見積もったのだ。当時のブルームバーグ・ビリオネア指数によると、実際のカルロス・ゴーンの個人資産は一億二〇〇〇万ドルと推定されていて、名門一族やその相続人たちによって占められている「フランス大富豪上位五〇〇人」に名を連ねることはできていない。

この金額は法外なものに見えるかもしれないが、資本主義の中枢にある金利収入が構築する富に比べれば慎ましいものだ。『インスティテューショナル・インベスター』によると、二〇一九年には、投機的ファンドの最も収入の高い二五人の経営者が、二〇二億ドルを分け合っていて、そのうちの八人は、それぞれが一〇億ドル以上を手にしている。彼らの大部分は〝クオンツ〟と呼ばれる金融アナリストで、アルゴリズムを使って、中央銀行によって活性化された市場から自動的に金を絞り取る連中だ。

シリコンバレーで巨大な富を築いたのもこのアルゴリズムで、無力もしくは無気力な競争当局の目をかいくぐって独占的な地位を確立している。世界の自動車産業は、少なくとも、競争がきわめて活発な分野でありつづけている。営業利益率は控えめで（一般自動車メーカーの平均は六パーセント）、技術が常に大きく進歩しているにもかかわらず、製品の価格が長期にわたって非常に安定していることで知られている。

「私は自分の給与に制限を課したが、ある種のフラストレーションを感じていた」とカルロス・ゴーンは認めた。「おまけにその後、さらに多くの支払いを余儀なくされるとも知らずにね。何度でも言おう。私は何の成果もない捜査のために投獄されたのだ。告訴のなかで批判されたのは、考え方や意図だ。実際の行動に移す兆候もないことに対し非難された。意図的な不正行為ですらなく、ただ検討しただけだった」

「込み入った起訴の過程をきちんと理解しようとすると、唯一の証拠は、さまざまな仮定の下で動いていた者たちの間で交わされたメールということになる。だが、その誰もが具体化しようなどとはこれっぽっちも考えていなかった。検察は起訴を正当化するために数カ月間捜査を行ったが、何の成果もあげられなかった。公正な捜査なら、私の有罪を実証するのは困難だったに違いない。だが検察は、まんまと私を犯罪者に仕立て上げたのだ。なぜなら、会社が支払ったことも約束したこともない、まして受け取ってもいないお金のために私が投獄されたとは誰も思わないからだ。だいたい日産は、私が逮捕されて数カ月が経っても、問題の九〇億円など振り込みはしなかったではないか」

借家人

前章で述べたように、より強固な新しい罪状をすみやかにでっちあげなくてはならなかったのはまさにそのためだ。また、カルロス・ゴーンのイメージを急いで破壊するためのバッシング・キャンペーンが展開された。そこでは東京地検の無意味な捜査には触れぬまま、メディアのなかにいる仲介者にアライアンスの最高責任者の生活水準に関する情報が提供された。確かに、いくつものアパートメントやプライベート・ジェットやヴェルサイユ宮殿でのレセプションのほうが、日本での金銭的な情報や湾岸地域での取引よりも写真向きで、一般大衆に訴える力も強い。

アパートメントは日産が購入したものだった。「これらのアパートメントは会社の所有だった」とカルロス・ゴーンは強調した。「場合によっては、私がそれを借りた。日産が不動産を購入して、私が賃料を払って借家人となっていたのだ。二〇〇五年に私がルノーに戻ったとき、私たちはまだパリ郊外に家を所有していた。その家は、一九九九年の春、日本に行くことになると知る前に購入したものだ。だが、その家はビヤンクールから遠かったので、パリにアパートメントがあったほうが便利だと思った。日産はパリに、投資用のアパートメントを購入していた。そこで私は、二〇〇五年から、二〇一二年にアムステルダムに住まいを移すまで、家賃を払ってそこを借りていたのだ」

「オランダに居住地を移したとき、私はアムステルダムで借家人となった。だが、これらのアパートメントを社宅として利用したのは、あくまでも仕事上の理由からだ。日産との取り決めでは、私は主要住居の家賃を払うことになっていた。最初はパリで、その次がアムステルダムだ」

「東京では、一九九九年に来日してからずっと借家人だった。そして二〇〇五年以降は、日産が私に日本で正式な住居をもつよう主張し、日産がその責任を負っていた。その理由は明らかで、体面を気にしたからだ。私が、ときどきやってくるだけに見えては都合が悪かったのだ。日産はいつもふたつの会社の間のバランスばかりを気にしていた」

「その次が、ブラジルとレバノンだ。リオデジャネイロのアパートメントは、ベイルートの家よりもずっと前に日産が購入したものだ。私がリオに行くたびに、いまもそうだが、この街の治安の悪さのせいで誰もができるだけの防護策を講じなくてはならなかった。私がホテルに行くときは、ボディガードをつけ、建物の一部を安全地帯にしなければならなかった。多額の費用がかかるが、それでも最適な保安体制にはならなかった。グレッグ・ケリーをはじめとする取締役たちは、私がリオに滞在中、安全と機密が完全に守られた状態で暮らし、仕事をしたり人と会ったりすることもできるアパートメントを買ったほうがいいと考えたんだ。私はなによりも仕事のためにリオに年平均四回は行っていたからだ」

リオに行くなら

実はカルロス・ゴーンにとって一年の仕事は、一月のブラジルから始まっていた。ラテンアメリカにおけるその年の日産とルノーの戦略を、記者会見の場で発表するのだ。「一月の四日か五日にリオで実施していました。八月のパリみたいな時期ですが、いつもたくさんのジャーナリストが集まってくれました」と南米にいたアライアンスの元幹部は語った。古い日産の広報担当者によるリークに頼るだけのメディアからは、決して出てくることのない情報だ。他の二回の訪問は、二月のリオのカーニバルの時期と、シーズン最後の一〇月末か一一月初旬に行われるフォーミュラ1のグランプリのときだ。付和雷同型のメディアが下した結論は「ブラジル行きは観光目的だった」というものだ。だが、そうではなかった。

「仕事上の予定と家族のための時間を考えると、彼にはソーシャルライフがまったくありませんでした。パリやニューヨークでそうだったように、ブラジルでも会食は嫌がっていましたが、招待されたらお返しをしなくてはなりませんよね」とこの元幹部は語った。カーニバルとグランプリというふたつのイベントは、ともに招待することで仕事関係者に感謝の意を表する機会なのだ。仕事の世界によくある慣行で、フランスの大企業が、サッカー・スタジアムや全仏オープンテニスが行われるスタッド・ローラン・ギャロスにＶＩＰ席を借りているのも同じ理由からだ。だがメディアは、招待者全体のリストを吟味せず、日産とルノーが提供した、カルロス・ゴーン本人の招待客から意図的に絞って選ばれた客のみ見ている。

「彼が四度目にブラジルに来るのは七月です。これで一年間の訪問スケジュールがカバーされます」と同じ元幹部は付け加えた。「彼の個人的な経歴や、彼の母国語の国との関係、大統領・州知事と築いた関係を考えると、日産やルノーが他の人物を寄こすことなど考えられるでしょうか？　ＢＲＩＣＳ諸国のなかでも最も成長が期待される国に彼が力を注ぐのに、何の問題があるのでしょう？　彼は体を張って仕事をしているだけに、なおさらです。到着した次の日から、会議に出席し、当局と面談し、さらには工場訪問と、積極的に動きまわっていました。私たちがあり得ないようなハードスケジュールを組むこともあり、そこには民間部門との社交的な会合もありました。彼に『ノー』と言われたことは一度もありません。彼が緊張を緩めることはありませんでした。予定が一年半から二年先まで埋まっていることはみんなわかっていましたからね。当時はＢＲＩＣＳが優先事項だということを確認するために、そうした仕事が必要だったのです」

ベイルート――中継地

「だがベイルートは、〝成長戦略の拠点〟の一部ではない」と、メディアは非難がましく反論する。実際、悲惨な地域環境（シリア・トルコ・イスラエル）に囲まれ、内戦による荒廃の上に築かれた数十年にわたる宗教体制によって損なわれたかつての〝中東のスイス〟は、前例のない想定外の危機に陥っていた。だが数年前には、ベイルートはまだ金融の中継地であり、湾岸諸国を含むその一帯の経済エリートにとって格好の保養地だった。

「ベイルートはあとから浮上した。私たちはドバイに拠点をもっていたが、ヨーロッパからはレバノンに行くほうがずっと簡単だった」とカルロス・ゴーンは説明する。「飛行機で三時間の距離だ。その地域の代理店や他のパートナーたちは、ベイルートまで喜んで私に会いに来た。だがレバノンの情勢に関する不安もあり、ルノーの取締役たちはそれを何度も口にしていた。私が現地に行くときはいつも保安要員を同行させたものだ」。リオのアパートメント同様、アーシュラフィーフの家には、住居だけでなく仕事や応接のための空間が整備された。特に、仕事に適した安全なコンピュータ環境が必要だった。

「私のレバノンとブラジルとの関係を考慮して、グレッグ・ケリーと西川廣人は、日産の社長を辞めたあとも会社の役に立つ限り、リオとベイルートのアパートメントを使いつづけられることを提案に加えていた。またそのあと、わたしは会社の財政状態から見て公正な価格で、それを買い取ることもできるはずだったんだ」

「これらの不動産は日産の所有物で、日産はパリとリオのアパートメントを取りもどした。だが、ベイルートの家は手にすることができなかった。理由は簡単だ。日産がレバノンの現行法をすべて侵害したためと、レバノンの裁判官が私の住居だと判断したからだ。日産の代理人はこの家に完全に違法なやり方で侵入したので、裁判官が退去と住居の返還を命じたのだ。日本以外の、フランス・ブラジル・レバノンでの日産による家宅捜索は、すべて令状なしに行われた。レバノンでは、日産の家宅捜索の際にガードマンが暴行を受け、鍵が壊された。パリでは、日産がアパートメントを取り返そうとしたが、結局鍵を見つけることができなかった。いっそ侵入されたほうがよかったぐらいだ。フランスの法律に照らすと大問題になったはずだからだ。日産はブラジルの司法当局からも有罪を宣告され、訴訟が進行している」

「令状をもっていた東京以外では、日本の検察は代理人を立てて動いていた。米国の弁護士事務所〈レイサム&ワトキンス〉の職員と日産の社員が住居侵入を行ったんだ。日本の外では、彼らは治外法権だ。レイサム&ワトキンスはシカゴの街では信用があったが、この件に関しては、まるでごろつきのように振る舞った」

ハリ・ナダの奇妙な訪問

二〇一八年一一月一九日の羽田での逮捕のように、カルロス・ゴーンが利用していたいくつかの住居を狙った急襲は、かなり以前から計画と準備がされてきた作戦の一環で、その中心人物が東京地検特捜部と共謀していたハリ・ナダだった。

二〇一八年一〇月二三日、ハリ・ナダは、日産のブラジル現地法人の社員でカルロス・ゴーンの個人秘書を務めるヴァニア・ルフィーノに会うためだけに、急遽リオデジャネイロを訪問した。「ハリ・ナダからは、コパカバーナのアパートに関する書類をすべて揃えておくようにとの指示がありました。私は変だと思いました。彼はこの住居の取得だけでなく、インテリアや設備に関する責任者で、すでにすべての書類をもっていたからです」と、ヴァニア・ルフィーノは語った。面談はグヴェイア・ヴェイラ弁護士事務所で行われ、何年も前からルフィーノを知っているハリ・ナダが、最初にもうひとつ異例の要求をしてきた。「ハリ・ナダは『君の発言をすべて正確に思い出せるよう、録音させてもらわなくてはならない』と言うと、携帯電話をテーブルの上に置いたのです」と、ヴァニア・ルフィーノは当時を思い出して言った。「ゴーンさんは、あなたの訪問とこの面談のことを知っているのですか?」と、ルフィーノは訊ねた。「まだだ」というのが、ハリ・ナダの答えだった。そこでルフィーノはハリ・ナダに、アライアンスの責任者であるゴーンにすぐに知らせるよう求めた。カルロス・ゴーンへの連絡のなかで、ナダはルフィーノに会うためにリオにいるが、彼女は〝気が進まない〟ようだと伝えた。ルフィーノはそんなことはないと抗議した。

すべての質問は、ただひとつの方向に向かっていた。会社資産の私的流用でカルロス・ゴーンを告発するための材料を探していたのだ。アパートメントのメンテナンスに関するナダ本人宛ての請求書、住居の管理に関する銀行のクレジットカードの使用（そんな記録はなかった）、カルロス・ゴーンの家族以外の第三者によるアパートメントの使用（一度もなかった）などが調べられた。数時間におよぶこの取り調べを終えると、ナダはすぐにブラジルを去った。

二〇一八年一一月一九日、リオ時間の午前六時（東京では午後六時）に、ヴァニア・ルフィーノは、携帯電話とコンピュータをもってすぐに日産の事務所に行くよう命じるメールを、クリスティーナ・ムレイから受け取ることになる。ルフィーノはカルロス・ゴーンに連絡を取ろうとしたが無駄だった。すでに羽田で逮捕されたあとだったからだ。そこで、事情をカルロスの姉のクロディーヌに伝えると、日産ラテンアメリカの本社へと向かった。ルフィーノは一室に閉じ込められると、同僚と話すことを禁じられ、三時間にわたってサルヴァドール・ダハンの尋問を受けた。ダハンは、この地域で、リスク・ガバナンス・コンプライアンス・社内監査を担当する人物で、コンピュータの専門家と、社外の弁護士を連れてきていた。ルフィーノは、原因が何かもわからず、三〇日間の無給停職処分を告げる通知を受け取った。そして、サルヴァドール・ダハンの運転手がアパートメントへ行って、鍵とそこにある書類を押収するのに同行させられた。「あとになって、私は検察の尋問を受けるために日本へ行くよう言われました。私はそれを拒否して、解雇されました」

わかりやすい兆候……経験に照らしてみれば《ア・ポステリオリ》

一〇月二三日のハリ・ナダとの面談のあと、ヴァニア・ルフィーノは、意味のわからないこの奇妙な出来事についてカルロス・ゴーンに伝えた。ゴーンは心配はいらないと答えた。経験に照らしてみれば《ア・ポステリオリ》、横浜で企てられていることの兆候に簡単に気づくことができたはずだった。これよりもっと前にも似たようなことがあった。二〇一八年七月初旬、ハリ・ナダはアムステルダムの本社で行われるアライアンスの月例会議に出席するために、スキポール空港に降り立った。彼は、ほぼ同時刻に到着していた別の日産幹部と車に同乗することになる。ふたりは互いによく知る間柄で、いくつものプロジェクトでいっしょに働き、親密な関係を保っていた。「私に対する態度が明らかに変わっているのを感じました」とこの幹部は語った。「ハリ・ナダは私の隣ではなく、助手席に座りました。本当に親しい仲だったというのに、私の目を見ようともしないのです。翌日、いつものようにカルロスと面談したとき、私はこのハリ・ナダの態度について話しました。そして西川が、会社を日本化したいとか、自分のほうがあなたよりいい社長になるだろうとか、物騒なことを口にしていることも伝えました。するとカルロスはこう答えたのです。『君も、ムナ・セペリのようなパラノイアだな。方針転換したときにはこの種の動きはよくあることだ』。カルロスはこの兆候を、他のいくつかの兆候同様、真に受けようとはしませんでした」

どういうことか説明しよう。『パラノイアだけが生き残る』（日経BP、二〇一七年）というタイトルの本を著したインテルの元CEO、アンディ・グローヴは気にいらないだろうが、まずいえるのは、カルロス・ゴーンはまったくパラノイアではないということだ。彼の経営方法は、いまや周知となっているように、現実の数字・状況の正しい認識・プロジェクトの効果に関する確信にもとづく、合理的で実用的なものだ。次にいえるのは、不信感の上には何も築くことができないということだ。不信感は国にとって害であるように、企業にとっても有害だ。エコノミストのヤン・アルガンとピエール・カユックが著した『La Société de Défiance（不信の社会）』は、フランスという国を（その不信のために）崩壊過程にあると描写している。実をいうと、〝カルロス・ゴーン事件〟に関しては、その兆候は、横浜と東京地検でなされた入念な準備に比べれば取るに足りないものだった。結局のところ、誠実な人間ほど、逆に用心して警戒することがほとんどないのだ。カルロス・ゴーンのガバナンスは、常に法律に注意を払いながら行使されていた。それは、多くの市場や文化的背景、社会および政治環境を操る大企業において、それを取り巻く法規制の複雑さと慢性的な不安定性からなされた注意だった。

破産したフランス国家とその資産

アライアンスの設立者であるゴーンに向けられたたくさんの非難のなかで、些細なものがなにより物議をかもしたというのは本当だ。それは、もちろんヴェルサイユ宮殿の一件のことだ。フランソワ＝ルネ・ド・シャトーブリアンが〝羨望が支配する〟とうたったこの国では、この手の話が物議をかもすことは、驚くべきことではない。五万ユーロ。日産によるバッシング・キャンペーンに積極的に参加して騒ぎ立て、地に堕ちたとあるメディアは、この程度の金額に飛びついた。このヴェルサイユでのレセプションのおかげで、二〇年にわたり鍵穴からアライアンスの業界固有の動きを覗き見てきたこのメディアは、目の保養をしたわけだ。

破産したフランス国家（一九七四年以降、黒字予算となったことは一度もない）には、一〇〇〇年の歴史をもつ文化資産を維持する手段がなかった。第一次世界大戦のあと、荒廃したヴェルサイユ宮殿は、石油王のジョン・D・ロックフェラーを中心とするアメリカ人の富豪たちのお金で救われたのだ。ロックフェラーが始めたこのフィランソロピー【訳注：個人や企業が行う寄付やボランティア活動】の慣習の一部がそのまま消えずに、いまも受け継がれている。五万ユーロというのは大トリアノン宮殿の使用料で、公共施設の責任者であるカトリーヌ・ペガールが、キャロル・ゴーンの誕生日を祝うプライベートのパーティーの際、重要なスポンサーに対して提示した金額だ。その他の費用は、すべてカルロス・ゴーンが自分の金で支払っている。

「ヴェルサイユのために、私は〈平和の間〉の修復費用として、一〇〇万ユーロをルノーから寄付することに決めた」とカルロス・ゴーンは言う。「それについては、誰も文句は言わなかった。なぜルノーがヴェルサイユ宮殿に寄付をしなければならないのか、株主はその理由を合法的に質すことはできる。だが、企業が利益を出し、株主に配当を払うようになった瞬間から、株主は何も言わなくなるんだ。寄付は、きちんと事情を考慮したうえで行われている。ヴェルサイユは、フランスで最も人気のある観光スポットのひとつだ。毎年何百万人もの観光客が〈平和の間〉を通り、修復ができたのはアライアンスの寄付のおかげだと知ることになる。それは企業のイメージにとって大きなプラスとなる。だが、こうした状況のなかで言われたり書かれたりしたことが、私の逮捕によって始まったバッシング・キャンペーンの一部となった」

二〇一四年三月に〈戦闘の回廊〉で開催したアライアンス一五周年記念パーティーについては、すでに本書が語ってきたとおりで、最終的にそれがどのような性質のものだったのか判断するのは裁判官だから、我々は今後その判断を注視したい。人の関心を集めた内容や実施について判断を下したのは裁判官たちだった。ＲＮＢＶが費用を負担した祝賀会については、何十人もの人々に一晩の仕事を与えたことを指摘しておこう。たとえばそのなかの音楽家たちは、莫大な費用負担となっている、芸術家のための失業補償制度の対象だ。

「文化活動に投資しようとすると、民間企業としての厳密な意味での活動範囲から外れるといって、必ず批判される」とカルロス・ゴーンは不満を漏らした。「レバノンのサン・ジョセフ大学に寄付したことでも責められた。この行為は、会社資産の流用呼ばわりされた。私が援助したパリのアメリカン・スクールについても同じことを言われたんだ。だが寄付したのは、私の息子が卒業したあとだ。私個人や家族のためにしたことなど一度もない。私は大学から寄付の要請を受けたときには、その多くに寄付をするよう心がけていた。特に財政の厳しいフランスでは、私の出身校であるエコール・ポリテクニックとエコール・デ・ミンヌだけでなく、ＨＥＣやインシアードなどにも寄付をした。会社が利益を出していないなら、あるいはこれらの寄付が株主の利益を犠牲にして行われたものなら、批判を受け入れよう。だが、そんなことは決してなかった」

ひとりで五人分

カルロス・ゴーンだけが専用機を利用していたわけではないにもかかわらず、その利用が業務上の移動だったのか、あるいは私的な旅行だったのかを判断するのも裁判官たちだ。「私がアライアンスやその他の部門で行っていた仕事を、いまは五人が分担してやっている」とカルロス・ゴーンは指摘する。「五人だよ。三つの企業の取締役会長たちとふたりの社長だ。この移動手段を駆使せずに、どうやったらその仕事をひとりでこなせるというのだ？　いったいどうやったら？」

第13章　明日

二〇世紀は自動車の世紀になるはずだった。この大量生産される製品がその所有者（全員とはほど遠いが）の生活にもたらす経済的・社会的・文化的影響は計り知れない。その影響は鉄道よりも大きく、少なくとも電気エネルギーと同程度だ。大衆化が最近実現したばかりの航空輸送よりは、はるかに影響が大きいだろう。自動車を中心にひとつの文明が築かれているのだ。だが、「我々文明なるものは、いまや、すべて滅びる運命にあることを知っている」というポール・ヴァレリーの有名な言い回しを引用し、この文明は滅ぶべきものであり、たとえ滅んだとしても人類はこれ以上悪くなることはないと考えている人たちがいる。なぜなら、二〇世紀には、文明が鉄鋼業や、特に石油の上に築かれていたからだ。

　エネルギー消費の影響が人類の生存に関わる問題となりつつある地球では、自動車という物体のバランスシートがぱっとしないものであることは否めない。いまや世界の人口の半分以上が集中している大都会や都市の周辺部においては、短距離の移動がほとんどで、車は災いのもとにさえなっている。重さが一～二トンある車を、主にひとりの人間が数キロ離れた家と仕事場の往復に使うのは贅沢と思われていたが、いまやそれは無分別とさえいわれるようになっている。

　先進国の大都市や中都市では、自動車の排斥運動が広がっている。昔ながらの移動（歩行による移動）が劇的に勢いを増しているのだ。いまやこの変化は、自転車への回帰につながっている。コペンハーゲンは、その点で先駆的な都市となっており、移動手段の三分の一以上（市の中心部では半分以上）が自転車となっている。自動車の利用に関する民主主義的な性質は、数十年前からシンガポールが採用しているような、都会に進入するための通行税などの課税制度によって疑問が呈されている。世帯の食料品にかける予算が相当減っている一方で、自動車にかける予算は全体として長期にわたり安定している（実際には、やや減少傾向が見られるが）。だが、経済的・物理的・規制的な制約や、環境上または公衆衛生上（および個人的な健康への影響）の懸念によって、パリの半数以上の世帯が自動車の所有を断念しているのだ。

　こうした問題や社会の変化に直面した自動車産業が最初に見せた反応は、少なくともいままでは効果がなかった。最悪の例は、ドイツの巨大企業フォクルスワーゲンだろう。同社はディーゼル車が排出するガスの試験結果をごまかしているとして、まず米国で、それからヨーロッパで非難された。それによって、他のメーカーすべてを対象とした全面的な検査が行われることになった。結果として、ディーゼルエンジンは、無公害性と効率の面でかなりの進歩を見せていたにもかかわらず、それまでむしろディーゼルエンジンを後押ししていた政治家たちによって、絶滅に追い込まれる運命となった。二〇二五年には、パリではディーゼル車が一台も走っていないことになる。ガソリン車には、二〇三〇年までの猶予期間が与えられている。

　実際には、こうした社会の動きは、カルロス・ゴーンが一〇年前にアライアンスに課していた「適応か、あるいは消滅か」という意識を、メーカーやサプライヤーのトップに浸透させる効果があった。自動車産業は、内燃機関の段階的な消滅を図っていかなくてはならない。ポンプからコンセントへの移行だ。自動車産業では、コンピュータとコネクティビティというふたつの分野で技術革新が同時に起きている。終わりの始まりではなく、新しい出発である。

基本的な欲求

「人間の基本的な欲求に常に立ち戻らなくてはならない」とカルロス・ゴーンは言う。「それは、人類が地上に姿を現したときから変わっておらず、今後も変わらないだろう。食べる、健康に気をつける、自分の身を守る、意思の疎通を図る、移動する、といった欲求だ。変わったのは、そうした欲求を満たす手段だ。ところで、現在の車は、さまざまな技術が組み込まれていて、基本的な欲求の多くを満たしている。まず、移動の自律性がある。どこにいつ行くかを、共同の輸送手段や第三者の判断に頼らずに自分で決めることができるのだ。そこに、電話・インターネット・ビデオ会議・緊急通報といったコミュニケーション手段が加わる。さらにまるで家にいるかのような住空間ともなる。車は人間の生活にとって不可欠な要素となった」

「私は、テクノロジー楽観主義者でも科学神学者でもない。だが、テクノロジーの進歩が、多くの問題に答えを出すことができると認めている。世界における飢饉の問題の大部分も、科学の進歩によって解決される。大昔から人類を襲ってきた疫病の大流行を抑制したり根絶したりできたのもテクノロジーのおかげだ。科学の進歩によって、平均寿命は大幅に延びた。それだけでなく、かつては人生の終末期にはつらい思いをすることが多かったのが、旅行をしたり、読書をしたり、音楽を聴いたりして、長く人生を楽しむことができるようになった。いま生まれる子どもたちは、平均余命が一〇〇歳だといわれている。三世代の間に、寿命が六〇、七〇歳から一〇〇歳に延びるのだ。人間の平均寿命は数十万年の間、三〇歳だったというのに。その違いをもたらしたのは知識だ」

一方で、最先進国の一定の階層や政治集団の間で流行っている〝反自動車〟的な発言は、時代を見誤っている。もはや、人口の割合も世界に占める富の比率も減少しつつある〝西洋〟が、経済的あるいは社会的枠組みを地球全体に押しつけることができる時代ではない。

「増加を続けてやがて安定するといったように人口がどう変化しようが、輸送手段に対する需要は必ずや増大するだろう」とカルロス・ゴーンは見ている。「それも驚くほどに。ユーザーである人間に対してインテリジェンス・オブジェクトが最良のサービスを提供できるとして、人工知能の活用を研究している企業のほとんどは、結局のところ、車に関心を寄せ、優先的に取り組んでいる」

輸送手段の需要の高まり

「これまで自動車は、運転者に依存した、いわば奴隷のようなやや無気力な存在だった。これからは、あなたの生活の手助けをする役割を果たすパートナーになるだろう。世界の自動車の需要は住民ひとり当たりの年間走行距離で計算され、今後の数十年で驚くべき増加率を示すと考えられている。三倍、いや四倍になるといわれているのだ。それは、私が〈エヌビディア〉の社長、ジェン・スン・ファンと話したことだ。彼らが自動運転車の統合システムに注力している理由のひとつは、この輸送手段の需要に関するこうした確信を共有しているからだとファンは説明してくれた」

　グラフィックカードのリーダー的存在であるカリフォルニア企業のエヌビディアは、人工知能分野に投資し、現在ではいくつものメーカー（ダイムラー・トヨタ・フォルクスワーゲン・アウディ・ボルボ）とともに自動運転車の開発を進めている。

「この技術革新はあらゆる種類の移動手段に広がっていくだろう」とカルロス・ゴーンは続ける。

「個人のものや、共同のもの、そしてプラットフォームを介したものなど。需要の高まりをもたらすこうした革新はますます多様化していくだろう。最も遅れている発展途上国では、需要は従来のように自家用車中心で、仕事や家族のための輸送手段としての役割を満たすものだ。インドやアフリカやラテンアメリカでは、自家用車の保有率は非常に低い水準にとどまっている」。自家用車を保有している世帯の割合は、米国では八〇パーセント以上、ヨーロッパや日本では五〇パーセント以上だが、インドでは五パーセント未満だ。パキスタンではそれ以下で、アフリカ大陸ではほとんどゼロに近い。

「こうした国々が、ほとんど自家用車をもたない状態から、ウーバー式の運転手つき車両（ＶＴＣ）というプラットフォームに突然移行することはない」とカルロス・ゴーンは言う。「その移行プロセスは、従来の固定電話網を一度も構築することがないままに、携帯電話、続いてスマートフォン普及という『カエルの飛躍』を実現した、発展途上国の電気通信事業とはまったく違う」

「パリのような大都会においても、若い世代は自家用車をもつ必要性を感じていない。こうした需要の減退があるなかで、世界の自動車市場が拡大しつづけているのは、新興国や発展途上国で急激な増加が見られるからだ。自家用車から、タクシー・カーシェアリング・セルフサービスの車といったプラットフォームまで、輸送手段のあらゆる提供方法はこの需要に応えるために増大しつづけ、自動車の世界生産にプラスの効果をもたらすだろう。今後の一〇年については疑いの余地はない」

「ということは、すべての新興国や発展途上国では、インフラの需要が非常に大きく、それに対処するための莫大な投資をしなくてはならないということだ。中国における自家用車と小型商用車の販売台数は、年間三〇〇〇万台に迫ろうとしている。あらかじめ道路インフラの大幅な発達がなければ不可能だったに違いない。人口が近いインドと比べてみるといい。インドの販売台数はせいぜい五〇〇万台で、中国の六分の一だ。中国はインフラを優先したので、それが市場の成長を支えたといえる」

「今世紀の初め、東風汽車集団と交渉していたとき、中国にはすでに高速道路網があったが、それを利用する車が足りなかった。ほぼ無人の工業団地があったのと同じだ。だが車は住民と同じようにあとからやってきた。そして中国は巨額の投資をしつづけた。ブラジルやインドのような国では、インフラの欠如は一目瞭然だ。インフラへの投資額がずっと少なく、他の社会的・経済的計画を優先させているからだ。それに比べると、中国が社会計画も含めて優れた結果を出しているのは明らかだ」

急激な変化を避ける

「自然で段階的な発展を促進し、急激な変化は避けなければならない。自動車業界の上流から下流まで、とりわけ雇用面で悲惨な結果をもたらすからだ。まず第一に、自動車による温室効果ガスの排出量だが、これはどんどん減っており、この変化は電動化によってさらに加速する。第二に、交通渋滞の問題に対してだが、こちらはカーシェアリングやプラットフォームを利用するなど、車の利用に関して合理化を図る必要がある。この要求はとても強いもので、そこには膨大なインフラ費用が発生する。その調整手段としては課税がある。香港やシンガポール、そしていまや中国の大都市を見てみるといい。そこでは、的を絞った、巧みで現代的な規制手段が見られる。個人的な車の使用には多大な社会費用がかかると考え、車の購入時に課税することで利用者にその分を支払わせている。選択の自由はあるが、公共スペースを利用する際にも課税する。社会的効用に応じて、その選択に課税するというわけだ」

問題は、民主主義国家においては、徴税手段は常にその扱いが難しいという点だ。一例を挙げると、ＥＵ全体と個々の加盟国は、経済的な効果が見込まれると同時に社会的にも受け入れられやすいはずの炭素税を実施することができない。財政的な枠組みの変更と技術革新を同時に検討して推進する必要があるのは、まさにそのためだ。

「私たちが直面している問題の解決策は、牧歌的世界や馬力によるけん引に逆戻りすることではない」とカルロス・ゴーンは続ける。「私たちには地球温暖化という問題があり、その答えをもたらすのはテクノロジーだ。電気自動車は、化石燃料の利用によって起こる大量の排気ガスの問題に対するひとつの答えだ。排気ガスゼロの自動車への移行は、いまや避けられない。革新は始まっていて、次々に起こる技術の発展により推し進められるだろう。まずは、消費面で小さな前進となったマイルド・ハイブリッドがあり、つぎに新世代のハイブリッドが出てきて、充電可能なハイブリッド、完全電気自動車へと続く。まずは電気モーターが、そしてずっとのちには水素エンジンが、徐々に内燃機関に取って代わるだろう。移行には優に一〇年以上かかるが、それはすでに決定していることだ。モーターのもつ利点と生産量の増大によって、価格は下がっていくと思われる」

「電気駆動の妨げとなるような、致命的な不都合は何もない。バッテリーのリサイクルの問題は解決されつつある。たとえば、価格の手ごろな最初の電気自動車〈リーフ〉に使用されたバッテリーで、もはや車は動かせないが他の使いみちがあるものについて、日産はリサイクルする方法を開発した。バッテリーは、現段階では電気を蓄える唯一の有効な手段だからだ」

「どんな技術革新も、懐疑的な目で見られるものだ。時間はかかるが、自動車業界では、いまだに疑念を抱いている者も途中から新しいテクノロジーの分野への参入を余儀なくされている。内燃機関に投資していた大企業すべてが次第に転換を図り、モーターの部品・モーター本体・バッテリー・燃料電池のサプライヤーになっている。この移行が全体的に終わるには、少なくとも一世代かかるのではないかと思っている」

　この転換の優れた例が、石油化学企業〈ＬＧ化学〉によってもたらされた。ＬＧ化学は韓国財閥の子会社で、上海の新工場で製造されるテスラの〈モデル３〉用のバッテリー供給に関する契約を獲得し、あっという間に世界トップクラスのバッテリーのサプライヤーにのし上がったのだ。そのため、長い間手がけてきた事業に急速に取って代わる事業に大規模な投資を行った。

「とても重要なのは自動車のライフサイクルだ」とカルロス・ゴーンは言う。「先進国における自動車の寿命は、米国の例を見るとだいたい一二年。発展途上国ではその二倍だ。現在では、誰もが理性的に考えると電気モーターこそが自動車の未来となるので、経済主体である一般市民は、車両買い替え時の決断に、（電気自動車が優勢になるだろうという）この現実を、組み入れはじめている。私たちは、（社会の電気自動車化という）未来予想図の実現のために参加を求められているのだ」

みんなのための自動運転車

だが、あたかも革新がまだ不十分であるかのように、自動車業界は自動運転車という第二の革新に取り組んでいる。自動運転車は環境の制約によって生まれたものではなく、拡大解釈されて〝人工知能〟と呼ばれている劇的な進化がもたらす新たな可能性に起因している。人工知能は、本来データの収集と処理に関するものだが、前世紀の終わりまでに、その対象範囲が驚くほどの規模と速さで拡大した。

「自動運転車は、電気自動車に少し似ている」とカルロス・ゴーンは言う。「自動運転車への道のりは、危険が迫ったときに運転者に代わって運転を補佐する機能の導入から始まった。人々はこうしたインテリジェンスカーと、このインテリジェンスが発達した形、つまり完全自動運転車に慣れていくだろう。問題はその進化にかかる時間だ」。この点については、数年から一〇年、あるいは二〇年かかるという者もいて、意見が大きく分かれている。

「自動車は単なる物体であることをやめ、運転者をサポートするパートナーとなり、ルートについてアドバイスを行い、代わりにブレーキをかけ、一定の状況においては完全に運転をコントロールし、しかるべきときに運転手を起こしてくれる。そうした自動車は、大資産家のためだけのものではなくなるだろう。いまは非常に高価だが、大量生産される時代になれば価格は低下するはずだ。現在、さまざまな自動運転機能はまだ高級ブランドの車種のためだけのものだ。自動運転車は高級車として売られている。だが、原価が下がれば価格も下がり、それによって需要が喚起される。そして、大量販売という好循環に入っていく」

　自動運転車が自動車産業へ与える影響は大きい。交通事故の原因は、九〇パーセント以上が人間の過失（飲酒・居眠り・さまざまな不注意・スピードの出しすぎなど）であるとわかっていることから、メーカーは対応策を求め、能動的および受動的な安全性に関して、限定的ではあるが実質的解決策を見つけた。結果として、自動車はますます重く、車高が高くなり（ＳＵＶ）、容積の大きい複雑なものになっていった。二〇一八年には、世界で一三〇〇万人が交通事故で命を落としている。自動運転車は、カルロス・ゴーンが以前から主張していた道路上の安全の必要性に応えるものだ。

　電気自動車や自動運転車は、より軽量であるとともに、燃料とエネルギーの消費がより少なく、製造やメンテナンスがより簡単だ。なお、多くの人（特に女性）が自動車に対して抱きつづけている感情は、情熱とまではいわないものの、二〇世紀の文学作品や映画作品に見られるように、（たとえ電気自動車や自動運転車の一般化という）この変革のあとも存続するだろう。

「感情的なこの関係は変わってはいくだろうが、なくなりはしない」とカルロス・ゴーンは見ている。

「自動運転車の開発によって、自動車は移動のための個人的空間となる。仕事・レジャー・コネクティビティのための道具をすべて備えているので、移動中に運転以外のことができるようになる。自動運転車は、空想の産物から願望の対象へと変わり、好きな音楽を聴き、メールを読み、写真を眺める場所となる。仕事をしたり、気晴らしをしたり、休息したりすることのできる隠れ場だ」

メーカーは避けて通ることができない

技術革新は、自動車の所有と関連した社会の進化へとつながる。耐久消費財である自動車が、家計の投資において住宅に次ぐ二番目の地位を占めていることも無関係ではない。だが、メーカーと顧客との関係は、以前のような個人を対象とするものから変わりつつある。

「例として、ウーバーのような配車プラットフォームは、電気駆動の自動運転車を必要とするようになるだろう」とカルロス・ゴーンは言う。「彼らは自動車メーカーになることはないので、世界全体で年間一〇万台から二〇万台の車を調達するために、仕様をあれこれと指定して、一社もしくは複数のメーカーと契約を結ぶようになる。だが、自動車の購入は考えていない。彼らはメーカーに対してこう言うだろう。『そちらで生産して維持してください。私たちは売上の一定割合を支払いますから』」

「アライアンス内部で、さまざまな仮定や未知数をもとに試算をしてみた。この新しいビジネス・モデルの場合、従来のレンタカー会社へのフリート販売と比べて収益性はどうなるのだろう？　結局、売上高の一定割合を受け取るほうが、従来型の販売よりも収益性がずっと高いとわかった。いままでにない収益水準に導いてくれる道を模索する必要がある。付加価値の分配をめぐる戦いは、メーカーとサプライヤーの間で行われるのではない。自動車の新たな使い方によって報酬が発生するという状況にメーカーがどれだけ入り込んでいけるかが戦いの鍵になるのだ」

だからといって、自動車メーカーがコンピュータ業界のＩＢＭに倣ってサービス企業に変貌するのかというと、そんなことはない。〝工場をもたない〟自動車メーカーになるとでもいうのだろうか。〝工場をもたない〟というのはフランスの電話産業の消滅を〝取り繕う〟ときにも使われた嘘八百の言い回しで、わずか三〇年前まで世界で最も進んでいたこの産業（工場はいまでもあるが、フランスではなくアジアに移っている）が、もはや跡形もない。

「自動車の製造には、安全性・環境保護・工程管理といった大きな問題が存在する。自動車は、コンピュータや電話機とは違うからね。自動車産業に必要なノウハウを習得するのは生易しいことではないんだ。自動車メーカーがアプリのコンサルタントや管理者になるとは思わないし、ウーバーがメーカーと交渉しているとしたら、自動車の製造が簡単な仕事ではないことを十分に知っているからだ。その複雑さが、製造の上流から下流にいるメーカーに交渉手段を与えている。交渉の焦点となるのは、この新たなモデルを考案した最先端企業との取り決めの一環でメーカーが受け取る報酬だ。ウーバーの件は決して仮定の話ではない。アライアンスとの交渉はすでに始まっていた。仕様を決め、自動運転車のレベルと台数を明確にするのはウーバー側だった」

　完全自動運転車は、いまはまだ存在していないとはいえ、将来は不可欠なものとなる。なぜなら、運転手の賃金が輸送費用の非常に大きな要素だからだ。最初にこの費用を低減させる、あるいはなくすことができる者が、競争において途方もなく有利になるだろう。

難しい社会的移行

　メーカーはさらに難しい社会的移行をやりとげなければならない。製造が複雑でなければ、それだけメンテナンスは容易になる。電気駆動の自動運転車の場合、研究センターでは常に多くの技術者を必要とするが、製造現場の労働力は常に少なくてすむ。下流に位置する自動化されていない巨大な整備部門への影響も大きい。

「進化はゆっくりだろう」とカルロス・ゴーンは考えている。「雇用への影響が出てくるのは五年から一〇年、さらにそれ以上先と考えるべきだ。それまでに、雇用を調整したり、臨時雇いを増減させたり、仕事を多様化したりして順応することは可能だ。危機とみなすべきだとは思わない。経営のしっかりした企業なら、惨事を引き起こすことなくこうした変化に立ち向かうことができるはずだ。アライアンスのレベルでは不安はなかった。むしろこうした変化がもっと早く訪れるものと思っていたんだ。移行がゆっくりであればあるほど乗り切るのも簡単だ。企業は予測し、こうした動きに備え、新たな仕事に従事する従業員を育成する時間をもてるからね」

「現在、大手の自動車メーカーは何万人もの技術者を雇用している。いまは人工知能や自動運転などの専門家を雇うのが急務となっている。同時に、知識がどんどん陳腐化しているエンジニアもいる。この不適合を解消する第一の手段は、教育を実施することだ。技術者たちは、継続教育が不可欠で仕事の一部だとわかっている。こうした教育努力・雇用管理・仕事の創出を並行して進めていけば、自動車産業に社会的危機が訪れるとは思わない。進化は、必要な適応をするための時間をくれるペースで起こると考えている」

「実をいうと、これはすでに企業経営者にとって日々の糧となっている。ヨーロッパでは、メーカーもサプライヤーも、ディーゼルエンジンの廃止を進めなくてはならない。ディーゼルエンジンは、多くの国で市場の過半数を占めていたが、数カ月間ですっかり人気をなくしてしまったんだ。世論の変化は、政治的な意思決定者に影響を与えるので重要だ。ディーゼルに関しては不運な結果となり、ビジネス的にも後退している。いまは前を向くしかない」

二〇〇二年、ポルトガルの雑誌『レヴィスタ』が、三つの時期（一九六四年、一九八〇年、二〇〇二年）の自動車業界における企業集中の過程を図表入りで記事にした。注目すべきは、消滅したか吸収されてもはや見る影もない（特にイタリアと英国の）ブランドの数だけでなく、新規参入者がいないことだ。一〇社ほどの主要企業に集中していた状況が部分的に再編されたものの（クライスラーはダイムラーからフィアットになり、ボルボは中国の吉利《ジーリー》傘下となり、フォードの高級車ブランドであるジャガー・ランドローバーはインドのタタ・モーターズに買収された）、状況はほとんど変わっていない。現在進行中の、そして今後起こりうる動きによって、この勢力図は変わってくるのだろうか？

「この技術革新が、必ずしもより大規模な企業集中につながるとは思わない。企業集中はすでにかなり進んでいるからだ」とカルロス・ゴーンは考えている。「二〇一八年の世界市場トップスリーは、アライアンス・トヨタ・フォルクスワーゲンで、世界市場のほぼ三分の一を占め、年間約九〇〇〇万台を生産した。市場の八〇パーセントを基準に考えると、残った当事者の数は非常に限られている」

投資の高騰

「その代わり確実にいえるのは、自動車業界で競争についていきたいと願う企業では、売上高に占める投資の比率が大きくなっているということだ。投資の配分が、経営者の重要な意思決定の一部となっているのはそのためだ。結局のところ、企業の存続はそこにかかっている。すべてのメーカーは、これから先、顧客に求められる未来の自動車の姿を定義するようなテクノロジーへの投資額の激増に直面することになる」

こうした財政的な制約は、明らかにＰＳＡとＦＣＡの提携のようなオペレーションの原因となっている。あまり目立たない統合もあるが、トヨタを中心にした、ホンダとアライアンス傘下の企業を除く日本企業による技術連合のような大規模なものもある。さらに、フォルクスワーゲンとフォードが発表したような斬新な提携もある。

「テクノロジーの共有や提携は昔からあり、いまではすっかり当たり前になっている」とカルロス・ゴーンは続ける。「さまざまな市場で競争しつづけながらも、必要な投資負担に押しつぶされないためだ。こうした協定は、メーカー同士・メーカーとサプライヤー間・メーカーと先端技術・人工知能・サービスを専門とする企業との間で増えていくだろう」

　同じ理由から、この産業への参入は依然としてとんでもなくハードルが高い。自動車産業は一〇〇年以上の歴史があり、巨大な固定資産を抱えながら、新たな価値を見いださなくてはならない。白紙の状態から始められるまったく新しい事業とは比較にならないのだ。とはいえ、こうした新しい分野も、競争政策の破綻によって〝ビッグ・ファイブ（ＧＡＦＡＭ）〟のほぼ独占状態にある。

「自動車産業が好調で利益率が非常に高ければ、新規参入者が押し寄せていただろう」とカルロス・ゴーンは指摘する。「だが、新規参入者の行く道はそれほど輝かしいものとは思えない。いまのところ、現存するメーカーのほうが、テスラやいくつかの中国メーカーのような新規参入組より優位に立っている。大手の自動車メーカーはすべて、将来は電気自動車と自動運転車にかかっていると知っている。自動車産業のもつ複雑性と比較的低い収益性を熟知している現存メーカーのほうが有利なのだ」

二〇二〇年はテスラの年？

　二〇二〇年はパンデミックの……そしてテスラの年になるだろう。テスラは二〇一三年に〈モデルS〉を発売してから、数年の赤字のあと四半期の黒字が四回続き、企業価値が跳ね上がった。中央銀行によって十分な流動資産を供給され、新型コロナウイルス感染症の拡大によって落ち込んだ市場の目覚ましい回復という後押しがあれば、二〇二〇年の一月から七月までにテスラの株価は三倍になっているだろう。上場してから一〇年目の七月に、テスラの時価総額は、長い間、業界トップだったトヨタを抜いた。二〇一九年の販売台数はテスラが三六万七五〇〇台だったのに対し、トヨタは一〇〇〇万台以上だった。

「私はテスラに対してはまったく懐疑的ではない」とカルロス・ゴーンは言う。「アライアンス内のチームにはいつも、テスラは味方だと説明していた。テスラの武器は高級車クラスで、うちの武器は〈リーフ〉や〈ゾエ〉といったそれ以外の車種だ。我々は最初から、電気自動車のために、そして大衆をこの新しい輸送手段に慣れさせるために、ともに戦っている。ところが投資家は、テスラを自動車業界の当事者としてではなく、先端技術のスタートアップ企業に分類している。そのおかげで、テスラは金融市場で特別待遇を受ける権利を手に入れたのだ。イーロン・マスクの狙いは的中し、それは彼にとってとても有利に働いた。しかし、我々はテスラと同じ物差しで評価されているわけではない。テスラはこれまで多くの問題にぶつかってきたし、いまもぶつかっているが、まだ踏みとどまって戦っている。テスラはいまだに例外的存在で、長期にわたって発展するかどうかを示すのはこれからだ」

テスラが、世界最大の市場で二〇一九年に完全電気自動車市場の半分を占める中国に進出したことで打撃を受けたのが、伝統的なメーカーではなく、中国の新規参入組だというのは示唆的だ。上海に記録的な速さで建設された工場で生産された、テスラのエントリー・レベル〈モデル3〉の発売は、パンデミックと公的援助の削減によってすでにダメージを受けていた拝騰汽車・博郡汽車・江蘇賽麟汽車にとどめの一撃を与えた。だが、自動車への野心を棚上げしたのは、こうした中国の新規参入組だけではなかった。画期的な掃除機で知られるダイソンや、アップルさえも同じだったことがわかっている。

「この市場の魅力は、何が起きるか誰にも確かなことはわからないという点にある」とカルロス・ゴーンは語る。「勝者と敗者が出てくるだろう。だが方向性が決まった瞬間から、リソースが動員され、投資が活発になり、戦いが始まるのだ」

ふたつの戦線での戦い

「私たちはふたつの戦いに臨むことになる。ひとつ目は、今後も続くであろう従来の競争だ。それは、価格・品質・信頼性・装備・性能強化・デザイン・ブランド力などに関係してくる。顧客の選択を左右するのは、こうした要素や価値観だ。次第に製品に反映させていくべき技術の進化はまた別の話だ。さらに、品質・コスト抑制・流通・製品の魅力・アフターサービスといった、従来の経営課題がある。そのどれもがなくなりはしないだろう。そしてこれが現在でも、メーカーにとって当たり前の戦いとなっている」

「だが、テクノロジーに関わるもうひとつの戦いが始まっていることに、誰もが気づいている。この競争の中心となるのは、テクノロジーがもたらすサービスと機能性だ。何の話をしているのかって？　これ以上環境を汚染せず、ますます知的になる車の話だ。自動運転だけでなく、コネクティビティもそこに含まれる。消費者にとって何が問題かははっきりしている。消費者は、環境を汚染せず、完全なコネクティビティをもつ自動運転車を欲しているのだ。モーターと車のすべての電気部品、さらには搭載された人工知能が重要となってくる。このふたつ目の戦いは、損益計算書からは読み取れないか、さもなければマイナス要因とみなされる。なぜなら、すぐには成果が出ない莫大な投資がからんでいるからだ」

「そこで、戦場で戦う者たちを二重の観点で眺める必要がある。それは従来の経営のなかで競争力を維持する能力と、未来に突き進む能力という観点だ。そのふたつはとても対照的だ」

勝者と敗者

「トヨタは現在の分野では非常に強い。だが完全電気自動車に関しては大きく出遅れていて、今後その差はますます開くだろう。自動運転車やコネクテッドカーに関しても、最先端を行っているわけではない。従来の車についてはとても強いが、未来の車ではそこそこなのだ」

「では、フォルクスワーゲンのようなグループはどうだろう？　いまは非常にいい状態で、ますます元気になっている。将来に向けても意欲的だ。彼らは、電気駆動の自動運転車に全力投球するという決断をした。ただし、メーカーの発表内容と、現場の状況との温度差を常に考慮しなくてはならない。つぎにドイツメーカーのダイムラーとＢＭＷだ。従来の製品に関しては明らかに競争力が高く、電気自動車や自動運転車に関しても今後の進展は非常に速いだろう。自分たちの市場を支配していて、将来に向けてしっかり準備をしているところだ。彼らと正面からぶつかったときに、テスラのレジリエンスを評価することができるだろう」

「テスラの世界シェアは、いまのところ約〇・五パーセントだ。パンデミックのせいで、二〇二〇年に五〇万台販売するという目標は維持できないだろう。フォルクスワーゲンやトヨタの一〇〇〇万台とどう比較すべきだろうか？　テスラは今日いわれているように、反順応主義者であり、挑戦者であり、破壊者であるが、イーロン・マスクはそれでも中・長期的には、そのやり方で勝利できることを明らかにしなくてはならない。現在まで、彼は実質的に最高級車市場を独占してきた。だが、メルセデス・アウディ・ＢＭＷが電気自動車市場に参入してくると状況は変わるだろう」

「韓国の現代—起亜グループはどうかって？　彼らの全体的な業績は満足のいくものではない。ホセ・ムニョスをはじめとするアライアンス出身の人材を雇ったのはそのせいだ。将来のテクノロジーに関してはなんとも言えない。水素エンジンに大金をつぎ込んでいるが、それはずっと先の技術なので、そのときが来ないとわからない」

中国は、相変わらず大きな未知数だ。「中国政府が自国の企業に大きく肩入れしているという事実は疑いようがない」とカルロス・ゴーンは言う。「だが、日産・フォルクスワーゲン・トヨタ・ＧＭなどと比べて、中国メーカーの地元である中国の自動車市場は、いまだに非常に開放されているといえるだろう。北東アジアの三大経済圏である中国・日本・韓国のなかで、最も開放されているのは中国市場だ。高級車以外で日本か韓国の市場に参入を試みるといい。健闘を祈る！」

「中国政府はすでに、日産と東風汽車のケースのような対等な立場を維持したジョイント・ベンチャーは今後なくなっていくだろうと予測している。生まれたばかりの産業が成長するためには必要な段階だが、いずれは通常の競争に門戸を開くべきだとわかっているようだ」

世界最大の自動車市場であり、最大の完全電気自動車市場である中国は、決戦の場となるだろう。この観点からすると、ＦＣＡが存在しないなかでのＰＳＡの中国事業の崩壊や、ルノーのほぼ完全撤退は、フランスメーカーにとってはあまりいい兆候とはいえない。

アライアンス　疑念と不信

最後にアライアンスの将来について語らなければならない。二〇一八年一一月一九日の陰謀を企てた者たちとパリにいる〝協力者たち〟は、世界の自動車産業にとって危機的ともいえる瞬間にアライアンスを実際に危機に陥れた。アライアンスは決して恋愛結婚ではなく、打算的な結婚だった。それは、いわば子どものために避けられない同居をするようなものだ。幸福の秘訣などはまず見つからない。運命を支配する力を失い、政治的干渉を受けるようになったからだ。上級幹部の流出も起こった。メーカーが、競争に残るために莫大な投資をしなければならないときに、市場はアライアンスを疑念の目で見ている。二〇一九年を通して、日産とルノーの株は空売りが世界市場で最も顕著となり、株価はそれぞれ二分の一と三分の一に下落した。カルロス・ゴーンが「引きこもり」と呼ぶ〝戦略〟は本質的には防御的なものだ。生産量を調整し、製造拠点を閉鎖し、人員を削減し、投資をカットし、さらに市場を断念するからだ。それでいて、現在と今後の困難な状況をカルロス・ゴーンのせいにしているのだ。

横浜では、〝パートナー〟であるルノーの経営者から経営を任された最高経営責任者の内田誠が、三つのハンディキャップに苦しんでいた。東大卒ではなく、日産へは中途入社で、コネや同期の人脈がなかったのだ。さらに内田は、最大手ではない商社である日商岩井でキャリアをスタートさせていた。ビヤンクールでは、ルカ・デメオが、二〇二〇年七月一日に新しいＣＥＯに就任した。そのときにはすでに、ジャン＝ドミニク・スナールの指揮の下に戦略的な方針が決まっていた。スナールが執行権のない会長職を手放しで受け入れるとは思えなかった。奇妙な話だ。ルノーのエグゼクティブ・コミッティに最初に加わったとき、ルカ・デメオはアライアンスの統治に採用された〝リーダー／フォロワー〟的なアプローチを厳しく批判していたはずだ。「誰だってフォロワーにはなりたくない」と言い切っていたとの証言もある。分別ある印象的な指摘だ。

「アライアンスに関して私はとても懐疑的だ」とカルロス・ゴーンは続ける。「そしてこの懐疑的な態度は経験にもとづくものだ。私は、アライアンスの企業をそれぞれの弱点を意識しながら率いていた。そしてこうした弱点が表に出てくるのを恐れている。私がルノーで克服しようとした弱点のひとつは、きれいごとを言ったり大口を叩いたりするだけで、それを実現させる厳密さに欠ける傾向だった。日産はといえば、リーダーシップが欠如し、常に派閥同士が対立している、日本によくある厄介な企業だった」

つづく

エピローグ（現在のところは）

一九六九年一二月一二日一六時三七分、ひとつの爆弾が、フォンターナ広場の全国農業銀行に多大な被害を与えた。この広場があるミラノは、ロンバルディア州の州都でありイタリアの経済の中心地だ。瓦礫のなかから、一六人の遺体と八八人の負傷者が引き出された。イタリア半島は〝爆破テロの年〟に突入して、〝緊張の戦略〟を初めて体験し、それが一九八〇年八月二日に頂点に達する。ボローニャ駅で起こった爆破テロで、約八〇人が死亡し、二〇〇人以上が負傷したのだ。

当初、イタリア警察の捜査では無政府主義者の関与が疑われたが、フォンターナ広場の現場やその他の爆破テロから極右セクトに行きつき、秘密結社の〈ロッジＰ２〉は、事件発生から半世紀経ったいまも捜査と憶測の対象の一部となっている。殺人という独自の手段に捉われていたイタリアの極左組織は、不特定多数の群衆ではなく特定の個人を暗殺していた。

フォンターナ広場の爆破テロのあと、ネオファシズム団体〈オルディネ・ヌオーヴォ〉のメンバーで直接的に嫌疑をかけられていたデルフォ・ゾルジは、日本に身を寄せることになる。保守派の権威ある極右団体に受け入れられ保護されたゾルジは、日本国籍を取得し、波《ハ》元《ゲン》路《ロ》伊《イ》の名を使って、（なんとイタリアとの）アパレル貿易で財を成した。ここで重要なのは、数十年の間、日本はイタリアに対し、金融情報の開示違反ではなく、流血犯罪で被告となっているイタリア人の引渡しを拒んでいたことだ。

イタリアの外交筋は、日本の法制度は、出身国で訴追されている個人の帰化はできないと立証しようとしたが無駄だった。二〇〇五年に、ゾルジと彼の仲間は無罪判決を言い渡されたが、オルディネ・ヌオーヴォに事件の責任があることは確認された。イタリアの破棄院とは矛盾するこの判決は、イタリアで驚きと憤りの嵐を巻き起こした。

日本と犯罪人引渡し　二重規範《ダブルスタンダード》

多くの国と同じように、日本は一般に自国民の引渡しを拒否している。だがレバノンが同じスタンスで、カルロス・ゴーンを日本の非民主的な司法制度に引渡すのを拒否することは認めようとしない。そもそも、いまだに死刑を執行している日本の法制度は、基本的人権と法の一般原則にあまりにも適合していないと判断されたために、日本は米国と韓国の二カ国としか犯罪人引渡し条約を結ぶことができなかった。フランスは、五〇カ国とそうした協定を締結している。

だが、〈タカタ〉のエアバッグ欠陥問題は、犯罪人引渡し条約があっても、身内を守ろうとする日本の意思を前にして、ほとんど効力をもたないことを如実に示している。特に引渡しの対象となる人物が、財界の重鎮である場合はなおさらだ。二〇一七年に、この日本のエアバッグ・メーカーは、一〇億ドルの罰金を米国に支払うことに合意した。二四人の死者と数百人の負傷者を出した欠陥品を販売しただけでなく、さらに隠蔽工作を行ったからだ。

タカタのスキャンダルに起因して、自動車業界において過去最大となる対象車のリコールが起こった。自動車メーカーは数千万台の車に対応しなくてはならなかった。だが『オートモーティブ・ニュース』が指摘しているように、「三人の経営幹部が違法行為があったとして米国で起訴されたが、この三人は日本にとどまったまま一度も米国の法廷に出頭しなかった」。逮捕状はいまでも有効なはずだ。『オートモーティブ・ニュース』によると、二〇一八年末までの数年間に、四六の備品メーカーとその役員三二人が独占禁止法違反で米連邦取引委員会（ＦＴＣ）に訴追され、有罪判決が下されて、総額三〇億ドル近い罰金が科せられた。そのうちの大部分が日本企業だった。こうした不正行為に責任があるとされた二〇人以上の日本人幹部は、一度も米国の裁判官の前に姿を見せず、逃亡者とみなされている。

それなのに、日本の政治司法機構は、厚かましくも、カルロス・ゴーンの逃亡に手を貸した罪があるとされているマイケルとピーターのテイラー親子の引渡しを要求している。そして米国の検察は、東京から送られてきた情報の切り貼りにすぎない書類をもとに熱心に動き、テイラー親子を拘置した。このグリーンベレー出身者とその息子の保釈申請は二度却下された。二〇二〇年七月に三度目の申請をしたとき、彼らの弁護団はタカタのスキャンダルを挙げて、日本が米国との犯罪人引渡し条約をいかに一方的に利用しようとしているかを訴えた。

日本当局は、二〇一九年一二月二九日の晩から三〇日にかけての、アライアンスの元最高経営責任者の〝大脱走〟によって与えられたと感じている屈辱を晴らすために、カルロス・ゴーン本人だけでなく、妻のキャロルや子どもたちにまで取り返しのつかない制裁を与えるべくどんな手も辞さないだろう。

国際通貨基金（ＩＭＦ）での復讐

二〇二〇年七月末、レバノンで日産の法定代理人を務めるサケル・エルハケムは、『アラブニュース』に対して、日本は、経済・社会・公衆衛生の面で大きな被害を受けたレバノンへのＩＭＦの財政支援について、レバノン当局がカルロス・ゴーンの日本への引渡しに合意することを条件としていると語った。この弁護士はそんな話はしていないと否定したが、『アラブニュース』は「日本はＩＭＦ

加盟国の主要出資国のひとつだ。レバノンがゴーンの引渡しに合意しない限り日本は援助に反対し、ＩＭＦはレバノンに融資をしないだろう」という彼の発言を録音したものを公開した。

アラビア語国際ニュース衛星放送〈アル＝アラビーヤ〉でのインタビューのなかで、大久保武駐レバノン日本大使は、質問には直接答えず、東京から指示された内容を現地の人間には理解しがたいアラビア語で読み上げて、外交的に否定した。この件があったあとも、エルハケムはレバノンにおける日産の代理人を務めている。

いずれにしても、レバノン政府とＩＭＦの間で難航している交渉がいずれ合意に達すれば、援助計画はＩＭＦの諮問委員会の評決に従うことになるだろう。そのときに、日本政府が自分たちの要求を条件として優先させることができるとは思えない。ＩＭＦ最大の出資者で有効な拒否権をもつ米国は、過去ＩＭＦが下したいくつかの決定において政治的な動機を優先させたことはあるが、思い違いでなければ、報復や人身攻撃のためだったことは一度もない。

レバノンへようこそ

「こんにちは、ゴーンさん。お久しぶりです。レバノンへようこそ」。二〇一九年一二月三〇日朝六時。国境警察の警察官は、一三カ月の不在を余儀なくされたあとようやく戻ってきた世界一有名な経営者のひとりの顔を難なく見分けた。新聞のトップを飾り、世界中のテレビが放映することになる脱走劇は、この時点ではまだ知られていなかった。

二〇一八年一一月一九日に逮捕されてから、カルロス・ゴーンは人生を賭けて、そして人生を取りもどすために戦ってきた。ベイルート国際空港の滑走路に降りたったとき、ゴーンはようやくその戦いに勝ったのだと実感した。自由を取りもどしたのだ。そして発言の自由を。

世界のメディアがすぐに〈大脱走〉と名づけた脱出作戦については、最初にそれを報じた『ウォール・ストリート・ジャーナル』の記事や、日本当局の要請に従ってテイラー親子を拘置したニューヨーク州サザン地区のアメリカ人検事の報告書や、東京検察庁が仕組んだ意図的な漏洩によって、どんなテクニックを使ったかについておおかたのところは知られている。だが、当の本人は、逃亡を助けるために危険を冒してくれた人たちを保護するために、脱走方法について沈黙を守ると決めた。

カルロス・ゴーンがベイルートに到着したというニュースが広まると、東京では激しい反応が起こった。新聞社の記者や論説委員たちは、快適な編集室や机を置いている記者クラブのなかで慌てふためき、脱走者の卑怯で卑劣な行為を暴こうと躍起になった。実際、カルロス・ゴーンが冒した危険は非常に大きい。失敗すれば、おそらく数年間は小菅刑務所の独房に逆戻りすることになるからだ。

「失敗する可能性があるということはよくわかっていた」とカルロス・ゴーンは打ち明けた。「作戦が失敗しかねない重大な場面もいくつかあった。だが、すでに地獄にいた私は決行することにした。保釈されてから、物質的な環境は確かに改善した。だが、二〇一八年一一月一九日までの私の人生からは完全に切り離されていた。現状を選ぶ気はなかった。英語にはこんな素晴らしい言い回しがある。『地獄を経験しているなら、そのまま突き進め』」

耐えがたい現状

「状況が悪化する危険はあったが、それは気にならなかった。現状がすでに耐えがたかったからだ。その代わり、もし作戦が成功すれば人生を取りもどすことができる。現状と比べてみると、成功した場合と失敗した場合に想定される結末の差はあまりに大きく、選択すべき道ははっきりしていた。最悪の場合、この地獄のような状況に刑務所の環境の悪さが加わり、将来はますます絶望的になる。だが一方で、成功すれば得るものは非常に大きかった。日本の検察の支配から逃れ、自由と家族を取りもどし、公に反論する機会をもてるのだ。成功する可能性は低くても、やってみる価値はあった」

「私は、仕事でいつもやってきたようにこの問題に取り組んだ。この選択肢があるとわかった瞬間からあっという間に計画し、組織し、最終決断を下さなければならなかった。それは成功するために必要な条件だった。最大限の秘密保持も同じだ。脱出する可能性についてキャロルに話す機会があったとしても、結局できなかった。ふたりのやり取りは盗聴されたり監視されたりしていたからだ。もし話していたら、キャロルは私の背中を押してくれただろうか、それとも思いとどまらせようとしただろうか？　何年もの間、愛する人に会えなくなるかもしれないという恐れから、話さないことにしたのだと思う。私は、身近にいる誰にもその決心を告げないことにした。賛成してもらえないとわかっていたからだ。この決断を自分の胸に秘めておくしかなかったのだ」

「そのうえ、私が常に厳格な監視下にあったことも忘れてはならなかった。日産は日本シークレットサービスという会社に私を監視させていたが、これは完全に違法だった。彼らがどこまでやるかはわからなかった。私が気づいていない尾行者がいるのではないだろうか？　電話の盗聴だけでなく、外にいるときも会話を傍受されていたのだろうか？　そう考えると、作戦に直接関わっている人たちとのやり取りは最小限にとどめなくてはならなかった。巻き込む人間の数が増えれば、それだけ漏洩や失敗のリスクも高くなるからだ」

　メディアの報道内容とは反対に、脱出を実行するのに長い準備期間は必要なかった。当然ながら日本の当局は体面を保つために、脱走作戦がとても複雑で、とんでもなくお金をかけたものだったと世間に思わせようとした。日本に住んだことのある者ならよくわかると思うが、この国は、たとえば過酷な自然災害に対しては最大限の手段を講じる一方で、まったく想定外の出来事が起きると脆弱な面を見せることがある。

脱出を決心させたのは日本の裁判官だ

「一二月二九日の作戦決行に向けていろいろなことを決めたり対策を練ったりしたのは、一二月に入ってからだった」とカルロス・ゴーンは続ける。「私が決心したのは一一月末、クリスマスには妻に会いたいという私の八回目の要請を、保釈担当の裁判官が却下したときだった。まったく正当性のない仕打ちだ。加虐趣味《サディズム》としか言いようがなかった。裁判長を務める別の裁判官が、検察の圧力下にあった前回の判決に再び言及し、最初の告訴箇条に関する訴訟が終わるまでは、次の訴訟が始まることはないと告げたのだ。この訴訟が少なくとも五年はかかるとわかった。そもそも有罪が見込まれていたわけで、もはや日本ですべきことは何もなかった。この裁判官たち（の存在）が、私に脱出を決心させたのだ」

一二月初旬、雑誌『ＧＱ』日本版のインタビューのなかで、日本当局が東京拘置所に収監したことのある実業界の問題児、堀江貴文は、カルロス・ゴーンは一五年後に八〇歳になる前に自由を取りもどすことはできないと推定している。

一二月末、日本は新年を祝う正月休みに入った。日本では、クリスマスは非常に少数のキリスト教徒以外にとってはもはや商業的なイベントにすぎないが、正月は一年で最も大切な休日で、国全体の動きが緩慢になる。

一二月二九日、カルロス・ゴーンは、六本木に近い麻布永坂町の家具もほとんど置かれていない味気ない家を出た。その姿を、自動監視カメラが捉えていた。それが最後だった。

「新幹線の車中には何十人もの乗客がいたが、私は縁なし帽をかぶり、マスクをして眼鏡をかけていた。そのいでたちでは、私だとはまずわからなかったに違いない」

途方もない希望

「ようやく空港の滑走路まで来たとき、私は成功を確信しはじめた。空気が違うのがわかったのだ。どこにいるか見えなくても、ジェットエンジンの音が聞こえてきた。あちこちの空港を使ってきた私が飛行機に乗らなくなってほぼ一四カ月が経っていた。これほど長いあいだ飛行機に乗らなかったのはほぼ半世紀ぶりだ。飛行機の音は希望の音だ。そして私は途方もない希望に包まれた。だが、まだ事をやりとげたわけではなかった。多くの障害を乗り越えてはいたが、立ち向かうべきいくつかの危険な状況がまだ控えていたのだ。私がずっしりと重かった肩の力を抜くことができたのは、飛行機がベイルートに着陸したときだ。私は思った。『ついに、勝ったんだ』」

ハーバード大学では、カルロス・ゴーンのケースが、ビジネススクールだけでなく、同じくらい権威のあるロースクールでもとり上げられた。日産再生に関するケーススタディに取り組んでいたハーバード・ビジネススクールから、今度はハーバード・ロースクールへ。ある教授は学生たちに、カルロス・ゴーンになりきって質問に答えるよう求めた。「脱出した動機は何だったのか？　日本にとどまったとしたらその理由は？」

カルロス・ゴーンは、その演習を自分でやってみた。「脱出する」の欄には、一八の動機を書いた。どれも本書で詳しく述べられているものだ。「日本にとどまる」の欄には、ただひとつの真実の動機を記入した。それは法廷で、証人を前に世界のメディアの視線を浴びながら日本の司法制度に立ち向かうことだ。「他のどんな法廷でも疑いはつきものだ。我々が完璧に真実を明かすことのできる唯一の場所は東京だ。告発者や密告者をやりこめ、日本の訴訟法のような弁護権の基本原則の侵害を暴き、裁判官たちが検察の圧力に屈した事実を公表する。つまり、不公正このうえない人質司法によるこの訴訟を、白日の下にさらすのだ。日本の司法制度の犠牲になった多くの者には、そうする権利がある。私の弁護士たちも言っていたが、難しいのは裁判官が中立ではなく、裁判が少なくとも五年はかかるということだった。その間、ありとあらゆる抑圧と非人間的な屈辱に耐えなくてはならないのだ」

グレッグ・ケリーの訴訟か、それとも日本の訴訟か？

日本の司法制度では、この審理を、グレッグ・ケリーの裁判といっしょに受けなくてはならない。三七日間の勾留のあと二〇一八年一二月二五日に保釈されたケリーは、捏造された告訴箇条に答えるために二年近く待たされたことになる。ケリーは、非常に不安定な状況のなか、妻のディーとふたりきりで東京の小さなアパートに閉じ込められていた。ディーは、滞在ビザを維持するために日本語を学んで試験を受けなくてはならなかった。ひとつでも試験に失敗すればビザは取り消される。カルロス・ゴーンが、実質的にはフランス当局に見捨てられたように、ケリーもトランプ政権に忘れ去られていた。

ケリーの弁護士を務める喜田村洋一だけでなく、人質司法に反対し、日本の司法制度が封建時代のものから近代民主主義時代のものに変わるよう求める日本法曹界のメンバーたちの肩にも、重い責任がのしかかった。

日本政府と日産にとっては、いまや政治問題となっていたので、グレッグ・ケリーとその家族は、不公平な裁判となるのではと危惧する気持ちが、これまで以上に強くなっている。

日本の司法は一貫して、カルロス・ゴーンとグレッグ・ケリーの訴訟を、日産の訴訟と切り離すことを認めていない。そのためにケリーは、東京地検と完全に結託して自身を罠におびき寄せて逮捕させた日産と共同被告になるという矛盾に満ちた立場に陥った。法人である日産にとっては、単なる財務的な問題にすぎなかった。検察が、西川廣人や他の幹部を追及しないと決めたからだ。ふたりの〝ガイジン〟が犯した〝業務上横領〟に巻き込まれただけだと判断したのだ。

米証券取引委員会（SEC）は、米国の司法当局が不当に手に入れた治外法権を盾にこの事件に介入してくると、それぞれの責任の度合いを定めた。カルロス・ゴーンとグレッグ・ケリーは、どんな罪もまったく認められていないままに、それぞれ一〇〇万ドルと一〇万ドルの罰金を支払うことに合意した。日本から人為的に米国に移転された訴訟手続きに、何年も無駄にしたり大金を費やしたりしないためだった。日産は、一五〇〇万ドルというはるかに重い罰金を科せられたが、〈カルロス・ゴーン作戦〉につぎ込まれた多額の出費の湖や、日産が二〇一九年以降積み重ねている赤字の海のなかでは、一滴の水のようなものだった。

家族をターゲットに

カルロス・ゴーンの弁護団は、国際刑事警察機構《インターポール》に対して、レバノンの国外へ自由に移動することを阻止する〈国際逮捕手配書〉（赤手配書）の取り消しを求めている。彼らが拠りどころにしているのは、すべての国民を不当な司法手続きから守るとみなされている、警察協力に関する三つの原則だ。第一に、すでに詳しく説明しているように、カルロス・ゴーンとグレッグ・ケリーに対する訴訟手続きは、政治的動機から生まれたものだ。第二に、日本の司法制度による人権侵害は、あえて目を背けようとする者でないなら、誰の目にも明らかだ。第三に、カルロス・ゴーンに対する非難のどれもがこの刑事上の演出を正当化するものではなく、日産の社内手続きで解決すべき内容にすぎないからだ。これは、安倍晋三首相（当時）も同じ意見を述べている。

二〇一八年一一月一九日の作戦の考案者・実行者・共犯者・宣伝者にとっては、カルロス・ゴーンが沈黙を守ることがきわめて重要だ。日本で、ゴーンが小菅の独房か監視つきの住居に拘束されていた一四カ月近くのあいだ、彼らは留置や脅しによってカルロス・ゴーンを黙らせることに成功していた。いまやそれは不可能になったが、それでも彼らはその試みをやめようとはしない。

「私がメディアで話すたびに、私の妻や子どもたちをターゲットにした卑劣な攻撃で応酬してくる」とカルロス・ゴーンは指摘する。「二〇二〇年一月八日にベイルートで記者会見をすると発表すると、日本側は一四カ月も私に沈黙を強いていたにもかかわらず、厚かましくも『一方的な発言』だと言い放った。そして会見の前日に、キャロルに対する国際逮捕状を発行したのだ。罪状は、八カ月前に、自主的に東京に来て裁判官の前で質問に答えたときに偽証したというものだった。当時は、捜査の対象にもなっていなかったというのにだ」

「いずれにしても、特捜部の検事は私にこう言っていた。『自白しないなら、世界じゅうで捜査をすることになる。必ず他の罪状も見つけるだろう。そうなれば、あなたの身近にいる人たちも巻き添えになる』。彼らは最初から家族に脅しをかけていた。それがひとつの作戦だったのだ」。これは日本では一般的な手法だ。被告人の家族が受ける「苦痛」や「恥辱」が、罪を認めて自白するよう促すための材料として使われるのだ。まるでヴィシンスキーのやり方だ。勘弁してほしい！

東京地検特捜部によるカルロス・ゴーンの尋問調書は、ジャーナリストが申請すれば、原則としては閲覧が可能だ。だが二〇二〇年七月時点で、申請をしても認可されたケースは一件もない。

沈黙の掟《オメルタ》

日産と東京地検が多大なリソースを投入したこの広報合戦では、事件の公式な説明に異論を唱えかねない日産とルノーの協力者に、沈黙の掟を守らせなければならないのは明らかだ。我々は、ハリ・ナダとその追随者たちが、カルロス・ゴーンを有罪にするための〝捜査〟に対するホセ・ムニョスの協力に、どれぐらいの金銭的価値をつけてきたかを見てきた。横浜ではビヤンクールと同じく、粛清された協力者や辞職者の大部分が秘密保持を約束させられた。そのうえ、一種の魔女狩りの犠牲となった人たちは、その状況を脱するのにとても苦労したり、先に進むことに不安を感じたりしていた。

それでも、時が経つにつれて、いろいろな話を聞くことができ、資料も出まわるようになる。たとえば、カルロス・ゴーンの弁護団の抗議に反して、日本の裁判官が日産を訴訟手続きから外すことを許可した約六〇〇〇通のメールもそこに含まれる。まだ破棄されていなければの話だが。二〇二〇年六月一五日、情報サービス会社の〈ブルームバーグ〉は、二〇一八年にハリ・ナダが日産の取締役の同僚に送ったメールをもとにまとめた長い調査結果を発表した。その年の中ごろ、ハリ・ナダは川口均に、「手遅れになる前に（カルロス・ゴーンの）構想を無力化するよう」行動すべきだと伝えている。

アライアンスの最高責任者が逮捕される前日、ハリ・ナダは西川に対して、東京地検特捜部の要請で彼が仕組んだこの作戦は、「カルロス・ゴーンの評判を徹底的に落とすための保険として、メディアの手堅い支持を得るべきだ」と主張した。日本の地に一歩でも足を踏み入れたら検察がすぐに逮捕することになっていた〝友人〟のグレッグ・ケリーに関して、ハリ・ナダは一一月一九日の数日前に西川にこんなメールを送っている。「ケリーは、今回来なければ二度と来ることはないだろう。そうなったら、飛行機で探しに行く」と。日産は、これらのメールを《偽物》であると断じているが、奇妙なことに、グレッグ・ケリーの公判ではほかの証拠品同様、これらメッセージの信ぴょう性についてはまったく問題にはされていない。テレビ東京で放映された、ハリ・ナダの署名がついた驚くべき図表についても同様だ。それは二〇一八年五月三〇日の日付が付いた英語の文書で、カルロス・ゴーン追放作戦が開始される少し前のものだ。ナダはこのなかでゴーンを追放するため、《心理的な限界》や《勾留》などを含む様々な可能性を含んだ複数のシナリオを用意している。カルロス・ゴーンは「チャコール（Ｃｈａｒｃｏａｌ：木炭、つまり黒く汚れていると言いたいのだろうか？）」というコードネームに置き換えられ、日産は「ネーヴィー（Ｎａｖｙ：日本帝国軍の艦隊をイメージ？）」、ルノーは「レッド（Ｒｅｄ）」と呼ばれている。なかでも最悪のシナリオは、ルノーがアライアンス創始者の側について、株主総会で大々的に日産への反撃を成功させる、というものだ。

この劇的な事件において、解明すべきグレーゾーン・明らかにすべき利害関係・理解すべき人間関係は当然ながら残っている。たとえば、グレッグ・ケリーは、いかにしてハリ・ナダを信用しつづけることができたのだろうか？ ナッシュビルの北米日産本社では、アメリカ人の元経営幹部たちが最近になってこんな証言をしている。「誰もがナダのことは警戒していた」。そのうちのひとりは「ナダは人をおとしいれる〝裏切り者〟だという噂があった」とまで言っている。こうした噂が、ナッシュビルの日産に入社してから二〇年間も働いていたグレッグ・ケリーの耳に届かないなどということがあるだろうか？

行きすぎる手前で

本・映画・ドキュメンタリー・テレビシリーズ……。この話は今後数カ月から数年の間に驚くほど多くの作品となるだろう。ひとつ確かなのは、それによって日本のイメージがよくなることはないということだ。リー・アイアコッカやユルゲン・シュレンプの夢だった〈グローバル・モーターズ〉構想が、カルロス・ゴーンによって実現されていれば、まったく違う結末になっていただろう。だが、二〇一八年一一月一九日の陰謀を企てた者たちは別の決断をした。そして、まるでフランケンシュタイン博士のように、自分たちが生命を与えた創造物に逃げられ、自分たちが破壊されはじめたのだ。三つの大きな企業と約四五万人の従業員の運命がかかっているだけにいっそう悲劇的だ。

「日本の当局が問題なのは、立ち止まることを知らないことです。どこまで行ったらやりすぎなのかがよくわかっていないのです」。何十年も日本とつき合ってきた、日本の歴史や文化に詳しいケネス・コーティスはそう分析している。「真珠湾攻撃の半年後にあたる一九四二年のミッドウェー海戦のあと、日本は太平洋戦争に負けました。三年で数百万人の死者を出し、東京は焼け野原となり、広島と長崎は被爆しました。大日本帝国政府はついに降伏し、天皇が国民に『耐え難きを耐え』るよう呼びかけました。日本は降伏し占領されたのです」。歴史はまた繰り返されている。

謝辞にかえて

二〇一九年七月、東京で、私たちは一五年ぶりに『カルロス・ゴーン　経営を語る』のチームを再結成することに決めた。世界中で展開されていたカルロス・ゴーンに対するバッシング・キャンペーンに対して、真実を明らかにすることで対抗しようと考えたのだ。カルロス・ゴーンは常に厳しい監視下にあり、訪問者は面会のたびに名前を記入しなくてはならなかった。面談は、二〇一九年一〇月に、弁護士事務所か麻布の住居で行われた。私たちに協力してくれた人たちのリストは短い。本書にも登場するが、検察側の威嚇的な雰囲気から、匿名を使っている場合もある。それだけにいっそう、心の底から感謝している。フィリップ・リエスがときに三人称で語られているのは、状況的にやむをえずであったことを明示しておかなければならない。

真実の議論や追求は本書で終わりではない。今後もwww.carlosghosn.infoで続けていく予定だ。

カルロス・ゴーン

２０１７年に世界最大の自動車メーカーとなったルノー・日産・三菱アライアンスの前会長。また、２００５から19年までルノーで会長兼最高経営責任者を、18年まで日産と三菱で会長を務める。破産寸前だった日産が目覚ましい回復を成し遂げた立役者として知られ、自動車業界で最高経営責任者を最も長く務める。また当時初めて「フォーチュン・グローバル５００」企業２社を同時に経営した。

フィリップ・リエス

世界最古の通信社であるフランス通信社（ＡＦＰ）に30年近く勤務したジャーナリスト。パリでＡＦＰのチーフエコノミクスエディターとして６年間勤務。１９８８〜２００３年に東京支局長を務めた後、08年に退社し世界初のオンライン調査ジャーナルであるＭｅｄｉａｐａｒｔの創設メンバーに。カルロス・ゴーンとの『カルロス・ゴーン経営を語る』（２００３年）（原著『Ｃｉｔｏｙｅｎ ｄｕ Ｍｏｎｄｅ』）を含む４冊の本を執筆。

広野和美（ひろの・かずみ）
仏語翻訳者。大阪外国語大学フランス語科卒。訳書に『フランスの天才学者が教える脳の秘密』（ＴＡＣ出版）、『パリとカフェの歴史』（共訳、原書房）、『０番目の患者』（共訳、柏書房）などがある。

小金輝彦（こがね・てるひこ）
仏語・英語翻訳者。早稲田大学政治経済学部卒。ラトガーズ大学ＭＢＡ。訳書に『ジーニアス・メーカーズ』（ＣＣＣメディアハウス）、『シャドウ・ウォー』（原書房）、『アメリカン・トラップ』（共訳、ビジネス教育出版社）などがある。

STAFF
翻訳　広野和美、小金輝彦
装幀　トサカデザイン（戸倉 巌、小酒保子）
編集　箕輪厚介、木内旭洋

SPECIAL THANKS
堀江貴文

世界で勝てない日本企業　壊れた同盟
2021年12月10日　第1刷発行

著　者　カルロス・ゴーン　フィリップ・リエス
訳　者　広野和美　小金輝彦
発行人　見城 徹
編集者　箕輪厚介　木内旭洋

発行所　株式会社 幻冬舎
〒151-0051 東京都渋谷区千駄ヶ谷4-9-7

電話：03(5411)6211(編集)
03(5411)6222(営業)
振替：00120-8-767643
印刷・製本所：中央精版印刷株式会社

Printed in Japan
ISBN978-4-344-03783-0 C0095
幻冬舎ホームページアドレス　https://www.gentosha.co.jp/

この本に関するご意見・ご感想をメールでお寄せいただく場合は、
comment@gentosha.co.jpまで。